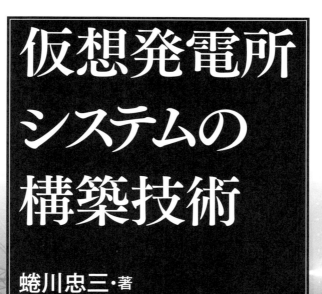

仮想発電所システムの構築技術

蜷川忠三・著

VPP : Virtual Power Plant

Ohmsha

本書を発行するにあたって，内容に誤りのないようできる限りの注意を払いましたが，本書の内容を適用した結果生じたこと，また，適用できなかった結果について，著者，出版社とも一切の責任を負いませんのでご了承ください．

本書は，「著作権法」によって，著作権等の権利が保護されている著作物です．本書の複製権・翻訳権・上映権・譲渡権・公衆送信権（送信可能化権を含む）は著作権者が保有しています．本書の全部または一部につき，無断で転載，複写複製，電子的装置への入力等をされると，著作権等の権利侵害となる場合があります．また，代行業者等の第三者によるスキャンやデジタル化は，たとえ個人や家庭内での利用であっても著作権法上認められておりませんので，ご注意ください．

本書の無断複写は，著作権法上の制限事項を除き，禁じられています．本書の複写複製を希望される場合は，そのつど事前に下記へ連絡して許諾を得てください．

出版者著作権管理機構
（電話 03-5244-5088, FAX 03-5244-5089, e-mail : info@jcopy.or.jp）

[JCOPY] ＜出版者著作権管理機構 委託出版物＞

発刊の辞

一般財団法人 電力中央研究所 研究参事
岐阜大学 地方創生エネルギーシステム研究センター 教授
東京大学 大学院新領域創成科学研究科 客員教授
東京工業大学 科学技術創成研究院 特任教授

浅 野 浩 志

　日本政府は，ディジタル技術を中心とするイノベーションによってクロスセクターで知を融合させ，新たな価値を創出し，社会課題を解決する人間中心の社会「Society 5.0」を提唱している．ここで，IoT を活用する仮想発電所（VPP：Virtual Power Plant）はそのさきがけとして注目されている．また，第5次エネルギー基本計画において，太陽光発電を中心とする再生可能エネルギー電源を，経済的に自立する主力電源化することが謳われている．再生可能エネルギー電源のような出力変動する電源が電力供給の中心になっていくと，これまでの需要に合わせて供給する体制から，発想を逆転させて，需要側を可変にしていくのが自然である．そして，空調機器や蓄電池など外部から制御可能な電力機器は，双方向通信や自動制御機能を付加することによって，需要側資源として系統運用に役立てることができる．これを実現する新しい電力市場プレイヤーが仮想発電所である．

　実際，再生可能エネルギー電源比率の高い欧州諸国や，電力市場設計の進んだ米国の一部の地域では，需要側資源を電力市場に参加させて，風力など変動電源の出力変動対策として実運用している．さらには，すでにわが国でも，寒波や酷暑など電力需給の逼迫したときには，系統運用者が電源の代わりに需要側資源を用いて需給バランスを確保して，供給信頼度維持に役立てている．

　現在，蓄電池やビル空調を中心に仮想発電所のリソースとして活用していく仮想発電所の実証事業が進んでいる．また，これを受けて，仮想発電所アグリゲータ（事業者）は，2021年度創設予定の需給調整市場への入札・運用を目指している．小規模な需要家の場合，アグリゲータが市場に入札することになるが，すでに遠隔監視システムが備わっている場合，多数のリソースのアグリゲーション（集約）は容易である．

　本書は，ビル空調の制御ネットワークを専門とする産業界出身のエンジニアが，大学で本格的な仮想発電所システムシミュレータを構築し，空調リソースアグリゲーションの理論と実践を説くわが国初の専門書である．

詳しくは本書を読んでほしいが，デマンドレスポンスとして，最もポテンシャルの大きい需要分野が空調であり，今後期待される機器が蓄電池である．仮想発電所システムを運用するアグリゲータは，空調設備に対して，デマンドレスポンス対象時間帯における空調負荷と電力消費量を予測し，室内温度設定の変更による電力消費量の変化量（制御量）を算出する．ここで，空調機器はいわゆる熱的慣性をもつ電力負荷であり，自動デマンドレスポンスシステムと連携することによって，これまでの省エネルギー推進にとどまらず，再生可能エネルギー電源の普及支援という新たな社会的付加価値を有する．

　一方，その実装にはさまざまな課題がある．例えば，空調機の消費電力特性は複雑で確率的に変動し，簡単に予測できない．これに，ディープラーニングによる予測手法を開発し，精度の高い高速デマンドレスポンス制御方式を提案できるのは，実際の空調機制御方式を知悉している著者ならではであろう．また，こういった身近な空調の制御を社会が広く受け入れるためには，ビルの居住者の快適性を損なわないことが大前提である．実際，空調電力を短時間下げても，快適性に大きな影響を与えないことが本書で示されている．

　現在，デマンドレスポンスは普及の初期段階，仮想発電所システムは実証段階で，事業化が視野に入ってきた．今後は，国際標準仕様の通信規約で系統運用者，アグリゲータ，制御機器を双方向で結び，相互運用性を確保し，確実な制御効果を上げていくことが求められる．このような情勢のなか，本書がリソースアグリゲーションのバイブルになることは間違いない．

まえがき

　これまでは，商用電力系統の需要家は，必要なだけ自由に電力消費できるのが当たり前となっていた．それは，電力会社が時々刻々の電力需給バランスをとるよう，各発電所に給電指令を出して系統周波数を維持しているからである．

　しかし，太陽光発電など不安定な発電量が何割かを占めるようになってきた．この先，火力発電所だけでは需給バランスをとるのが困難となり，需要家側との協調制御も有用となろう．電力系統の需要抑制は発電増加と等価なので，需要抑制をネガワットと呼び，それも含めて需給調整するサービスの概念がでてきた．これを「仮想発電所」もしくは "Virtual Power Plant (VPP)" と呼ぶ．

　このような情勢となり「仮想発電所」という言葉は先行しているが，いざサービスシステムを設計・構築しようとすると，その基礎技術をまとまった形で解説した書籍は見当たらない．本書は，実際にサービスシステムを設計・構築する実務技術者を対象に，その要素技術からシステム設計，性能予測までを詳細に解説することを試みたものである．新IT サービス起業，新電力会社経営，ビル設備計画などさまざまな分野の方々にも仮想発電所技術を概観するための参考になると思われる．

　本書では，仮想発電所を構成するリソースの題材として，ビル空調デマンドレスポンスと電力用蓄電池に焦点を絞った．その理由は，第一に，ビルマルチ空調機は全国の推定設置台数が150万台あり，大規模な集約制御さえできれば仮想発電所のリソースとなり得るからである．第二に，電力用蓄電池との組み合わせこそが仮想発電所の性能を決定する鍵と考えるからである．太陽光発電や分散発電機などもリソースではあるが，最終的に応動性能を仕上げるのは高速デマンドレスポンスと蓄電池制御になると考えるからである．

　本書の構成は次のとおりである．第1部の概要編は第1章から第4章であり，仮想発電所システムに関するおおよその概念を紹介する．第2部の構築技術編は第5章から第8章で，それぞれ要素技術や性能について詳述し，第9章では筆者の考える今後の展望を述べる．

　第1章は，近い将来の電力系統の課題を背景とした仮想発電所の概念を示す．そのシステムが提供するサービスとは何かについて説明する．本書はビルマルチ空調と電力用蓄電池を仮想発電所のリソースの中心におく理由について述べる．

　第2章は，商用電力系統の瞬時需給バランスの原理を平易に説明して，需要を増

減制御することは需給バランス上，発電量を増減制御することと等価であること示して仮想発電所のネガワットについて述べる.

第3章は，仮想発電所というコンピュータネットワークシステムの概念を示して，そのシステム構築に特化したスマートグリッド通信について，デファクト標準である OpenADR，IEC61850，IEEE1888 の各規格を紹介する.

第4章は，仮想発電所を構成する要素について，電力用蓄電池システムの制御と，オフィスビル群のビルマルチ空調の精密高速制御により，ネガワットを生成する FastADR（Fast Automated Demand Response），および，ネガワットを計量する基本となるベースライン推定方法について述べる.

第2部は構築技術編である．第5章から第8章まで，仮想発電所システムを実現するうえで必要となる要素技術を研究者，技術者の視点から詳細に記述する.

第5章は，電力用蓄電池を仮想発電所に組み込む場合の充放電制御方式について述べて，電力用蓄電池の制御モデルおよび制御サービス通信手順について記述する．また，モバイルデータ通信による蓄電池制御データ伝送遅延についても言及する.

第6章は，ビルマルチ空調機群を高速デマンドレスポンスする際の空調電力と室温変化の予測数式モデルについて，ディープラーニングでモデル構築する方法を述べる．また，各ビルマルチ空調機のデマンドレスポンスは不確実だが，大量にアグリゲーション（集約）することで，ならし効果により確実性が向上することを示す.

第7章は，仮想発電所全体システムの応動性といった性能評価手法について述べる．具体的には，ビルマルチ空調電力のデマンドレスポンス応答性能の数式モデル化およびそれを用いた系統からの制御シミュレーションを示す.

第8章は，仮想発電所システムの通信ソフトウェアの実装技術について詳細に説明する．系統側の通信として OpenADR，設備側の通信として IEC61850 および IEEE1888 を取り上げてプログラミングレベルで構築法を解説し，漠然とした機能要求から正式な通信規格との間のギャップを埋めるよう案内する.

第9章は，ビルマルチ空調設備の潜在リソース性，制度構築の展望，仮想発電所システムの長期的なメリットについて筆者の考えをまとめる.

電力用蓄電池制御については，著者が「電気学会：スマートグリッドの電気事業者・需要家間サービスインタフェース技術調査専門委員会」のメンバーであることから，同委員会の電気学会標準 JEC-TR-59002 を紹介させていただいた．ここに謝意を表する.

本書をまとめるにあたって多くの方々のご協力をいただいた．特に電力中央研究所/岐阜大学/東京大学の浅野浩志先生には原稿を丹念に読んでいただき貴重なコメントを頂戴した．原稿作成に協力してくれた岐阜大学スマートグリッド電力制御工学共同研究講座の助教松川瞬氏，研究員青木佳史氏，大学院生山田倫久氏，鈴木啓太氏，大津英之氏，衣笠仁氏，中山拓也氏に謝意を表する．

本書が仮想発電所サービスシステムを企画，構築するうえで何らかの役に立つことがあれば幸いである．

2019 年 5 月

著者しるす

目　次

第1部　概　要　編

第1章　スマートグリッド ································ 1
  1.1　電力系統とは ································ 2
    1.1.1　電力系統の歴史 ································ 2
    1.1.2　電力系統の需給バランス ················ 3
  1.2　電力系統の需給制御 ························ 5
    1.2.1　中央給電指令所の制御 ·················· 5
    1.2.2　自然エネルギー発電と需給制御 ·········· 7
  1.3　スマートグリッド化 ························ 10
    1.3.1　高速デマンドレスポンス ················ 10
    1.3.2　仮想発電所システム ···················· 13
    1.3.3　空調電力デマンドレスポンス ············ 15
    1.3.4　空調電力デマンドレスポンスと電力用蓄電池 ········ 17

第2章　電力系統の需給バランス ················ 21
  2.1　電力系統の需給バランスとは ·············· 22
    2.1.1　交流電力系統における周波数 ············ 22
    2.1.2　発電と需要の瞬時バランスと周波数 ······ 24
  2.2　中央給電指令所の役割 ···················· 25
    2.2.1　負荷周波数制御 LFC ···················· 25
    2.2.2　経済負荷配分制御 EDC ·················· 29

第3章　仮想発電所システム ···················· 35
  3.1　仮想発電所の概念 ························ 36
    3.1.1　電力需要とネガワット ·················· 36
    3.1.2　需要家側の仮想発電所サービス ·········· 37
  3.2　仮想発電所システム通信 ·················· 40

3.2.1	間接制御通信 OpenADR ………………………………………	40
3.2.2	直接制御通信 IEC61850 ………………………………………	44
3.2.3	需要家設備通信 IEEE1888 ……………………………………	51

第4章　仮想発電所の構成要素 ……………………………………………… 59

4.1　電力用蓄電池 ……………………………………………………………… 60

  4.1.1　電力用蓄電池システム …………………………………………… 60

  4.1.2　蓄電池システムの系統連系 ……………………………………… 62

4.2　充放電制御計画 …………………………………………………………… 64

  4.2.1　JEPX 時間前市場 ………………………………………………… 65

  4.2.2　自動最適入札エージェント ……………………………………… 67

  4.2.3　電力卸市場価格の予測モデル …………………………………… 71

4.3　需要制御 …………………………………………………………………… 73

  4.3.1　デマンドレスポンスにおけるネガワット取引 ………………… 73

  4.3.2　わが国のネガワット取引の現状 ………………………………… 76

  4.3.3　仮想発電所が使う FastADR ……………………………………… 78

4.4　ベースライン推定 ………………………………………………………… 80

  4.4.1　従来のベースライン推定方法 …………………………………… 80

  4.4.2　FastADR のベースライン推定方法 ……………………………… 86

第2部　構築技術編

第5章　仮想発電所の蓄電池制御 …………………………………………… 93

5.1　蓄電池システムによる需給調整 ………………………………………… 94

  5.1.1　仮想発電所における蓄電池システム制御 ……………………… 94

  5.1.2　電力用蓄電池の具体的需給調整制御 …………………………… 96

5.2　蓄電池需給調整サービス ………………………………………………… 99

  5.2.1　蓄電池システムのサービス情報 ………………………………… 99

  5.2.2　電力需要調整サービス信号 ……………………………………… 104

  5.2.3　IEC61850 規格による通信サービス …………………………… 104

  5.2.4　蓄電池システムの IoT 制御 ……………………………………… 109

目　　次　　　**xi**

第6章　仮想発電所の需要家設備制御 ················· 113

6.1　ビルマルチ空調の FastADR 応答予測 ··········· 114

　6.1.1　ビルマルチ空調の FastADR 応答予測とは ········· 114

　6.1.2　ニューラルネットワーク予測 ················ 117

　6.1.3　ディープラーニングの学習方法 ·············· 119

6.2　ビルマルチ空調の FastADR 室温変化 ··········· 124

　6.2.1　室温変化予測のニューラルネットワーク ·········· 124

　6.2.2　FastADR による室温変化予測の実例 ··········· 128

6.3　ビルマルチ空調機群のネガワット集約 ············ 133

　6.3.1　ビルマルチ空調機群の集約とならし効果 ·········· 133

　6.3.2　快適性維持とローテーション制御 ············· 137

6.4　ビルマルチ空調機群 FastADR の蓄電池補償 ········ 140

　6.4.1　ビルマルチ空調機群 FastADR の需給調整信号への追従性 ··········· 140

　6.4.2　ビルマルチ空調機群 FastADR の蓄電池による追従性補償 ··········· 143

第7章　仮想発電所の性能 ····················· 149

7.1　ビルマルチ空調電力の制御モデル ·············· 150

　7.1.1　ビルマルチ空調の消費電力 ················· 150

　7.1.2　ビルマルチ空調の制御モデル ··············· 154

7.2　オフィスビルの熱負荷シミュレーションモデル ······· 158

　7.2.1　日射の熱負荷モデル ···················· 158

　7.2.2　架空標準オフィスビルの熱負荷モデル ··········· 162

7.3　仮想発電所の電力系統シミュレーション ··········· 167

　7.3.1　電力系統の瞬時需給解析 ················· 167

　7.3.2　ビルマルチ空調の仮想発電所のシミュレーションモデル ··········· 173

　7.3.3　仮想発電所の性能シミュレーション例 ··········· 180

7.4　仮想発電所の制御性能評価 ················· 183

　7.4.1　米国の系統運用機関の評価基準例 ············· 183

　7.4.2　ビルマルチ空調仮想発電の制御モデル ··········· 186

　7.4.3　ビルマルチ空調仮想発電の評価例 ············· 191

7.5　ビルマルチ空調の FastADR と室温維持 ·········· 195

　7.5.1　ビルマルチ空調電力・室温の状態空間モデル ········ 195

xii 目　　次

　7.5.2　ビルマルチ空調の FastADR 最適レギュレータ ………………… 197
7.6　仮想発電所の通信とトラフィック評価 ………………………………… 201
　7.6.1　FastADR の Web サービス通信解析 ……………………………… 201
　7.6.2　FastADR の Web サービス通信シミュレーション ……………… 206

第 8 章　仮想発電所の通信構築 ………………………………………………… 215

8.1　OpenADR の通信規格 …………………………………………………… 216
　8.1.1　OpenADR 規格の通信方式 ………………………………………… 216
　8.1.2　OpenADR 規格による通信サービス ……………………………… 218
　8.1.3　OpenADR 規格のソフトウェア実装 ……………………………… 222
8.2　IEC61850 の通信規格 …………………………………………………… 227
　8.2.1　IEC61850 の論理ノード構成 ……………………………………… 227
　8.2.2　IEC61850 規格のソフトウェア実装 ……………………………… 232
8.3　IEEE1888 の通信規格 …………………………………………………… 243
　8.3.1　IEEE1888 規格の通信方式 ………………………………………… 243
　8.3.2　IEEE1888 規格のソフトウェア実装 ……………………………… 248

第 9 章　仮想発電所の展望 …………………………………………………… 255

9.1　潜在的リソース …………………………………………………………… 256
　9.1.1　ビルマルチ空調設備の潜在能力 …………………………………… 256
　9.1.2　空調負荷は高速デマンドレスポンスに適する …………………… 259
9.2　実用化の制度設計 ………………………………………………………… 260
　9.2.1　需給調整市場の制度設計 …………………………………………… 260
9.3　社会制度の鍵 ……………………………………………………………… 263
　9.3.1　仮想発電所サービスの対価精算 …………………………………… 263
　9.3.2　仮想発電所のクリーン価値 ………………………………………… 266

参考文献 ………………………………………………………………………… 268
索　　引 ………………………………………………………………………… 279

第1部 概要編

第 **1** 章

スマートグリッド

1.1 電力系統とは

1.1.1 電力系統の歴史

トーマス・エジソンが 1881 年にニューヨークで電灯事業を開始したのが商用電力系統の歴史の始まりといわれており，その翌年 1882 年には，早くも水力発電が始められた．しかし，その最初の商用電力系統は現在とは異なり，直流による送配電方式であった．これは，当時の技術では直流方式は電圧を容易に昇圧することができなかったためである．また，仮に昇圧できたとしても，配電網や需要家内での取り扱いに安全上に問題があった．そのため，低い電圧で送配電していたので，大きな電流を流す必要があった．大きな電流で送電するということは，長距離になるほど，送電線の抵抗による電圧降下が起きるので，長距離送電は不可能であった．

その後，エジソンの直流方式に対して，ニコラ・テスラにより多相交流方式が開発され，今日と同じ仕組みの交流電力系統が事業化された．交流方式であれば，変圧器により，原理的に容易に電圧を昇圧，降圧できる．したがって，高電圧にすることで数百キロもの長距離送電をすることが可能となった．発電機に適した電圧で発電して，変圧器で昇圧してから高電圧で送電し，需要家には変圧器で降圧して供給するという方法になっていった．このようにして，現在にいたる世界中の商用電力系統の基礎的方式は決まっていった．

1900 年以降は，送電の高電圧化に伴い長距離送電が可能となり，供給範囲が広がっていった．それまでは，需要地区ごとに独立していた電力系統（電力網）が，互いに交流の波を正確に合わせて交流電流を流すことにより，接続することが可能となった．これを交流電力網における**系統連系**という．

この系統連系技術を実現する大きなファクターは，交流同期発電機である．同期発電機とは，電力系統の交流周波数を正確に発電しようとする発電機である．その発電機の特性により，系統連系する複数の電力系統に分布する多数の同期発電機は，正確に同じ速度，回転角で運転されることで落ち着くことのため，系統全体を安定化できるようになった．こうして，現在のような大規模商用電力系統の基礎が確立された．

一方，わが国の電力自由化はどのような状況から始まったのだろうか．電力自由化が始まる以前のわが国の電力業界の歴史を簡単に復習してみる．わが国では，明治時代に欧米からの電力系統技術を猛烈なスピードで導入した経緯がある．驚くこ

とに，江戸時代が終って間もない1886年に，早くも東京電燈（その後の東京電力）が電力事業を始めている．続いて，関西などでも電力事業が始められていった．

しかし，全国的な統一した規格を政府主導で検討する間もなく，多くの電力事業会社が独自に海外から電力系統の技術導入を急いだ．その結果，現在の東日本は欧州式の50 Hz，西日本は米国式の60 Hzという状態となった．

当初は，小規模で短距離の送電網が離れ離れに運営されていたが，変圧器を用いて昇圧が可能となった高圧送電技術と，交流同期発電機の並列接続技術の進歩により，徐々に電力系統が接続されていき，大規模な商用交流電力系統が確立していった．

終戦後，1951年にわが国の電力業界は地方ごとに独占会社により営まれる体制が確立された．独占会社とは，北海道電力，東北電力，東京電力，北陸電力，中部電力，関西電力，中国電力，四国電力，九州電力，のちに追加された沖縄電力の10電力会社である．これらの電力会社は，発電から送電配電そして小売りにいたるすべてを取り扱ったため，垂直統合と呼ばれる効率の高い組織運営が確立された．

戦後の復興から高度成長期の間は，電力エネルギー不足により，電力需要増に確実に応えることが最大の力点とされたため，安定供給が絶対的なものとなった．これは，わが国の高度成長を支えるため，過度な競争による不安定な供給リスクを避けたのであろう．このようにして，地方ごとに1社が独占することで安定経営，安定供給という時代の要請を達成できたものと思われる．

1.1.2 電力系統の需給バランス

これまでの歴史で述べてきたように，商用電力系統の基本は，多数の交流同期発電機の並列連系であるので，何よりも系統全体の周波数を正確に維持することが最も重要である．さもなければ，個々の発電機が出す交流電流の波と波がぶつかり合ってしまい，電気エネルギーを需要家方向に流すことができない．

その点，電圧については，変圧器で上昇降下させることができるので，電力系統の場所により異なることは原理的に問題ない．しかし，周波数については，何千キロにおよぶ膨大な電力網全体にわたり，一致するよう厳格に維持しなければ，そもそも交流電力系統は成立しない．系統周波数の厳格な維持こそ，大規模に連系された交流電力系統の命である．

系統周波数を維持する仕組みについては第2章で原理を示すが，電力系統の総発

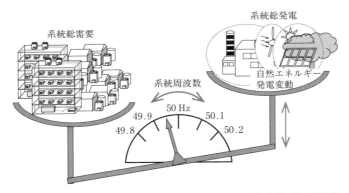

図 1.1 交流同期発電機を基本とする商用電力系統は，系統全体の総発電電力と総電力需要の瞬時バランスをとることで系統周波数を維持している

電量と総需要量，つまり系統全体の需給キロワットが正確に一致した場合に，系統周波数が規定値に維持される．

図 1.1 に示すように，系統全体の発電総量と需要総量が瞬時瞬時天秤のようにバランスをとることで，規定周波数に保たれる．瞬時総発電量が瞬時総需要より若干でも多いと周波数は秒単位で上昇し始め，逆なら下降しはじめる．電力会社の制御所では，このバランスを 24 時間 365 日瞬時瞬時監視して，多数の発電機群の出力を秒単位で微調整しているのである．

われわれ需要側は系統の発電状況を考えることなく，電力をいつでも自由に消費することを前提としている．個々の需要家は，どんなに瞬時電力を使おうが電力会社が周波数，電圧という品質を保持するように正確に系統を制御することは当たり前と考えられてきた．これは，商用電力系統の発電機が基本的にはすべて大規模な交流同期発電機であり，正確に発電出力が制御可能であることを前提として成り立っている．

交流同期発電機には，自らの発電動力と電力負荷との差に応じて発電機の回転速度を変化させ，その結果，発電する交流の周波数が変化するという基本的な性質がある．また，ある一定の範囲以内であれば，負荷が大きくなり周波数が下がってくると，自らの出力を増加させて周波数を同期速度に戻そうとする復元力をもっている．

その結果，多数の交流同期発電機を同一の電力系統に接続させて運転すると，多数の同期発電機が互いの回転速度を合わせるように協調して発電できるという性質

がある．これを**同期化力**という．

　同一の周波数で接続された大規模な商用電力系統において，何十，何百台という交流同期発電機が同一周波数で回転し，安定したロバストな系統となる．大規模になれば，局所的に需給バランスがずれても他の発電機群が多ければ吸収できるからである．

　一部の発電機や送電経路に障害が発生して脱落しても，系統全体規模からして十分に小さい範囲であれば，他の発電機群の同期化力により脱落した発電出力分を補うという基本的特性がある．これは，誤解をおそれずに例えれば，多数の人間が神輿を担いでいるとき，その中の1人が脱落しても，残った多数が力を増せば担ぎ続けられる．しかし，1人，また，1人と力が抜けていくと，残った人が力を増していっても限界となり，雪だるま式に担ぐ力がバランスを失っていくことと似ている．

　神輿の場合は重量が一定だが，電力系統においては，需要電力が時々刻々変化し，隣の系統連系とも瞬時瞬時電力を授受しているので，神輿のように単純な話ではない．

　近年，需要家側である神輿の重量が変動するどころか，発電側である神輿の担ぎ手も勝手に変動する要素がでてきた．太陽光発電や風力発電といった再生可能エネルギー発電が大量導入されてきたからである．それらは，気象条件により発電出力が変動してしまい，電力会社の制御所から制御できない発電所，いわば「ノーコンの神輿担ぎ手」が増えることと同じであり，さらに複雑な事態となってきている．

1.2　電力系統の需給制御

1.2.1　中央給電指令所の制御

　いくら多数の同期発電機が本質的に協調復元動作を備えて，多少の需給アンバランスを調整する協調復元力があるといっても，発電機自身では限界がある．各電力会社では自社の系統全体の需給バランスを正確に保持するために，各発電機に発電出力を指令する中央制御センターが1か所ある．これは電力系統の分野では，「中央給電指令所」と呼ばれている（図1.2）．

　現代の商用電力系統は，1つの会社のエリアが何都道府県にもまたがる大規模なシステムである．多数の発電機の個々の発電機出力を時々刻々調整して，系統全体で必要な発電出力量となるよう制御している．この制御は大きく分けて，各発電機が独立して出力をフィードバック自動制御するもの，中央給電指令所から出力信号

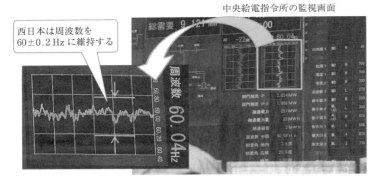

図 1.2 商用電力系統の中央給電指令所の監視画面では，系統周波数を監視して各発電所に発電出力の調整を指令している

を通信指令してそれに追従するよう制御するものに大別される．

前者は，中央給電指令所からの通信では間に合わない秒単位の調整を局所的に行うものである．後者の中央給電指令所からの出力指令に追従するよう制御するものには，時間粒度が短く10秒程度の周期で通信されるものと，5分程度で通信されるものがある．この合計3つの方法で，系統全体の需給バランスがとれるよう，いいかえれば，系統周波数が規定値に維持されるように制御されている．

いずれにしても，総発電電力と総需要電力が，瞬時瞬時バランスがとれるように，需要がいかに変動しても，「発電所だけで系統需給制御する」というのがこれまでのパラダイムであった．

中央給電指令所が管理する伝統的な発電所の種類は，水力発電所，石油火力発電所，LNG天然ガス火力発電所，石炭火力発電所，原子力発電所などがある．このうち，数十秒から数十分単位での需給バランスを制御するため，中央給電指令所から需給バランス制御の対象となるのは，出力加減速が素早く可能であることから，水力，石油，LNG火力発電所となる．

このうち，水力発電所は応動速度，出力加減速も高速なので，中央給電指令所からの需給バランス制御対象発電所としては適しているが，そのトータル設備容量が限られる．また，揚水式発電所の場合は貯水量により，何時間も連続的に発電出力を維持することができないなど制約がある．

その結果，現状もっとも需給バランス制御用として中央給電指令所が頼りにしているのは，当然のことながら，石油，天然ガスなどの火力発電群である．これらは，

いずれも，化石燃料を燃焼させるタイプの発電種別である．地球環境面のみならず燃料依存面からも将来的には過度に依存することは問題がある．

近年，水力発電や火力発電のように中央給電指令所から需給バランス制御を指令できない自然エネルギー発電が大幅に普及してきた．そのため，上記のような伝統的な発電所の占める割合が相対的に低下してくる．そうすると，ただでさえ，前項で述べた同期化力が減るのに加えて，不安定な出力変動までを含めて需給バランス制御をしなければならないという本質的な問題が浮かび上がってきた．

1.2.2　自然エネルギー発電と需給制御

ここでは，いわゆる再生可能エネルギーの中でも，気象条件により時々刻々と発電出力が変動してしまう太陽光や風力発電を自然エネルギー発電と呼ぶ．再生可能エネルギーの中には，大規模水力発電所のように制御可能なものも含まれるからである．

伝統的な商用電力系統は，大規模発電所の同期発電機の出力を精密に制御することによって，時々刻々変化する需要電力に一致させ，需給バランスさせる能力をもっていた．大型の発電機を多数同期して，並列運転させることにより，電力系統全体が安定するので，自然エネルギー発電の割合が小さい場合においては，並列接続は対処可能であった．

しかし，近年，太陽光発電が急激かつ大量に導入される系統エリアが出現してきた．自然エネルギー発電のうち，特に太陽光は日照時間という決定的ファクターがあり，昼間時間に発電量が大きく，日没とともに急激に出力がなくなっていく．地域的広がりによる大規模集約としてはならし効果があるが，日没時間帯は一斉に発電出力が急激に消滅していくのは防ぎようがない．このように，商用電力系統に大量に太陽光発電が普及してくると，総発電量に占める自然エネルギー発電の割合は1日のなかでも時間帯により大きく変化することになる．

図1.3に，米国の系統運用機関 CAISO（California Independent System Operator）が示した「**ダックカーブ**」（**Duck Curve**）[1.1]と呼ばれる，太陽光発電導入と需給調整の問題を示した有名な図を示す．この図の横軸は，1日の1時間ごとの時刻であり，縦軸は需給調整を担う火力発電所の発電必要量を示す．2012年から2020年の間に，何本かのカーブは昼間時間帯と夕方時間帯の火力発電必要量の劇的な変化を示している．

再生可能エネルギーのうち，太陽光発電は日中に出力をし，系統全体の供給の何

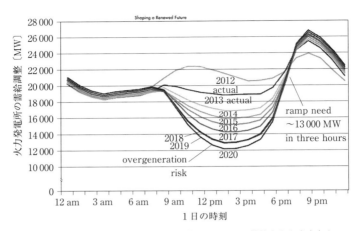

図1.3 米国カリフォルニア系統運用機関CASIOが警鐘をならす有名な「ダックカーブ」
(California Independent System Operator：What the duck curve tells us about managing a green, grid 250 Outcropping Way Folson, CA 95630, 916. 351. 4400, p.2, Fig.1 より日本語追記)

割かをまかなう．日射条件がよく，需要が少ない時間帯では，極端な場合，太陽光発電電力だけで全体需要電力を上回ってしまうことがありうる．

その場合，火力発電機群を停止するなり隣の系統に流すなり，大規模に抑制しないといけなくなる．さらに，その時間帯において過剰だった太陽光発電は，夕方日没とともに1時間位の間に急激に発電出力を下げてしまう．その結果，系統全体の需給バランスを維持する火力発電機群が急加速する必要がある．

この火力発電必要量のダックカーブは年々形を変えて深くなっており，2012年当時は早朝から日中にかけて需要増加に伴い火力発電機群の出力を増加させていくというカーブであった．しかし，太陽光発電が大量に導入されていくにつれ，昼間の時間帯は太陽光発電出力が十分な供給力をもつようになっていく．

そうすると，逆に，日中においては，火力発電機群は出力を増加させるどころか，減少させる必要が出てくるようになった．ついには，日照条件が良好である時間帯は，太陽光発電機群の出力だけで系統の全需要をまかなえるという時間帯が発生するリスクが生じる．これを，図1.3のダックカーブ図の中では，"over generation risk"と呼んでいる．

一見，地球環境にやさしい自然エネルギーだけで系統全体の電力需要をまかなえ

ることは望ましいことに思える．しかし，前に述べたように，電力系統では瞬時瞬時に発電電力と需要電力を正確に一致させることが絶対条件である．しかし，自然エネルギー発電においては，気象条件の変動が直接発電出力の変動となる．その結果，太陽光発電のみで電力需要の時々刻々の変化に一致させる制御が不可能となる．それを，CAISO は "risk" として警鐘を鳴らしているのである．

わが国でも，2019 年現在，太陽光発電の大量導入が進み，この問題が顕在化しつつある．特に，日射条件が良好であり，かつ，電力需要が比較的少ない，春夏の休日にこのような条件が発生し始めている．中でも，太陽光発電の増加が著しい九州電力では，昨年 5 月 3 日午後 1 時台に太陽光発電が 621 万 kW に達して，九州電力エリア全発電量の 81％に達したとして電力関係者の間で話題となった[1.2]．これには，「ついに究極のダックカーブがわが国の商用電力系統にもやってきた」と電力系統専門家に衝撃が走ったと思われる．

自然エネルギー発電で需要電力をまかなえる時間帯には火力発電機は待機しているが，ダックカーブの首にあたる日没は電力需要が増大する時間帯でもあるため，出力加速（ランプアップ）に備えなければならない状況となる．これには大きく 2 つの問題がある．1 つは，火力発電機の稼働率低下による経済的問題，もう 1 つはランプアップ時の短時間出力加速が必要という問題である．

これまでの太陽光発電等の自然エネルギー発電がそれほど多くなかった時代でも，年間の稼働時間が少ない火力発電機の問題は指摘されていた．例えば，図 1.4 に示すように，数年前の東京電力データを用いた資源エネルギー庁ホームページ資料によると，年間 80 時間以下，つまり年間総時間の 1％以下しか稼働しない火力発電所の定格設備容量の合計値は，384 万 kW に上るとのことである[1.3]．すなわち，典型的な原子力発電所の定格設備容量が 100 万 kW なので，寄せ集めると原発 4 基分の火力発電設備容量を，年間数日しか稼働しないのに維持する必要があるということを意味している．

また，どれだけ自然エネルギー発電が導入されたとしても，気象条件により発電量が不安定であるので，系統の瞬時需給バランス調整面から，待機火力および水力発電所は必要である．したがって，火力等の設備容量は，従来の自然エネルギー導入前から大幅に削減するのは大きなリスクを伴う．

以上の議論は，すべて電力系統の瞬時需給調整は主に火力発電機により対処するという大前提に立っている．ここで，この大前提に対し，需給バランスは需要電力を調整することでも同じ効果があるという視点から考えてみたい．系統の需要電力

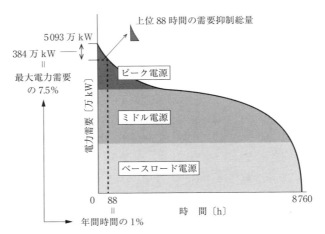

図 1.4 系統需給調整のため一部の火力発電機は限られた時間しか稼働しない
(資源エネルギー庁：平成 26 年エネルギーに関する年次報告（エネルギー白書 2015），HTML 版，第 322-1-2 より引用)

を火力発電機群の調整と同等の，精度と速度で調整できれば発電電力の調整と同等なはずである．つまり，100%すべて従来のような火力発電機群の発電出力調整だけで瞬時需給バランスを取る必要はないかもしれない．将来は，経済性と信頼性が許す範囲で，需要電力側の制御を取り入れて，瞬時需給バランスを取るというスキームがありうる．

スマートグリッドの定義や概念は，最近の高度な IT の活用や，電力リソース群の高度な制御技術など，種々いわれている．しかし，筆者の考えでは，最も重要なパラダイムシフトは，これまでの大規模集中発電所が 100%需給調整するというパラダイムから，大量に分散する電力需要制御も併用するオーケストレーションにあると思われる．

1.3 スマートグリッド化

1.3.1 高速デマンドレスポンス

従来から電力系統のために電力需要を管理調整する方法がなかったわけではない．例えば，深夜電力料金といった時間帯ごとの電力料金単価による需要の時間平準化誘導策である．しかし，これらは，本節で述べるスマートグリッドにおけるデマンドレスポンスとは別と考えたほうが仮想発電所をよりよく理解できる．

また，現状でも実務現場でいわれる「**デマンド制御**」とは，30分間時間枠単位の電力量をデマンド値と呼び，その上限値を超えないように需要を抑制することを「デマンド制御」と呼んでいる．実態は，30分時間枠ごとの電力量上限監視および抑制であり，自動制御のフィードバック制御のように目標 kW に時々刻々追従させるという「自動制御ではない」．

現状のデマンド制御は，各需要家が契約した30分電力量を超えないよう管理するといった静的な方式である．しかし，最近，将来のスマートグリッドを想定して，リアルタイム電力料金や緊急電力抑制へ動的に応答する **ADR**（Automated Demand Response）も実証実験段階にある（表 1.1）．将来のビル設備電力管理システム（**BEMS**：Building Energy Management System）は，このような ADR への対応が求められる可能性がある．

本節では，将来スマートグリッド時代が到来したときを想定して高速に応答して需要自動制御する ADR について考えてみる．さらに，遠隔からネットワークを介して多数の需要家と通信し，ADR を集約する **ADR アグリゲーション**を可能とする将来システムについて展望する．

自動デマンドレスポンス（ADR）により電力消費量を抑制することは，電力バランス上電力供給に相当するという考え方がある．その場合，電力供給サービスは以下の3種類があると考えるとわかりやすい．

第1のエネルギーサービスは，実際の電力エネルギーバランスを調整する本来のサービスである．第2のキャパシティサービスとは，必要なときに供給できる容量をもってスタンバイしているサービスである．第3のアンシラリーサービスとは，周波数など電力品質を維持するサービスである．

デマンドレスポンスは，手動デマンドレスポンスと自動デマンドレスポンス（ADR）と高速自動デマンドレスポンス（FastADR）に分類することができる．

表 1.1 従来のデマンド制御とスマートグリッドの ADR

	現状のデマンド制御	スマートグリッド対応 ADR
自動化	需要家設備内部の制御	サービスプロバイダが通信制御
時間粒度	30 分電力量単位	分単位ありうる
制御目標値	固定的契約	リアルタイム
制御トリガー	契約電力との比較で事前に設定	サーバーからリアルタイム通信
国際規格	なし	OpenADR など
アグリゲーション	ほとんどない	クラウドアグリゲーションあり

現状ではそれらが区別されることは少ないが以下のように特徴を示す．

手動デマンドレスポンスは，人的介在があるため応答時間が遅く手間がかかるため，多数の需要家を遠隔から集約するアグリゲーションには向かないと思われる．アグリゲーションするにしても，固定契約ピークカットや翌日電力市場などに対応するが，アンシラリーサービスなど高速応答性を必要とするサービスには対応できない．

次に，自動デマンドレスポンス（ADR）は，コンピュータ同士のM2M通信ベースであるため，管理者が不要で，多数の需要家を遠隔から集約するADRアグリゲーションに向いていると思われる．ADRでは，コンピュータで要請，応諾，負荷制御がオートメーション化されるので，発生頻度が高いサービスにも対応可能である．また，コンピュータ同士で直接広く分散した需要家のネガワット生成を集約できる．仮想発電所システムに利用するには，少なくともADRのレベルにまで進化しなくてはならない．

さらに，**高速自動デマンドレスポンス**（Fast Automated Demand Response：**FastADR**）は，分刻み，あるいは秒刻みで高速に応動するような自動デマンドレスポンスであり，現状はまだ研究開発段階である（図1.5）．本書では近い将来のFastADRの実現方法を提唱するものである．仮想発電所として従来の火力発電所と同様に中央給電指令所から出力調整指令を受けて系統制御参画を実現するには，このFastADRの大規模集約（アグリゲーション）が不可欠である．

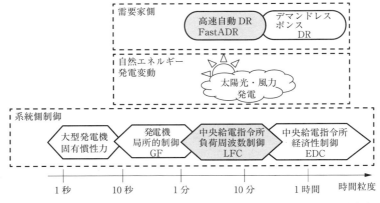

図1.5　電力系統の系統周波数制御の時間粒度ごとの分担と自然エネルギー発電変動および高速自動デマンドレスポンス需要抑制の時間粒度の対応

1.3.2　仮想発電所システム

　現在，一般的に考えられている「仮想発電所」において，それを構成するリソースは従来の発電機であるが，分散配置されているものを大規模に集約することで実現しようとしている．2019 年時点で，種々の仮想発電実証事業はこのような分散された従来技術の発電機を集約する意味を指しているようである．

　本書の新しい「仮想発電所」は，現状の分散発電機集約によるものではなく，新しいフレームワークである．それは，ビルマルチ空調設備群と補助的な電力用蓄電池を集約することによる新しい枠組みの仮想発電所であり，「FastADR 仮想発電システム」といえよう．

　燃料を焚く分散型発電機，例えば，小型ディーゼル発電機などは非常時電源としては理解されるが，平常時の稼働は地球温暖化や化石資源枯渇といった長期的視点からは問題となる可能性がある．また，従来からの制御技術であるため，将来の仮想発電所システムの電源としては本書では除外した．

　また，蓄熱槽などによる上げ下げ負荷電源は，大規模蓄熱システム等であれば，上記の品質を単独設備で長時間，高精度で電力抑制ネガワットを保持できるであろう．数十年前から，地域冷暖房供給システムとして大規模設備が導入されている．これに対し，系統側からの上げ下げ指令に基づく消費電力制御である FastADR は，電力会社とのピーク調整契約に代わる将来の収入源としての需給調整であり，仮想発電所の重要な要素となろう．ただし，高速応動性を目指す本書の仮想発電所では対象外とした．

　また，電力用蓄電池電源は原理的には，応動性も申し分なく高速にできるし，エネルギーを蓄積できるため上げ下げ指令に対応可能である．性能面からは理想的な仮想発電所の構成要素になりうる．ただし，2019 年現在では，仮想発電所の高速対応に対する市場価値が金銭的に見えてきていないので，大規模化の設備投資が問題である．ただし，限定的な設備容量であれば投資金額も可能な範囲に収まるので，リアルタイム需給調整市場で，高速応動する kW 価値が明確になってくれば投資可能となってくるであろう．

　太陽光や風力は有望な仮想発電所の電源であるが，それだけでは気象任せで制御が困難である．もちろん，大量に分布する太陽光や風力の分散電源をアグリゲート，つまり，集積すれば，ならし効果によりその短時間不確実な変動は緩和されることがわかっている．それに対処するシステムと，電力用蓄電池システムとを組み

合わせて分散電源として構成することは，すでに多くの書籍で論じられている．

そこで本書では新たに有望なリソースを扱う．仮想発電所の構成要素として，従来あまり検討されていない，FastADR による電力需要を即時に応答抑制させる方法である．これまでのわが国の仮想発電所の研究では，デマンドレスポンスは主役ではなかった．小型発電機のような電源は，もともと，商用電力系統が発電側として管理制御しているスキームと似ているので，従来と起動させるタイミングが異なるだけである．

仮想発電所といった場合，従来は 100% 受け身であった電力需要を，精密高速制御することで系統の需給制御に参画させるということが，パラダイムシフトの中核であると著者は考える（図 1.6）．そこで，本書では，仮想発電所の要素として従来主役ではなかった設備負荷を対象とした FastADR のアグリゲーションを仮想発電所システムの中核にして述べる．

設備負荷の消費電力を需要抑制するだけでは，いかに大量にアグリゲート集合させて制御をさせようとしても，個々の需要家の都合と負荷の応答特性という問題がある．そこで，最小限の電力用蓄電池システムと組み合わせることで，大量に集約されても残る FastADR の応動速度遅れと制御残差，また，需要家の都合による FastADR 応答の不確実性を補なうというコンセプトがありうる．

本書では，このパラダイムシフトの中核を浮き上がらせるため，需要家負荷と電力用蓄電池システムのみに集中する．大規模な FastADR と電力用蓄電池システムを集約して，火力発電所と同等の需給調整の応動特性をもつネガワット発生システムを目指す．

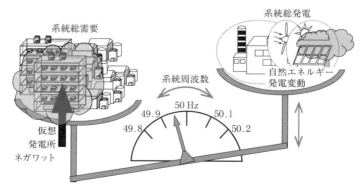

図 1.6 仮想発電所が電力需要を抑制してネガワットを生成することで発電増加と等価な需給バランス力を得られる

1.3.3 空調電力デマンドレスポンス

デマンドレスポンスの対象負荷を検討する際には，デマンドレスポンス可制御性と規模感が需要なファクターだと思われる．まず，規模感について述べる．

本書では仮想発電所のリソースとして，FastADR の対象負荷である系統からの消費電力の上げ下げ要求に対して消費電力を速やかに分オーダーで応答することを考える．

一般に，需要家単位の契約メータ界面で需要を上げ下げ応答するために，需要家内の分散電源で発電させ，その分，需要家全体の消費電力を抑制するという広義のデマンドレスポンスがある．しかし，わかりやすくするため，この項では，純粋に電力負荷の消費電力を即応制御して一時的に電力消費量を削減する狭い意味でのデマンドレスポンスの対象負荷について述べる．

需要家負荷の系統側の要請によりデマンドレスポンスとして即応できる純粋負荷設備には，照明負荷や昇降機負荷やコンセント負荷もなくはない．しかし，それらは，たちどころに需要家に気づかれる場合が多く，デマンドレスポンス可制御性が不十分であるといわれている．一方，空調設備は室内空間の温度という比較的緩やかに変化する事象を対象としているし，建物構造物などの熱容量のため蓄熱効果もある．そのため，短い継続時間で，小さい抑制幅であれば，快適性がほとんど悪化しない電力抑制の範囲がありうる．これをもって本書では，「デマンドレスポンス可制御性がある」と単純に呼ぶこととする．

空調によるデマンドレスポンスは，もちろん家庭用も考えられるが，一台一台の電力負荷規模が小さすぎるので，デマンドレスポンスに対する応答確度が低いと思われる．そこで，本書では，業務用の大型空調設備に限定して取り扱う．また，大型業務用の空調設備といえば，地下室の大型機械による集中熱源型ビル空調設備も多く存在しているが，本書は業務用の空調設備の中でもビルマルチ空調に注目する（図 1.7，図 1.8）．

それは，ビルマルチ空調機の膨大な普及率と，インバータ駆動負荷のこまやかな制御によるため，FastADR の可能性があると考えるからである．

まず普及率であるが，ビルマルチ空調機の国内向け出荷台数は図 1.9 に示すように平成に入って伸びてきた．また現在，国内向けの年間出荷台数は毎年 10 万台以上である．なお，ビルマルチ空調機は 1 台の室外機に対して 10 台程度の室内機が接続されて機能し，ここでいう出荷台数は室外機の台数，つまり冷媒回路単位の設

16　　　　　　　　　　第1章　スマートグリッド

　　(a)　ビルマルチ空調機の室外機　　　　　　(b)　ビルマルチ空調機の室内機

図1.7　ビルマルチ空調機の設置例

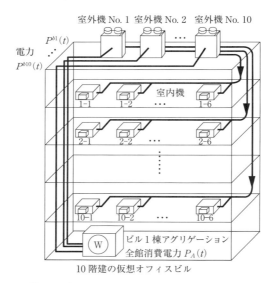

図1.8　典型的なオフィスビルのビルマルチ空調機
　　　の複数台設置の構成

備数をいう．

　現在設置されて稼働しているビルマルチ空調機台数は，正確に集計把握するのは困難であるが，出荷台数としては日本冷凍空調工業会集計値の信頼できるデータ[1.4]がある．しかし，設置されてから何年使用されているのかの集計は見当たらない．そこで，法定耐用年数13年を稼働年数と仮定し，13年前から昨年までの累計出荷台数を現在設置台数と仮定すると，筆者の推計するビルマルチ室外機の全国設置台数は152万台である．

　この全体152万台のビルマルチ空調機の合計消費電力のオーダーを推定する．室

1.3 スマートグリッド化

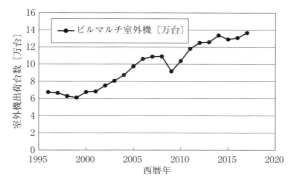

図 1.9 パッケージエアコンのなかでビルマルチ空調機だけの国内年間出荷台数
（日本冷凍空調工業会の統計調査をもとに作成）

外機を一律代表的な定格冷房能力である 28 kW として，定格冷房消費電力は 10 kW 程度と仮定できるので，全国の設置されている総設備定格消費電力の概略を推定すると，152 万台×10 kW ≒1500 万 kW，15 GW オーダーの規模といえよう．これは，100 万 kW の原子力発電所 15 基分に相当する．当然のことながら，そのうち，当該時間に運転している台数割合，定格消費電力に対する負荷率により当該時間の消費電力は上記値の何分の 1 になる．しかしながら，膨大なデマンドレスポンスの対象候補であることに気づかされる．

1.3.4 空調電力デマンドレスポンスと電力用蓄電池

　ビルマルチ空調設備は，電力需要を抑制する「下げ」デマンドレスポンスが中心である．「上げ」デマンドレスポンスは蓄熱付属設備でもない限り例外的である．また，本来，重要度の大小は別にしても，少なくとも何がしかの必要が生じてからでないと空調を運転しないので，対象空調の限定，抑制値幅，継続時間が限られる．また，抑制値幅×継続時間が大きいと，FastADR の終了時点で，空調機が元の快適室温に戻そうと空調能力を加速し，消費電力がデマンドレスポンス開始時点より以上に消費する「消費電力リバウンド」が起こる可能性がある．その一例を図 1.10 に示す．この例は 100 台の空調機に対して同期して FastADR を重ね合わせたシミュレーション[1.5]であり，合計電力の時間変化を示している．

　もちろん，デマンドレスポンスグループを定義して，輪番で電力抑制したり，デマンドレスポンスの解放を適宜分散させたり，電力抑制解放を徐々にランプ状に戻

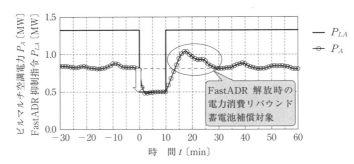

図1.10 電力用蓄電池システム補償制御を適用するビルマルチ空調機FastADR応答遅れと終了時リバウンドのシミュレーション例[(1.5)]

すという方法がある．それらは，本書の後半の第2部構築技術編で詳しく述べる．

しかし，大局的な観点から，大規模な仮想発電所をビルマルチ空調のFastADRアグリゲーションから構成する場合，上げ指令にも対応することと出力指令信号への追従性能を担保するため，電力用蓄電池システムとの併用が望ましいと思われる．

系統との契約境界面において，応動速度，継続時間，上げ下げ幅精度，終了後リバウンドといった「品質」を管理して契約を守る．このように，電力抑制ネガワットを要求どおりに正確に実行するよう制御することで従来の需要管理技術とは一線を画す．もっと単純な「単なる節電」はとにかく電力を下げれば下げるほどよいわけで，削減kWを精密に維持するという発想は全くない．また，次の段階である従来の30分電力量「デマンド制御」は，契約電力維持のため上限だけを抑制するものである．また，最近の用語である「デマンドレスポンス：DR」は時間単位で前日から予約するような遅い電力需要制御も含めて使われている．これは，人的介在を前提とした時間単位の遅いものも含まれている．

一方，FastADRというネガワット生成方式は，それら従来の需要管理制御とは異なる．FastADRはコンピュータ同士直接通信で制御されており，分刻みで目標ネガワット指令レベルに対して，生成するネガワット指令レベルへの上げ方向にも下げ方向にも共に制御精度を要求される．このような，高速かつ自動のデマンドレスポンス，つまり，FastADRという技術が，ビルマルチ空調機の電力需要制御に用いられることが，仮想発電所には望ましい．

しかし，本書でこれから詳しく述べるように，ビルマルチ空調機は，本来の機能としては空調空間の温度調整（温調）であり，そのための電力抑制FastADRに対して必ずしも正確な応答を常に期待できない．本書で述べるように，空調機台数を

大量にまとめて，グループごとに分散ローテーションしてFastADRを統合制御することがその改善策である．

しかし，それでも，中央給電指令所からのネガワット発電指令に対して，正確に応動して指令レベルに100％一致させるようにすることは投資対効果が合わないであろう．もともと，ビルマルチ空調機群をネガワット生成リソースとして使うメリットは，すでに存在している設備を使うため，ネガワット生成リソースとしての初期投資が限定的であることである．

近年のオフィスビルや商業施設は，非常蓄電池電源を設置している可能性が高い．特に，東日本大震災以降，従来と変わり，各施設が非常電源をもつようになっていると思われる．また，企業にとって何よりも貴重なデータを保護するため，無停電電源も兼ねて蓄電池式の非常電源を設置するケースが増えている．50 kVA 程度で10分，あるいは，30分程度の停電を乗り切るという設備である（図1.11）．

その蓄電エネルギーの一部をビルマルチ空調機群のFastADR制御誤差を助けるために使うことが考えられる．むろん，非常電源の本来目的を害するような大量の充放電は問題である．

しかし，本書でこれから述べるように，ビルマルチ空調群を高度なICTやAI技術で巧みにFastADRを集約することにより，電力系統側からのネガワット制御指令レベルに追従させることは可能である．

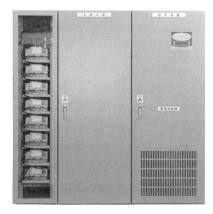

図1.11　リチウムイオン電池搭載交流無
停電電源装置/直流電源装置
（GSユアサのウェブサイト画像より転載）

さらに，系統側からアグリゲータ経由でとらえた，仮想発電所としてのネガワット発電の正確さと確実性を担保するため，限定的に電力用蓄電池システムを併用することが有効なアプローチである．

そこで，仮想発電所の大規模なピラミッド状階層構造のアグリゲーション（集約）システムのどこかの階層で上記の品質確保を分担する仕組みがキーとなる．本書では，以下の各章で，ビルマルチ空調設備群と電力用蓄電池群を集積して，分散しているそれらリソース群を，一体の発電機と同等となるよう全体制御する仮想発電所の構築技術について述べていく．

第2章

電力系統の需給バランス

2.1 電力系統の需給バランスとは

2.1.1 交流電力系統における周波数

　前章で，商用電力系統の基本は交流同期発電機群の正確な運転であることを述べた．本章では，その正確な運転と瞬時需給バランスの関係を原理的に説明する．

　交流電力系統の交流同期発電機はすべて同じ回転速度で運転しており，その回転速度を維持することにより系統周波数が決まる．周波数は，一般家庭や会社，工場などの消費電力（需要）と，火力発電や水力発電などの発電設備の発電量（供給）のバランスで変動する．

　このため，発電量と需要量がバランスしていると周波数も安定する．一方，発電量が需要量に対して不足していくと，周波数も微妙に低下していく．また，発電量が過多となっていく場合，周波数は微妙に増加していく．その変化量は，通常安定状態では 0.1 Hz のオーダーである．

　以下，この瞬時需給バランスと周波数変化の原理を説明するため，電力工学の初歩を教科書[2.1]〜[2.5]に沿って簡単に眺めてみる．最初に，1 台の交流同期発電機の発電出力と電力負荷の差が回転速度を変動させる仕組みを単純化して示す．電力系統全体としてはこれら 1 台 1 台の動きの合成である．

　まず，発電機 1 台の動きを考える．P_m〔MW〕は火力発電機の蒸気タービンなどの原動機から回転子に加えられる機械的入力であり，接続された電力網の消費電力（負荷），すなわち発電機の電気出力は P_e〔MW〕，回転子の角速度を ω〔rad/s〕とすると，発電機の運動方程式は次式で表される．

$$I\omega\frac{d\omega}{dt}=P_m-P_e \tag{2・1}$$

I は慣性モーメント〔kgm^2〕を表す．

　また，回転子の定格角速度を ω_n〔rad/s〕とし，定格角速度で回転しているときの運動エネルギー W〔J〕は

$$W=\frac{1}{2}I\omega_n^2 \tag{2・2}$$

で表される．そして，W の 2 倍を慣性定数 M〔MWs〕と呼ぶ．

$$M=I\omega_n^2 \tag{2・3}$$

　式(2・1)は慣性定数により以下のように表現できる．

$$\frac{M}{\omega_n}\frac{d\omega}{dt}=P_m-P_e \qquad (2\cdot4)$$

式(2·4)より，機械的入力 P_m が電気的出力 P_e より大きい場合，発電機の回転速度が上昇し，周波数も上昇する．逆に，機械的入力が電気的出力よりも小さい場合は，周波数は低下する．また，慣性定数 M が大きいほど，入出力バランスの変動に対する回転速度の変動が遅くなる．このような特性をもった発電機は変動する消費電力に対して，タービン等を制御し周波数を一定に保っている．

厳密にいえば，各発電機は極微小な範囲でそれぞれ系統の定格同期周波数からはわずかに異なる回転速度で回転していても，系統全体としては一定の周波数で安定状態を維持できる．ここでは，原理の説明のため単純化して，各発電機の動作すべてが同期していると近似すれば，電力系統全体の発電出力の合計と需要電力の合計の差，すなわち系統全体の需給バランスが以下の式で表される．

$$\sum_{k=1}^{N}\frac{M_k}{\omega_n}\frac{d\omega}{dt}=\sum_{k=1}^{N}P_{m,k}-\sum_{k=1}^{N}P_{e,k} \qquad (2\cdot5)$$

図2.1 に示すように，多数台の同期発電機の慣性力が系統全体の需給バランスと釣り合って，系統全体の統一回転速度の変動，すなわち系統全体の周波数の変動が決定される．言い換えれば，系統周波数が安定して変化しないということは，発電機群の共通な角速度 ω が変化しないことである．簡単のため送配電による損失は無視して，ここでは発電機の電気出力は需要電力と等しいと扱う．

需給バランス状態とは，式(2·5)の左辺がゼロとなることであり，右辺の系統全体の機械出力（合計発電量）と電気出力（合計需要）が等しい．すなわち，系統全

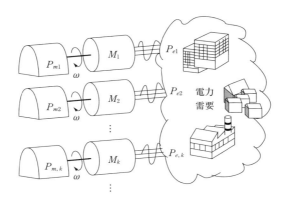

図2.1 交流同期発電機の連系運転の動作簡易図：式(2·5)の説明

体の需給バランスが発電機群全体の慣性力による角速度の微小な変化を決めるということがわかる.

このように系統全体の周波数が需給バランスの変動に対して慣性力として変動を抑えるかどうかは，発電機群の合計慣性定数の和で決まる．したがって，近年，太陽光など自然エネルギー発電量が多くなり，火力発電機などの同期発電機の発電量が減少しているときは，系統全体の同期化力が減少しており，系統全体の安定度が下がってきているという重要な点を抑える必要がある．

2.1.2　発電と需要の瞬時バランスと周波数

前項で説明したように，**需給・周波数制御**とは時々刻々と変動する負荷変動に対して，発電所の同期発電機への機械入力制御を行い，回転速度つまり系統周波数を基準周波数に維持することである．この負荷変動にはさまざまな周期成分が含まれる．

第1章で述べたように，それら変動に対応する制御方式は一般的には変動周期によって3つに分類される（図2.2）．変動周期が数分以下の変動成分をサイクリック成分，変動周期が数分～十数分程度までの変動成分をフリンジ成分，変動周期が十数分以上の変動成分をサステンド成分と呼ぶ．これらの変動周期が異なる成分に対し，制御周期が異なる複数の制御方式を組み合わせることによって系統周波数制御を行っている．

サイクリック成分に対しては変動幅も小さく，各発電機自身による制御であるGF（Governor Free：ガバナフリー）運転で吸収できる．フリンジ成分に対しては，変動量も多くなるので，GF運転のみでは調整しきれない．そこで，周波数偏差や負荷変動量を検出し，発電機の出力をリアルタイムで調整し変動を吸収するLFC

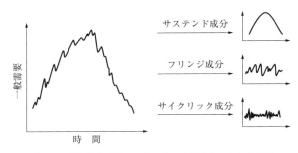

図 2.2　系統全体需要の変動をその時間成分により 3 分割

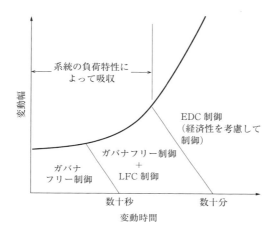

図 2.3 変動時間成分による系統周波数の規定値へ制御の分担

(Load Frequency Control：負荷周波数制御）により制御が行われる[2.6]．サステンド成分は変動周期が十数分以上であり，発電量が大きいため事前の変動予測が可能である．そのため，この予測を基に効率的に出力配分ができ，発電のコストを抑えることができる EDC（Economic Load Dispatch Control：経済負荷配分制御）が用いられている．

これら，需給バランス制御の時間軸に対する分担の概要を図 2.3 に示す．この分担は明確に独立区分されているとは限らず，1 つの発電機に複数の制御出力信号が混合されて最終的な発電機動力への操作量が決定される．

2.2 中央給電指令所の役割

2.2.1 負荷周波数制御 LFC

第 1 章で概要を述べたように，電力会社管内の中央給電指令所は，電力網全体の監視・制御を行う施設である．つまり，中央給電指令所は，電力網を常に監視し，時々刻々変動する需給バランスに合わせ，各発電機へ出力調整の制御指令を発令し，電力需給バランスを保っている．言い換えれば，各電力会社管内の大型火力発電所は，中央給電指令所から常に制御され，出力を調整している．

図 2.4 に各指令による発電機の出力変動の例を示す．まず，各発電機では**ガバナ制御**が行われている．これは，調速機（ガバナ）を発電機自体が制御し，発電機の

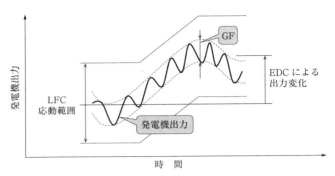

図 2.4 各制御による発電機出力の変動

回転速度を一定にしているためである．具体的な仕組みとしては，火力発電機では，周波数が上昇した場合は，タービンへの蒸気量を抑制するためにバルブを閉め，反対に低下した場合は蒸気量を増加させるためにバルブを開くというものである．

発電機出力，負荷それぞれの電力変化と周波数の間に，図 2.5 に示すような特性がある．ここで，f_N は定格周波数（基準周波数）または定格回転速度，f_0 は無負荷時回転速度（無負荷周波数），P_{G_r} は発電機の定格電力である．

発電機の出力は周波数が上昇すると，ガバナが働き，発電機への機械的入力が減少することで電気的出力が低下する．逆に，周波数が低下すると機械的入力が増加するため，電気的出力も増加する．

接続された系統の周波数が変化したとき，発電機の回転速度がどの程度変化するかを表す速度調停率 ε は以下の式で表される．

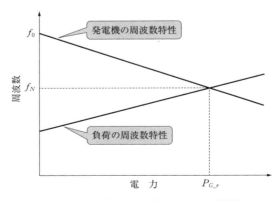

図 2.5 発電機出力と負荷の電力-周波数特性

$$\varepsilon = \frac{f_0 - f_N}{f_N} \times 100 \tag{2・6}$$

ε が小さいほど，わずかな周波数変動でも電気出力は大きく変わることを示している．ε が小さいほど周波数は安定するが，小さすぎると逆にわずかな周波数変動により電気出力が大きく変動してしまうため，発電機にとって望ましくない．ε の値は4〜5％ぐらいが一般的である．

周波数が1 Hz 変動したとき，発電機出力が定格出力の何％変化するかを表す定数である，発電機特性定数 K_G〔%MW/Hz〕は

$$K_G = \frac{100}{f_0 - f_N} \tag{2・7}$$

と表される．これと式(2・6)より

$$K_G = \frac{100 \times 100}{\varepsilon \times f_N} \tag{2・8}$$

となる．

同様に，負荷の周波数特性として，周波数が上昇すると負荷の消費電力も増え，周波数が低下すると消費電力も減る．これは，負荷に含まれる回転機負荷の場合，周波数が上昇すると電動機の回転速度も上昇し，それに伴い消費電力が増加していく．また，電熱機器や電灯なども周波数の上昇に伴い消費電力が増大することが多い．この周波数の変動に対して負荷が何 MW 変動するかを表す定数である，負荷特性定数 K_L〔%MW/Hz〕により

$$K = K_G + K_L \tag{2・9}$$

と系統定数 K〔%MW/Hz〕と呼ばれる電力系統全体の周波数変動特性を示す定数が求められる．周波数の変動に対し，発電機出力と負荷周波数の増減が逆の特性をもつため，系統にはある程度の自己制御性をもっている．図2.5に示すように，それらの発電側と負荷側の周波数特性を示す2本の線が交わるところで状態が落ちつく安定点となる．

発電機を多数台接続した電力網全体を考えると，全発電量と全需要量との差の電力 ΔP〔MW〕と系統周波数の変動量 Δf〔Hz〕は下式のような関係にある．

$$\Delta P = K \Delta f \tag{2・10}$$

つまり，系統定数の値が大きいほど，系統内に発生した需給偏差による周波数変動が小さく，周波数が変動しにくい．

LFC 制御とは，負荷の変動による周波数変動量や連系線電力変動量などを検出

して，定常時の電力系統の周波数や連系線の電力潮流を基準値にする制御方法であり，負荷変動のフリンジ成分に対して行われる．フリンジ成分は短周期で起こる負荷変動であり，予測が困難である．そのため，LFCには時々刻々変化する負荷に対し，発電機をリアルタイムに制御することが求められる．

わが国では地域ごとに各電力会社が系統を監視・制御している．この系統同士は**連系線**と呼ばれる送電線で接続されている．系統同士を接続することで，系統規模が大きくなり，周波数の変動が小さくなるからである．また，互いの発電予備力を利用することができるため，自エリアの発電量が足りなくなった際に，他エリアの発電機を利用して需給バランスを維持することができる．図2.6に概略の概念図を示す[2.7]．

また，自エリアの発電量と需要量のバランスが不安定なとき，連系線を通して他エリアへ電力が流れる．これを連系線**潮流**と呼ぶ．したがって，この潮流を測定することで，自エリア内の需給がどの程度バランスしているかを判定できる．

LFC制御を行うため，リアルタイムで負荷変動量を実際に測定することは難しい．そこで，エリア内の負荷変動を等価的に算出するために，周波数変動や連系線潮流変動を計測する．これにより，負荷変動量を基準値に維持するために，系統周波数や連系線潮流の値を基準値で維持することが可能であるといえる．

LFCの制御方式について述べる．日本では，定周波数制御（Flat Frequency Control：FFC）と，周波数バイアス連系線電力制御（Tie line power frequency Bias Control：TBC）の2つの方式が用いられている．

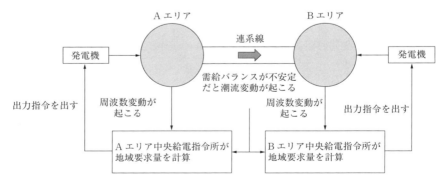

図2.6 複数の電力系統間の連系線と電力潮流の仕組み

FFC 方式は，系統周波数の基準周波数からの偏差 Δf を検出し，これを 0 に近づけるために発電機出力を制御し，系統周波数のみを規定値に保つ制御方式である．単独系統においては有効な方式であるが，連系系統においてはこの方式では連系線潮流を制御しないため，潮流は周波数制御により乱れ，他の系統エリアに影響が生じる．

TBC 方式は系統周波数偏差 Δf と連系線潮流偏差 ΔP_T とを同時に検出し，それらを基に算出した自エリア内の**需給アンバランス** ΔP を求める．この ΔP をその地域に必要な電力として，**地域要求量**（**AR**：Area Requirement）と呼ぶ．この AR を 0 に近づけるため発電機出力を制御する方式である．FFC 方式と異なり，連系系統において連系線潮流による他の系統エリアへの影響を抑えることができる．

TBC 方式について詳しく述べる．系統エリア A，B の需給アンバランス ΔP_A，ΔP_B は以下の式で計算される．

$$\begin{cases} \Delta P_A = K_A \Delta f_A + \Delta P_T & (2 \cdot 11) \\ \Delta P_B = K_B \Delta f_B - \Delta P_T & (2 \cdot 12) \end{cases}$$

ここで，K_A，K_B は各系統エリアの系統定数，Δf_A，Δf_B は各エリアの周波数変動，ΔP_T は A エリアから B エリアへの連系線潮流変動分である．需給アンバランス分は測定することができないため，測定可能な系統定数 K_A，K_B，系統の周波数 Δf_A，Δf_B，連系線潮流変動分 ΔP_T より，需給アンバランス分 ΔP_A，ΔP_B を求める．

LFC ではこの ΔP を AR とし，0 とするように対象となる発電機に制御指令することにより系統周波数を維持する．なお，LFC の応動範囲は，発電機定格出力の ±5％程度とされている．

2.2.2 経済負荷配分制御 EDC

電力系統システムの中央給電指令所から各発電機に対する制御の中で，**経済負荷配分制御 EDC**（Economic Dispatch Control）とは，数十分程度以上の負荷変動のサステンド成分を主に担当する制御である．この時間領域となると 1 分 1 秒を争う緊急的対処を対応するのではなくて，多数の発電機にどのように負荷分担させると経済的かという観点からの制御である．

数十分程度以上の需要変動は，変動幅が秒刻み分刻みの変動に比べて大きいが，時間的に緩やかな需要変動なので予測が可能な領域に入ってくる．この数十分先までの需要変動予測を基に，燃料費等により経済性が異なる各発電機を，通常 5 分程度ごとの周期で最適計算をし直して，各 EDC 対応発電機に発電出力を上げ下げ信

号を出力する制御である.

　また，火力発電機は一般に高出力で運転するほうが効率が良いため，予測される需要に対して，最適な発電機の運転・停止状態を計画する．しかし，予測をもとにした制御であるため，実際の時々刻々の変動との差が生じてしまうのは避けられない．したがって，このずれ分のうち毎分から数十分といった時間オーダーの差は，前項のLFCにより補正し制御される．EDCは通常5分程度の時間間隔で予測と修正を演算処理して各発電所への制御出力を更新していく．

　EDCの演算処理の手順を図2.7に示す．はじめに，その時点の向こう数十分先の需要変動予測と発電計画からEDC制御の総配分量を計算する．次に，その総配分量を各EDC対象発電機へ最も経済的となるように，図2.8で示すような最適配分計算を行う．そして，最適配分計算の結果に基づき各EDC対象発電機への制御信号を出力する．この一連のEDC計算周期は代表的な値として5分とされている．

　以下，EDC最適計算の一例を概略説明する．まず，EDC分担量の決定方法を示

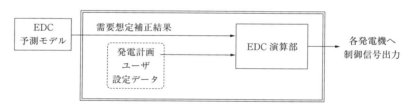

図 2.7 EDC 制御の手順

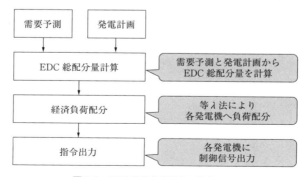

図 2.8 EDC 最適負荷配分の演算フロー

す．EDC の制御周期において，EDC が分担する需要変動量は，発電機計画出力と5分先の需要予測を用いて下式のように表す．

$$P_{EDC} = L_C - (P_S + P_C + P_0) \tag{2・13}$$

ここで，P_{EDC} は EDC 分担量，L_C は5分先の需要予測値，P_S は EDC の対象となる発電機の計画出力合計，P_C は EDC の対象とならないベース電源等の計画出力合計，P_0 は他のエリアから連系線を利用し，融通する電力の計画値である．

次に経済負荷配分処理内で使用する最適化計算で用いる等λ法について述べる．一般に，火力発電機の燃料特性は図2.9に示すように2次関数で近似的に表されるといわれている．EDC 分担量 P_{EDC} に対し，各発電機への配分量 P_{Gi} は，下式の目的関数を最小化する最適化問題である．

$$f(P_G) = \sum_{i=1}^{n} f_i(P_{Gi}) = \sum_{i=1}^{n}(a_i + b_i P_{Gi} + c_i P_{Gi}^2) \tag{2・14}$$

ここで，$f(P_G)$ は目的関数で，対象時刻の燃料費合計，P_G は発電機の出力の合計である．$f_i(P_{Gi})$ は発電機 i の燃料費関数，P_{Gi} は発電機 i の出力，n は EDC 運転発電機台数，a, b, c は燃料費特性を近似する2次曲線の係数である．上式の目的関数が最小となる状態が，最も経済的な配分量となる．

この最適化問題の解法として，ラグランジュの未定乗数法を用いて解く例を示す．第7章に示す仮想発電所を含めた電力系統の EDC 制御シミュレーションでは，この方法によるモデル化である．

ラグランジュ乗数を λ として未定乗数法を計算すると

$$\lambda = \left(\sum_{i=1}^{n}\frac{b_i}{c_i} + 2P_{EDC}\right) \Big/ \sum_{i=1}^{n}\frac{1}{c_i} \tag{2・15}$$

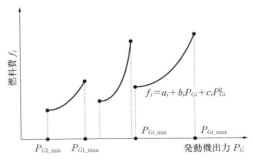

図2.9　火力発電機ごとに燃費特性が異なるそれぞれ2次曲線で近似する

となる．λ は等分燃料費と呼ばれ，この λ がすべての発電機に対して等しいとき，最も経済的な出力配分を実現できる．これを等増分燃料費の法則，または**等 λ 法**と呼ぶ．

λ は P_{EDC} の大きさによって決まるため，負荷が増加すれば λ も増加する．発電機 2 機それぞれの出力を G_1, G_2 とし，その出力変化例を図 2.10 に示す．$\lambda_1 = 2.5$ であったとき，発電機出力は $P_{G1\_\lambda1}$, $P_{G2\_\lambda1}$ となる．需要の変動により P_{EDC} が増加し，$\lambda_2 = 2.6$ となったとき，発電機出力は $P_{G1\_\lambda2}$, $P_{G2\_\lambda2}$ となる．

図 2.11 に，各種発電機の発電単価と調整力を示す．火力発電機には燃料として，石炭，石油，液化天然ガス（LNG）が用いられるが，各電力会社は現況の燃料のコスト変動に応じて，稼働させる発電機を調整している．ただし，石炭は最も安価であるため，石炭火力発電機は出力を変動させず常に使い続けるベース電源として用いられている．対して，LNG，石油の順にコストが大きくなるため，これらの燃料を使う火力発電機は，変動する需要量に対応するための調整力として用いられている．

また，古くからの火力発電と異なる最新のものとして，GTCC（Gas Turbine Combined Cycle）というものがある．これは，高温ガスを吹き付け，ガスタービンで発電，その後，いまだ高温の排ガスの熱で水蒸気を発生させ，蒸気タービンも回す発電方式である．LNG 火力発電機と比べて高効率の発電方法である．

以上の法則により，一例として，火力発電機群の簡単な出力燃料費カーブを 2 次曲線で近似して全体燃料比が最小となる各発電機への負荷配分を最適化計算する概

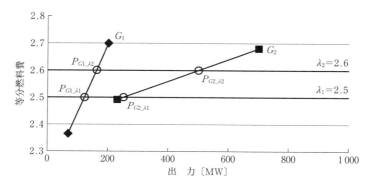

図 2.10 それぞれの発電機の燃料費変化と出力変化と λ の関係
（電気学会技術報告第 1386 号：電力需給・周波数シミュレーションの標準解析モデル（2016），p. 84 より引用）

2.2 中央給電指令所の役割

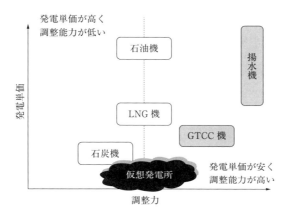

図 2.11 中央給電指令所の各発電機の発電単価と調整力
（電気学会技術報告第 1386 号：電力需給・周波数シミュレーションの標準解析モデル（2016），p. 98 より引用）

要を示した．その他の発電機については，一定の発電出力を保持するような原子力発電などベースロード発電機は別であるが，実際には，水力発電機などを EDC 対象とする場合は出力対運用比コストを最適化計算に含める必要がある．

現状は，中央給電指令所からの EDC 制御対象発電機は，既存技術の大型発電機が対象である．しかし，将来は，本書で述べる仮想発電所も EDC 制御対象発電として含める技術開発ができてくると期待できる．

将来，そのような確実で正確な仮想発電所システムが構築できて，かつ，経済的なメリットがあれば，中央給電指令所から仮想発電所に対して従来の火力発電機へ送信していたような EDC 制御指令対象とできる可能性がある．その場合，EDC の最適計算は仮想発電所の経済性を燃料費と等価な評価数値にして最適計算に含める必要がある．

その際，重要なことは，仮想発電所，特に本書が扱うビルマルチ空調機群の FastADR ネガワットによる仮想発電所は，そのための設備投資や維持費用は発生しない．大規模火力発電所の建設投資回収や年間稼働状態に維持する経費や不動産その他固定費改修を含めた経済性を反映する必要がある．燃料費については，ビルマルチ空調群のネガワット仮想発電所は必要ないが，それに対応するコストはゼロではなくてサービスプロバイダを通じたビルマルチ空調設備により協力した需要家に対するインセンティブなどが主に対応するであろう．

しかし，年間稼働率が低くて稼働時には，CO_2 を排出する大型火力発電所に対して，ネガワット仮想発電所を EDC 制御対象として含めることは，将来の有望な手であると思われる．そのためには，これから本書で述べるような，IT や AI の基礎技術を積み重ねて，従来の大規模火力発電所と同等の高速，正確，確実な出力調整性能を高めていくことが鍵であろう．

第1部 概要編

第 **3** 章

仮想発電所システム

3.1 仮想発電所の概念

3.1.1 電力需要とネガワット

　前章で述べたとおり，現状の電力系統では需要側の消費電力の変動に合わせ，大型発電所だけの供給電力で需給制御している．しかし，太陽光発電や風力発電など自然まかせの発電設備が増加すると，相対的に前章で述べたガバナ制御や LFC 制御で制御できる供給量の割合が小さくなり，需要側に合わせた制御が難しくなる．

　そこで，それならば需要側の電力量を制御するという方法が考えられている．これを**デマンドレスポンス（DR）**と呼ぶ．需給のバランス上，需要側の消費電力量を抑制することは，発電量を増加させることと等価である．そのため，急な天候の変化や事故により系統全体の発電量が急激に低下した際にも，大規模停電が起きる前に，需要側の消費電力を抑制し需給のバランスを維持することができる．

　デマンドレスポンスは IoT 通信技術を利用し，時々刻々の電力系統の状況に応じて需要側の消費電力を制御するというものである．従来の電力制御技術と IoT 通信技術を融合させた「スマートグリッド」がある．これは次世代電力網で，電力供給システムを高効率，高品質，高信頼度で行うことを目標としている．

　よく誤解のあるところであるが，需要側が消費電力をなるべく使わないようにする省エネと，デマンドレスポンスは異なるものである．なぜなら，デマンドレスポンスは消費電力の抑制だけではなく，逆に発電量が多すぎる場合には消費電力を増加させてバランスをとる制御も行うからである．また，その制御により変動した消費電力に応じた報酬（電力を供給した報酬）も発生する．

　こうして，需要側の抑制により，需給バランス上，発生した仮想的な発電側増加量を**ネガワット**（下げデマンドレスポンス）と呼ぶ．現在，ネガワット生成のソースとして，蓄電池，オフィスビルの空調機，ホテルや病院などの大型給湯器等が考えられている．つまり，消費電力の抑制による影響が，業務や生活に瞬時に支障をきたさない設備を対象としている．蓄電池や給湯器であれば，既定の時間までに必要な電力量や湯量を蓄えておけばよいため，短期間であれば充電や給湯のペースを遅くしてもすぐに問題は発生しない．また，オフィスビルの空調機は 10 分程度であれば，電力抑制による室温の上昇によって使用者が不快に感じることもなく，ネガワットを得ることができる．

　対して，需要側の増大により，発生した仮想的な発電側削減量を**ポジワット**（上

げデマンドレスポンス）と呼ぶ．ポジワットのソースとしても蓄電池や給湯器，そのほか電気自動車が考えられている．なお，空調機は消費電力を増大することは pre cooling や pre heating を行うことになるため，現実的に難しい．しかし，蓄電池やヒートポンプ給湯器などはポジワットによりエネルギーを蓄えることができるので，ポジワット生成ソースとして有用である．

3.1.2 需要家側の仮想発電所サービス

前項で解説したようなデマンドレスポンスにより需要家の消費電力を制御することで，1つの発電所のように機能させるという考えがある．これが**仮想発電所**（VPP：Virtual Power Plant）という概念の要である．図3.1に仮想発電所の体系イメージ図を示す．仮想発電所には，制御対象とする需要家の蓄電池，給湯器，空調等の各設備を監視・管理し，中央給電指令所からの制御指令の分配や，生成したネガワットを集積（アグリゲート）する事業者が必要である．これを**アグリゲータ**（Aggregator）と呼ぶ．

アグリゲータには，リソースアグリゲータとアグリゲーションコーディネータの2種類が存在する．リソースアグリゲータとは，直に各設備（エネルギーリソース）を管理・制御する．一方，アグリゲーションコーディネータは，リソースアグリゲータが制御した電力量を一般送配電事業者や小売電気事業者と電力取引をすること

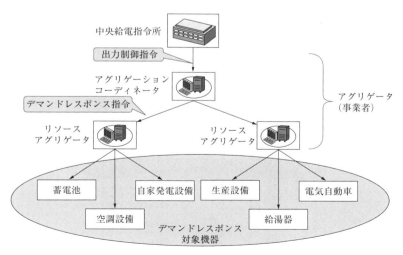

図3.1 仮想発電所の体系イメージ図

である．事業者の中には，この2つを担っているところもある．このような仮想発電所をつくることにより，系統へ周波数の調整力を発揮し，電力料金の削減を達成したり，太陽光発電の出力抑制回避等のサービスを提供したりすることができる．

すでに国外では，仮想発電所を活用したビジネスとして，ネガワット取引が行われている．**ネガワット取引**とは，アグリゲータとの事前の契約に基づき，アグリゲータからのデマンドレスポンス制御指令により電力を削減し，削減量に応じた報酬が発生する取引のことである．このような電力の変動分に応じ，報酬が発生する需要制御を**インセンティブ型**と呼ぶ．ネガワット取引の流れは，中央給電指令所からの出力制御指令をアグリゲータが受け取り，自身の配下にある需要家設備へデマンドレスポンス制御指令を発令する．デマンドレスポンス制御指令により変動した電力量をアグリゲータが束ね，変動に応じた報酬を電力会社から受け取り，需要家へ報酬が支払われるというものである．

仮想発電所が，需給調整担当の火力発電機に協力するためには，中央給電指令所からの指令に対する応動性が重要である．当然，制御対象として用いる設備によりデマンドレスポンス指令への応動速度は異なるが，仮想発電所を周波数制御の調整力として用いるためには，火力発電所などの実際の発電設備並の応動速度が必要である．表3.1に各発電所の出力変化速度を示す[3.1]．GTCCは5％MW/min程度が中央値であることから，他の火力発電機よりも出力変化速度が速く，中でも揚水発電機は非常に速い．また，揚水運転時にも可変速揚水機はLFC運転ができるため，周波数調整がしやすいといえる．したがって，仮想発電所が機能する要件の1つの応動速度としては，5％MW/min程度の実現が望まれる．

本書の仮想発電所は，ビルマルチ空調機群のFastADRを主なリソースとして仮定している．第7章で詳しく述べるが，大規模なビルマルチ空調設備群のネガワッ

表3.1 発電機の出力変化速度（定格比）
(電気学会技術報告第1386号：電力需給・周波数シミュレーションの標準解析モデル（2016），p.13より引用)

発電機種別	出力変化速度
石 油	1〜8 ％MW/min
石 炭	1〜5 ％MW/min
LNG	1〜8 ％MW/min
GTCC	1〜10 ％MW/min
揚 水	15〜100 ％MW/min

ト仮想発電所は，中央給電指令所が系統周波数制御の対象発電機としてほぼ同等の応動性能が得られるというシミュレーション[3.2]を紹介する．

また，図3.2(a)に中央給電指令所からのEDC出力増加指令ステップ変化に対する代表的な需給調整用のガスタービン火力発電所の応動特性を示す．この例は，電気学会標準の系統シミュレーションモデルにおけるガスタービン火力発電機の応動モデルである．これによると，約2分間で中央給電指令所の信号に応動していることがわかる．

図3.2(b)は，ビルマルチ空調機に対して多数のFastADR応答波形を集積合成した場合のネガワット生成応動特性の例である[3.3]．ここでは，100台のビルマルチ空調のFastADR電力応答時系列データを集約合成して同時実行と見なしたシミュレーションを3回実施した結果である．この例では，ほぼガスタービン火力発電

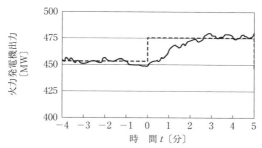

(a) ガスタービン火力発電所（電気学会 AGC 30 シミュレーション）

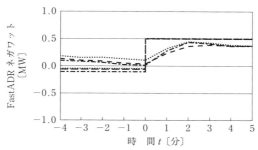

(b) ビルマルチ空調仮想発電所（100台実測を集約合成シミュレーション）

図 3.2 中央給電指令所の指令に対するビルマルチ空調ネガワット応動特性[3.2]

機と同程度の約 2 分間という応動速度が得られている．台数が 100 台と少ないためネガワット生成絶対値としては約 0.4 MW と微量であるが，これを 100 システム程度まで精密に並行実施する高速通信制御技術が確立できれば，既存火力発電機並の応動特性が得られる可能性を示唆している．

このように，分散している多数のオフィスビルに設置された膨大な数のビルマルチ空調機群に対して FastADR ネガワットを精密かつ遅延なく集約制御するには，大規模かつ高速な通信が主要ポイントの 1 つである．次の節では，このような仮想発電所の大規模かつ高速な FastADR 集約通信として想定される通信標準規格を紹介する．ここでは，各通信規格の概要を述べるにとどめて，集約時の通信データ伝送性能は第 7 章で，具体的な通信ソフトウェア構築技術は第 8 章で詳しく述べる．

3.2 仮想発電所システム通信

3.2.1 間接制御通信 OpenADR

OpenADR（Open Automated Demand Response）[3.4] とは，**デマンドレスポンス**の自動化，つまり自動デマンドレスポンス（ADR）のためのデータ交換プロトコルを規定したものである．ゆえに，コンピュータ同士の直接対話（Machine to Machine：M2M）を前提としており，デマンドレスポンスの実施に必要な通信サービス（機器登録，デマンドレスポンス，イベント通知，機器ステータス報告，デマンドレスポンス参加/不参加の通知など）を行うシーケンスやデータペイロード，通信プロトコルが定められている．また，オープン，つまり公開されており，誰でもアクセスすることができる．

OpenADR の始まりは，2002 年の米国カリフォルニア州の電力危機である．米国ローレンスバークレー国立研究所はこの危機を契機に自動デマンドレスポンスの研究を始め，カリフォルニア州の政府と複数の企業との共同による実証試験や商業化を経て，自動デマンドレスポンスの通信規格の開発・策定を行った．その成果をまとめたものが 2009 年 4 月に OpenADR 1.0 通信仕様書[3.5] として公開された．

同年に NIST（米国国立標準技術研究所）の設立した SGIP（Smart Grid Interoperability Panel）において標準規格の 1 つとして選定され，また PAP（優先行動計画）の中で採択されたことで，国際標準化を目指す形となった．

UCAIug（電力会社の国際ユーザグループ）は，ローカル色の強かった OpenADR 通信仕様書を他の国際標準モデルに適合させた OpenADR 1.0 システム要求

仕様書を作成し，2010年9月に承認した．

SGIPの依頼を受けてADRの標準化を検討していたOASIS（オープンな標準規格の開発推進を行う国際的な非営利団体）は，このUCAIugのOpenADR 1.0システム要求書やNAESB（北米エネルギー規格委員会）の検討結果などを踏まえて，2012年2月に新たな国際標準としてEI 1.0（Energy Interoperation 1.0）[3.6]を公開した．これは，ADRに限らず，電力エネルギー分野全体を対象として，相互運用を目指す広大な規格であるが，実用のためには不十分な面もあり，より詳細な規格が望まれていた．

EI 1.0の仕様をベースにADRに限定し，実装を考慮した標準規格として策定されたものがOpenADR 2.0である．現在，2010年に設立された米国カリフォルニア州を拠点とするOpenADRアライアンスによって，管理・認証，普及促進など行われている．

OpenADRは2つのバージョン，OpenADR 2.0aとOpenADR 2.0bから構成される．このような上位の規格の一部を構成する規格はプロファイルと呼ばれることから，それぞれプロファイルA，プロファイルBと表現することもある．各プロファイルとEI 1.0の関係性は図3.3に示すように入れ子のような形と，つまり上位のプロファイルが下位のプロファイルを包含するような形になっている．

OpenADR 2.0aは2012年8月に公表されたプロファイルである．比較的単純な装置の制御を対象とし，デマンドレスポンスイベントの通信のみを部分的にサポートしている．

2013年7月に公表されたプロファイルがOpenADR 2.0bであり，2015年11月付けでRevision 1.1も公表されている．OpenADR 2.0bは本格的な自動デマンド

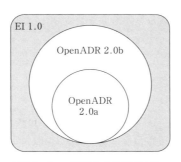

図3.3　OpenADR 2.0の各プロファイルとEI 1.0の関係性

レスポンスサービスを目的としており，アグリゲータなどの事業者，需要家側のクライアントとの連携も考慮した必要な通信サービス，デマンドレスポンスイベントの通信に加え，機器登録やステータス報告，デマンドレスポンス不参加通知などの規格も含むものとなっている．なお，当初は OpenADR 2.0c も予定されていたが，電力会社へのヒアリングの結果，OpenADR 2.0b までで十分だと判断され，現時点では凍結されている．

この OpenADR 2.0b は現在 IEC（国際電気標準会議）における国際標準化を目指している．2014 年 2 月に公開仕様書（PAS）が IEC/PAS 62746-10-1 として承認を受け，2018 年 5 月に PC 118（スマートグリッドのユーザインタフェースを扱うプロジェクト委員会）の国際規格原案を問う投票にて，賛成多数により可決されている．そのため，順調に進めば 2019 年 6 月ごろには，国際標準化される見込みである．

わが国においても自動デマンドレスポンスの標準仕様として OpenADR の検討等がなされている．2012 年 6 月に経済産業省が設置した「スマートハウス・ビル標準・事業促進検討会」では，スマートコミュニティの推進を目的とした活動団体である JSCA（スマートコミュニティ・アライアンス）と連携して，スマートハウス/ビルの普及拡大に向けた議論を行っている．

この検討会の下に 2012 年 6 月に設置された「次世代デマンドレスポンス技術標準研究会」では，日本国内におけるデマンドレスポンスのユースケース（利用者間のやり取りを定義したもの）の検討や技術調査が行われた．そして，その最終報告として OpenADR を国内標準のベースとして採用するべきだと報告がなされた．

経済産業省は同検討会にデマンドレスポンスタスクフォース（DR-TF）を立ち上げ，OpenADR がわが国においても適用可能かユースケースに基づいた検証を行い，OpenADR Alliance の協力も得て，デマンドレスポンス通信に必要な仕様を策定した．これが「デマンドレスポンス・インタフェース仕様書」[3.7] である．この仕様書は 2013 年 5 月に「第 1.0 版」が採択された後，実証実験やサービス適用，OpenADR 2.0b の策定等を経て「第 1.1α 版」（2014 年 5 月），「第 1.1 版」（2015 年 6 月）と逐次改定が行われている．

DR-TF の活動は現在終了しており，「デマンドレスポンス・インタフェース仕様書」のメンテナンスは，現在は経済産業省の資源エネルギー庁が 2016 年 1 月に設立した「エネルギー・リソース・アグリゲーション・ビジネス検討会」（ERAB 検討会）の OpenADR WG となっており，2018 年 3 月には「第 1.2 版」の改定案

が公開されている．

この OpenADR WG では，インタフェース仕様書のほかに，アグリゲータが需要家側機器を直接制御・状態把握を行う際の OpenADR 2.0b の使い方をまとめた「OpenADR 機器別実装ガイドライン」[(3.8)]の策定も行っている．こちらも実証実験等を踏まえて，現在改定に向け議論が進められている．近々公表される予定である．以上の OpenADR 規格を図にしたものが図 3.4 である．また，ここまで述べたように，現在は OpenADR 2.0 が主流であるため，これ以降は単に OpenADR と呼ぶときはそれを指すことにする．

自動デマンドレスポンスシステムへの参加者は，デマンドレスポンスイベント発行者と，それを受信する需要家の大きく 2 つに分けることができる．もともと，需要家へのデータ通信も対応可能としていたが，大規模に階層化し，自動デマンドレスポンスを集積（アグリゲータ）する前者により適している．本書のシステムは前者に従う．ここで，デマンドレスポンスイベント発行者には送配電事業者，系統運用機関や小売事業者等が相当する．一方，需要家にはさまざまな機器が含まれ，その規模も多種にわたる．例えば規模の大きい需要家には，工場・ビル等の大口顧客や発電所のほかに，アグリゲータ（複数の小口需要家を束ねたもの）や，マイクログリッド，地域エネルギーマネジメントシステム（CEMS）があり，規模の小さい

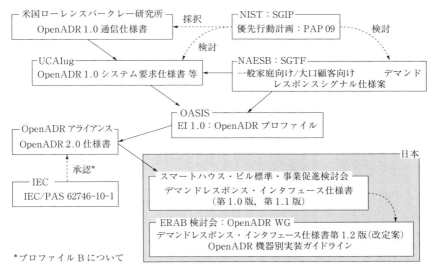

図 3.4　OpenADR 2.0 の採用にいたるまでの流れ

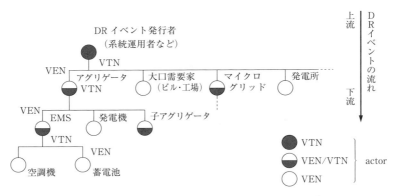

図 3.5 OpenADR におけるデマンドレスポンスイベントの流れ

需要家にはビル内エネルギー管理システム（BEMS）/家庭内エネルギー管理システム（HEMS）だけでなく，単独の空調機や蓄電池，発電機等も考えられる．

OpenADR では，これら参加者を**アクタ**と呼び，デマンドレスポンスイベントを上流アクタから下流アクタへ，中間のアクタを中継して多段階的に伝達していくような情報伝達モデルを採用している．具体的には，上流にあるアクタでデマンドレスポンスイベントを発行したとき，まずそれに属する子アクタに，いわゆるクライアント/サーバー通信によりデマンドレスポンスイベントが伝達される．次に，その子アクタに属する孫アクタに同様にデマンドレスポンスイベントを伝達する．これを順に繰り返すことで，上流から下流までデマンドレスポンスイベントを伝達する．図 3.5 のように，中間のアクタではデマンドレスポンスイベントの受け手・送り手の両方になっており，また直接の関係のないアクタ間での通信は発生しない．

OpenADR においては，このデマンドレスポンスイベントの送り手のアクタをバーチャルトップノード（VTN）と呼び，受け手のアクタをバーチャルエンドノード（VEN）と呼ぶ．ただし，先に述べたとおり，VTN，VEN は固定的なものではなく，アクタは VEN，VTN のどちらにもなりうる．

3.2.2　直接制御通信 IEC61850

本項では，仮想発電所のリソースアグリゲータから需要家のエネルギーリソースコントローラを通じて，仮想発電所を構成する機器に対して直接的に制御するための国際通信規格を説明する．

直接制御通信は，前項で述べた最上位のアグリゲーションコーディネータから前

記リソースアグリゲータまでを通信する OpenADR とは異なり具体的な情報を取り扱う．対象設備機器のセンサ値を計量したり，電力を直接調整するには，実際の機器に応じた細かい具体的な信号を送る必要がある．この需要家側の通信および制御装置によって機器固有の監視制御信号に変換されるので，設備種別，メーカ，機種によらないよう通信も標準化される．

本書を執筆している時点の標準化状況は，上流の系統機関との通信は OpenADR がデファクトスタンダードとなると思われる．しかし，需要家側の直接制御通信については現状では標準通信規格を絞り切れない．本書では，仮想発電所システムにおける下流側，つまり，需要家側の通信として 2 つの通信規格を取り上げる．すなわち，電力送配電分野において標準化されてきた IEC61850 通信規格[3.9] と，業務系需要家の電力監視制御用に国際標準化されてきた IEEE1888 通信規格[3.10] を代表例として取り扱う．

本項では，IEC61850 通信規格シリーズを説明する．IEC とは電力システムの国際電気標準会議（International Electrotechnical Commission）であり，この通信規格はその中の技術委員会 TC 57 により策定された電力設備自動化のための通信規格群である．

そもそも，電力設備内で多くのベンダーから納入される電力機器を組み合わせて通信制御する場合，各ベンダーに高価な通信変換器が必要となってしまう．異なる各ベンダーの装置の制御通信に相互運用性がもたらされることはユーザにとって利点になる．そこで，相互運用性は電力会社，機器ベンダー，標準化団体の共通の目標である．各国の約 60 名のメンバーからなる IEC プロジェクトグループは，1995 年から 3 つの IEC ワーキンググループで作業を開始した．

当初は電力系統にある変電所の自動化に関する通信標準化から始まったが，徐々に対象領域を広げてきた．近年，風力発電設備や太陽光発電設備といった分散電源を含む広範囲の対象となってきた．その結果，多種多様な電力設備を統一的に扱える規格として認知されるにいたった．

このように，当初は変電所内の機器間制御通信の自動化に端を発したが，徐々に適用対象を広げてきた．そして，風力発電設備や太陽光発電設備などの分散電源も含む多種多様な制御情報モデルを定義されてきたことが，近年，この規格がスマートグリッド全般に受け入れられてきている要因であろう．

最近，需要側のアグリゲーション管理システムとして OS4ES[3.11] というフレームワーク構想が欧州で提唱された．それは，広域に分布する太陽光・風力発電やデ

マンドレスポンスなどの分散型エネルギーリソースを系統側利用者とリアルタイムで照会，組み合わせる管理システムである．そこでは，多種多様な分散リソースを統一的に情報モデル化してデータベースとして体系化する必要がある．そこにも，このIEC61850通信規格シリーズによる抽象化した制御情報モデルが前提とされている．

このように，現在では本通信規格シリーズは，電力網における電力設備機器のためというより，むしろ電力系統システムを統一的に表現する情報モデルとしての標準通信規格となってきている．

本項では，仮想発電所の通信システム全体像を理解するための基礎知識として，本通信規格シリーズの概要を簡易に説明する．図3.6に，この通信規格シリーズを構成する個別規格群の位置付けを概念的に示す．すなわち，制御対象がもつ情報表現の標準化，情報交換に関する標準化，および，情報交換実行の標準化に関して多くの個別標準規格から体系的に構成されている．

この規格シリーズの中で，本書で扱う仮想発電所の直接制御に関連する個別規格として，IEC61850-7-2，IEC61850-7-3，IEC61850-7-4，およびIEC61850-8-1が挙げられる．以下，本項ではそれらの位置付けを簡潔に述べるにとどめ，具体的な通信システム構築方法については第8章で詳細に記述する．

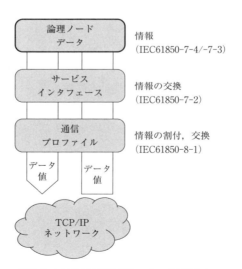

図3.6　IEC61850通信規格シリーズを構成する個別規格群の位置付け

3.2 仮想発電所システム通信　　*47*

IEC61850-7-2 は，種々の電力設備の機能，例えば，制御，報告，取得および設定などに関する情報を交換するためのサービスを規定している．この規格の範囲では，これらの情報は抽象的な形式で表現してあり，それを実現する通信プロトコルや具体的な通信サービスとは独立分離されている．

IEC61850-7-3 は，制御や計測のメーカや型式によらないようにするため，共通の基本情報モデルを定義している．IEC61850-7-4 は，電力設備の自動化モデル，例えば，サーキットブレーカや保護素子の情報事項を抽象的に定義している．この個別規格では，電力設備への監視制御する個々の機能，例えば，サーキットブレーカの開閉状態や保護機能の設定などが共通事項として抽象的にモデル化されて，異なるメーカ同士でも制御情報が交換可能になったものが規定されている．

IEC61850-8-1 は，電力機器間で情報を通信する具体的な手段，情報をシリアル化して交換する方法を規定している．すなわち，具体的な通信における，電力設備アプリケーション層への対応や下位層規格へマッピング対応を規定している．

この電力設備 IEC61850 通信規格シリーズの狙いの1つは，通信による電力設備自動化機能のサポートである．電力設備の自動化機能とは，例えば，電流計測のためのセンサ計測データの読み出しは，過電流保護のための遮断操作信号の伝達などである．これら計測データおよび遮断信号，エンジニアリングと機器構成，監視と統制，制御センター通信，時間同期などの他，計測，状態監視，資産管理などの機能もサポートしている．電力機器には多くの機能が実装されているが，単一の機能を単一の電力機器に実装することも，複数の機能を単一の電力機器に実装することも，別の機能を別の電力機器でホストすることもできる．電力機器は情報交換メカニズムによって他の電力機器の機能と通信する．

IEC61850 通信規格シリーズの情報交換メカニズムは，明確に定義された情報モデルに基づいている．これらの情報モデルとモデリングの方法は，本通信規格シリーズの中核をなすものである．本通信規格シリーズのフィロソフィーは抽象的な共通情報モデルを中心に据えていることである．これは，実際の通信下位層の実装とは分離された情報交換の方法を定義し，仮想化の概念を使って表現することを可能としている．また，機器のメーカや型式が異なってもそれらの間の通信による相互運用性を達成するために必要な詳細のみが定義されている．

本通信規格シリーズのフィロソフィーである抽象化について以下に説明する．個別規格 IEC61850-5 で定義されているように，この規格シリーズの基本的アプローチは，アプリケーション機能の情報を交換するために使用される最小単位に分解す

ることから始めている．これらの監視制御対象を合理的に配置することによって与えられる．これらの監視制御対象は本通信規格を特徴づける用語である**論理ノード**と呼ばれる．論理ノード名の命名ルールを標準化することで各種電力設備や各製造メーカによらずに意味を特定できるようにしてある．例えば，サーキットブレーカ（Circuit Breaker：CB）であればCBを論理ノード名称にXCBRというようにシステマチックな命名法を標準化してある．このように，論理ノードは個別規格IEC61850-5により概念的観点からモデル化され定義されている．

いくつかの論理ノードから**論理デバイス**を構築することで，電力設備全体の機器構成の抽象的表現をすることができる．そして，それら機器を抽象化した論理デバイス群が，ある1つに電力設備に実装されているものとして直接制御の対象が通信対象という見方で定義される．

図3.7にその例を示す．右側の電力設備の装置は，図中央に示される論理デバイスとしてモデル化されている．その装置はいくつかの論理デバイスで構成されるように定義されていて，実際の機器の機能に対応している．この例では，論理ノード

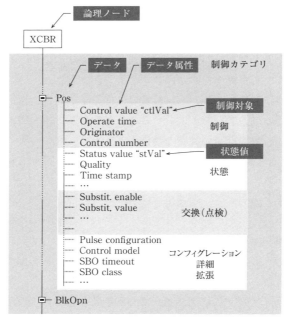

図3.7 サーキットブレーカを例とした論理ノードとデータ構成
（IEC61850-7-1（2003），p.19より引用）

XCBR は，電力設備の右側にある 1 つのサーキットブレーカの機能を抽象的に表している．各論理ノードには，その機能に基づいて専用の**データオブジェクト**のリストをもっている．例えば，その論理ノードの特性である Pos という情報はデータ属性となる．論理ノードに含まれる各データ属性は，それぞれの構造と明確に定義された意味をもっている．データオブジェクトによって表される属性とその情報は IEC61850-5 に記述されている．このように，明確な規則と要求されたサービスによって交換される．論理デバイスに含まれる論理ノードおよびデータオブジェクトは，本通信規格を用いた電力設備の直接制御の相互運用性を実現するためのキーとなっている．

IEC61850-7-4 では，多種多様な電力設備機器の一般的なアプリケーションをカバーできるよう約 90 の標準論理ノードが定義されている．ここで 1 つの注目点は，保護に関連するアプリケーションのグループが論理ノードのほぼ半分を構成していることである．これは，電力設備の安全で信頼性の高い制御のための保護の重要性が高かったために追加されてきたという歴史的な背景がある．しかし，再生可能エネルギー電力設備などにも適用を広めている現状では，監視制御に関する機能の重要性が高まっており，本規格も徐々に対応している最中である．

論理ノードが保持する情報はデータオブジェクトで表される．論理ノードは数個から最大 30 のデータオブジェクトを保持することができる．データオブジェクトには，数個から 20 個以上のデータ属性が含まれる場合がある．このように，論理ノードは階層構造で編成された 100 を超える個別情報，すなわち，設備監視制御の業界で伝統的にポイントといわれる制御対象概念を含むことができる．

例えば，サーキットブレーカ "XCBR" という論理ノードにおいて，サーキットブレーカのスイッチ位置（Position）という単語を省略して "Pos" と命名されたデータオブジェクトは，いくつかのデータ属性で構成されている．データ属性，例えば，この例である Pos.ctlVal では，Position データ属性が取りうる値が ctlVal と略記されることが規定されている．例えば，"XCBR" という論理ノードの "Pos" というスイッチ位置データ属性が取る値 "Pos.ctlVal" は，実際のブレーカの位置（中間状態，オフ，オン，不良状態）という値に標準化してある．このように，機器部品のメーカ型式によらず，各制御情報の名称まで統一標準化されている．

IEC61850-7-2 で定義されているサービスは抽象サービスと呼ばれる．サービス要求の受信側に求められる動作を記述するための定義が規定されている．IEC61850-5 の機能要件に基づいて，サービスの意味と動作，およびサービス要求

と応答に付随するパラメータが，IEC61850-7-2 で定義されている．特定の構文（形式），特にサービスのサービスパラメータを運ぶメッセージのエンコーディングと，これらがネットワークを通過する方法は，特定の通信サービスマッピング（**SCSM**：Specific Communication Service Mappings）[3.12] で定義される．SCSM の具体的な1つの個別規格 IEC61850-8-1 は，具体的な下位層通信規格の例としてMMS[3.13]（ISO 9506）および TCP/IP やイーサネットへのサービスの詳細対応関係（マッピング）を標準化して定義してある．他の通信下位層への SCSM マッピングについては，IEC61850-9-2 および IEC61850-3 で規定されている．

また，個別規格 IEC61850-6 は電力設備を構成する電力機器の統一的な記述言語を規定している．この言語は **SCL**[3.14]（Substation Configuration Description Language）と呼ばれる．SCL は，電力設備の制御情報を統一的に定義できて，通信制御装置間で制御設定情報を交換するのに使用できるファイル形式が統一的に定義されている．SCL は，電力サービス機能に適したように論理ノードを構成されて，電力機器を個々の機能および機器に対応付けし，すべての通信が可能になった完全な構成および状態を定義することができる．

このように，IEC61850 通信規格シリーズでは電力システムの制御対象を統一的に制御情報モデル化し，それへのアクセスを具体的な下位層通信に結びつける方式を体系化している．図 3.8 に，本節で述べた内容をまとめて1つの概念図として示す．この概念を踏まえて，実際の具体的な仮想発電所通信システムとして構築する

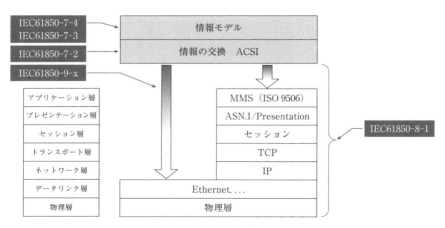

図 3.8 通信サービスのマッピング（SCSM）
（IEC61850-7-1 (2003), p. 22 より引用）

詳細技術については第8章で述べる.

3.2.3 需要家設備通信 IEEE1888

本項では，仮想発電所システムにおける需要家側のデマンドレスポンス通信に使用する通信標準規格の内，前項で述べた IEC61850 と共に候補として考えられる需要家設備側の通信規格 IEEE1888[3.15] について述べる.

IEEE（アイトリプルイー，The Institute of Electrical and Electronics Engineers, Inc）とは，米国に本部をおく電気電子工学の学会団体である．現在では，米国の学会というより全世界の学会と呼ぶのがふさわしく，会員は世界各国に及び，この種の団体では世界最大といわれている．名称は電気電子とあるが，通信や情報や制御にいたる広範囲な技術領域をカバーしている.

また，論文誌の発行や国際学術会議の開催といった学術活動のみならず，世界に電気電子および情報，通信，制御技術を普及するための標準規格である IEEE 規格制定活動も行っている．世間で広く知られている代表的な規格の例として，LAN 通信規格（IEEE 802.3 イーサネット規格），Wi-Fi 無線通信規格（IEEE 802.11 シリーズ規格）などが有名である.

この IEEE1888 規格は，もともと東大グリーン ICT プロジェクト（GUTP：Green University of Tokyo Project）[3.16] によって開発された.

通信プロトコルがベースである．このプロジェクトは東京大学の産学連携プロジェクトとして 2008 年に発足，東京大学のキャンパスを利用してインターネットで設備消費電力の監視制御に関する実証実験を実施している.

その成果として，東日本大震災により電力不足が発生した 2011 年夏には，図3.9 に示すように，東京大学 5 キャンパスの建物の電力見える化によりピーク時前年度比 30％削減を実現している．さらにその後も，データセンターのエネルギーマネージメントやセキュリティ対策など，広域ビルマネージメントにとどまらない新たな進化に向けた取り組みを行っている.

当初はこのプロジェクト活動の中で，本通信プロトコルは施設情報アクセスプロトコル（FIAP：Facility Information Access Protocol）と呼ばれていた．これをベースに中国の団体と協力して国際規格としての文書形態を整えて，IEEE 規格委員会の審議を経て正式に 2011 年に制定されたという経緯である．さらに，本規格は 2015 年 3 月には，国際標準規格 ISO/IEC/IEEE18880 としても認証された.

この通信規格は Web コンテンツの送受信プロトコルとして広く普及している

HTTP（Hyper Text Transfer Protocol）をベースとしている．その上に，一対の情報要求通信と情報応答通信を管理するSOAP（Simple Object Access Protocol）という方式を組み合わせて，インターネット利用を意図した通信要求・通信応答の手順管理プロトコルを使っている．その意図は，既設のTCP/IPネットワークの利用である．また，HTTPベースであるためインターネット接続に際してファイアウォール設定に際しても既存技術をスムースに使うことを狙っている．

　この通信規格の特徴は単にメッセージ交換のためだけでなく，監視制御対象である施設内の設備情報を時系列値として取り扱うことを基本とする．また，インターネット等の広域IPネットワークを前提とした，遠隔からのオフィスビルなど業務施設における電力設備の監視制御を目指している．今日の広くインターネット制御の意味で使われているIoT（Internet of Things）技術を使ったフレームワークといえる．このIEEE1888を用いることで，広域かつ大量に配置された需要家設備と電力管理サービスを，統一した規格で連携することを目指している．

　図3.10に，IEEE1888通信システムの構成要素を抽象化した基本構成概念を示す．基本構成は，ゲートウェイGW（Gate Way），ストレージ（Storage），アプリケーションAPP（Application），レジストリ（Registry）からなる．この基本構成は具体的な機器に対応させるというより，設備監視情報をデータベースとして蓄積する役割を担うものがストレージStorage，設備機器の個別制御通信に変換する役目をするものがゲートウェイGW，それら監視制御情報を有用に活用するアプリケーションソフトウェアを実行するのがAPPと位置付けられる．物理的な機器は，シチュエーションによりGWやStorageやAPPの役目を変えてもよいし，重複してそれら機能を実行してもよい．

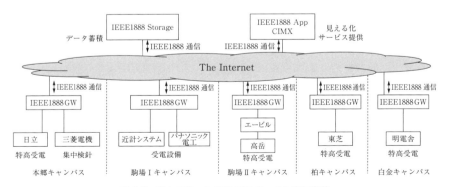

図3.9　東大グリーンICTプロジェクト実証実験

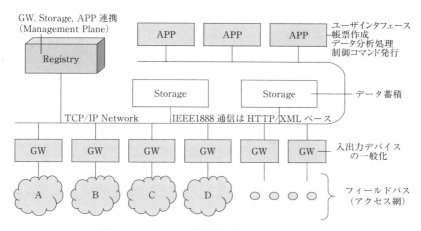

図 3.10　IEEE1888 通信規格の基本的なシステム構成

　IEEE1888 通信規格には GW，Storage，APP の三者の間に Web サービスによる FETCH，WRITE，TRAP の 3 種類の通信サービス手順が定義されている．FETCH 通信手順はクライアントサーバーモデルの Web サービスの基本形といえる情報読出しサービスである．これは，クライアント役であるアプリケーション APP がきっかけを作り FETCH 要求をサーバー役である Storage に問合せて，設備電力など状態情報を読み出す通信サービスである．

　WRITE 通信手順はクライアントがきっかけを作り，サーバーに設備情報を送り付け，書き込む通信である．IEEE1888 規格の特徴的な Web サービスは TRAP 通信手順である．TRAP 通信手順はサーバー上の情報に変化（これをイベントと呼ぶ）が発生した場合，サーバーがきっかけを作り，クライアントにイベントの発生を通知する通信である．すなわち「サーバー Push」のメカニズムを実現するものである．他の遠隔監視制御向け通信プロトコルでも下位層を工夫することで，サーバー Push 動作は可能である．しかし，TRAP 通信手順の特徴は，クライアントが事前にサーバーに希望するイベントの発生条件を登録しておくことができることである．つまり，TRAP をかけておくことができることである．これにより，クライアントごとにサーバーに異なる独自のインベントの発生条件，すなわちサーバー Push 発生条件を登録することが可能である．

　FastADR 制御システムへ本通信規格を適用する場合を以下に述べる．従来，需要家施設の電力需要抑制などの一般的なデマンドレスポンス制御は 30 分や 1 時間

といった時間単位で監視制御が行われてきた．しかし，仮想発電所システムとして広域大量の需要家電力負荷を精密高速制御するには，インターネット経由で需要家のファイアウォールを通過でき，かつ高速応答できる通信方式が必要である．

そのため，本通信規格では，HTTP と XML を使用した Web サービスである RPC 方式を採用した監視制御用 IEEE1888 規格を FastADR 制御の適用[3.17]～[3.19] は通信が必要時にのみネットワーク接続すればよいため通信コストの低減となり，メリットがある．この方法ではクライアントである BEMS が事前にサーバーとなるアグリゲーションサーバーに対し，電力需要抑制依頼などの発生をサーバー Push 発生条件として登録しておく．アグリゲーションサーバーにおいてイベント発生情報を Push する条件を登録した BEMS への需要抑制依頼が発生した際，この BEMS に需要抑制依頼をサーバー Push 通知する．

以下に，IEEE1888 通信規格を用いた仮想発電システムにおけるリソースアグリゲータと需要家 BEMS 間通信に FastADR 制御通信を使う方式について概要を述べる．個々の通信ソフトウェア実装に関わる技術事項については第 8 章で述べる．

図 3.11 に，仮想発電所の下流部分，つまり，広域に分散した需要家施設群に対する IEEE1888 規格を使用したシステムによる FastADR 制御の概念図を示す．このシステム例は電力会社およびアグリゲータに階層的に機能分散され FastADR 制

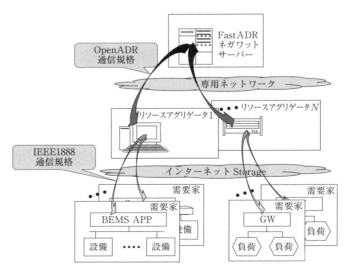

図 3.11 広域ビル需要家施設群に対する FastADR 制御の概念図

御を行う 2 つのアグリゲーションサーバーと需要家施設内の BEMS（Building Energy Management System）群から構成される．需要家施設群全体のデマンドレスポンス制御を取りまとめる電力会社のアグリゲーションサーバーは需要家施設群ごとにデマンドレスポンス制御を行うアグリゲータのアグリゲーションサーバーに電力の需要抑制等の制御情報を送る．アグリゲータのアグリゲーションサーバーはこれを受け，対象とする需要家施設群内の需要家施設ごとに需要抑制依頼を分割し，各需要家施設内の BEMS に向け配信する．需要家施設内の BEMS はこの需要抑制依頼に従い，ビル設備機器を監視制御し，その制御結果をアグリゲータのアグリゲーションサーバーに返す．このとき，ほとんどの場合，需要家施設のネットワークセキュリティ確保のため，需要家施設のネットワーク入り口に設置されたファイアウォールにより，アグリゲータのアグリゲーションサーバーは需要家内の BEMS と TCP/IP のコネクションを張ることができないことが多い．

このように一般的なデマンドレスポンス制御はアグリゲータのアグリゲーションサーバーが電力の需要抑制依頼を需要家施設内の BEMS に通知し，その応答を需要家内の BEMS から待つ．このデマンドレスポンス制御ではアグリゲータと需要家間とのネットワークの接続は通信回線費用の低減とネットワークセキュリティの確保のため，情報授受が必要となったときのみ接続がされることが多い．例えば，需要家施設内の BEMS はアグリゲータのアグリゲーションサーバーからの電力需要の抑制依頼などを 1 分間隔などで周期的に読み込む．このため，情報の授受に遅延も発生する．

一方，電力会社とアグリゲータ間は光回線などの専用回線で接続され，情報の受け渡しがされるため，十分な通信性能が確保される．また，電力会社とアグリゲータとの情報の受け渡しは需要家 100 棟分をまとめた FastADR メッセージの授受は平均約 2 秒で可能であったとの報告もある．また，OpenADR 2.0 規格では FastADR の通信時間の一例として 4 秒と記されている．

このようなシステム構成ではアグリゲータがデマンドレスポンス制御の対象となる需要家数の増加によりデマンドレスポンス制御のための通信遅延時間が増加するという問題がある．特に，サービス対象の需要家との通信回線にインターネットなどの公衆，広域通信回線の使用が国際標準で前提となっているため，この問題は大きなものとなっている．

デマンドレスポンス制御にインターネットを使用する際，ファイアウォール通過や相互接続性の点から汎用的な Web サービスの使用が現実的である．ここに，

WebサービスをベースとするIEEE1888規格を使用検討する理由が存在する．IEEE1888規格はインターネットによる設備監視制御に特化して開発された通信フレームワークで，Webサービス技術を使用しているため，多様な需要家に対し，相互接続性に優れたWebサービスシステムを構築できる．注意すべき点はWebサービスを使用するため，伝送時間の保証がされないことである．

次に，FastADR制御における制御応答性の課題について述べる．従来，一般的なデマンドレスポンス制御の制御間隔は30分程度と考えられてきた．そのため，一般的なデマンドレスポンス制御では電力の需要抑制依頼などの通知にリアルタイム性能は必要とされなかった．このため，多くのデマンドレスポンス制御システムでは需要家システムからの電力会社システムへの周期的なPull読み出し方式が採用されていた．

従来のデマンドレスポンス制御におけるデマンドレスポンス制御サーバーである電力会社またはアグリゲーションサーバーと需要家施設のデマンドレスポンス制御クライアントであるBEMS間の一般的な通信シーケンスを図3.12(a)に示す．BEMSはアグリゲーションサーバー上で，需要抑制依頼などのデータがいつ変化するかわからないため，周期的にすべてのデータを読み込む．その周期は個別なシステム構成やネットワークの通信トラフィックに依存して決定されていたが，一般的に1分間隔程度であった．

図3.12(a)で示すとおり，もし，需要抑制依頼の発生などのイベントの発生直後に，アグリゲータのアグリゲーションサーバーが需要家のBEMSへの送信情報にイベントの反映しない状態で，BEMSがこれを読み込んだとすると，BEMSは1分後に再度のデータを読み出し時，イベントの検出を行うことになる．このため，BEMSは結果的にアグリゲーションサーバーのイベントの検出が遅れることになる．最悪のケースでは1周期時間分だけイベント検出に遅延が生じる．この通信方式を「周期的Pull読出し」と呼ぶ．図3.12(b)はIEEE1888規格TRAP通信手順を示す．このTRAP通信手順は電力会社またはアグリゲータのデマンドレスポンス制御サーバーであるアグリゲーションサーバーに電力の需要抑制依頼などが発生したとき，これをイベントとするアグリゲーションサーバーから需要家のBEMSへのPush通知を可能としている．最初に，デマンドレスポンス制御クライアントであるBEMSはデマンドレスポンス制御サーバーであるアグリゲーションサーバーにTRAP条件を登録する．TRAP条件とはサーバーのどの情報の変化をTRAPの対象情報とするかを指定するものである．その後，情報が変化したとき，サーバ

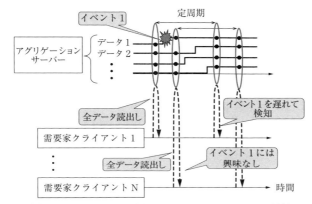

(a) 従来の周期的 Pull 読出しによるデマンドレスポンス通信

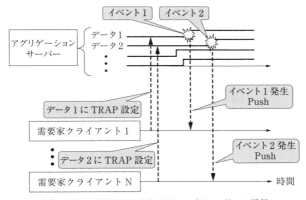

(b) IEEE1888TRAP によるデマンドレスポンス通信

図 3.12 IEEE1888 TRAP 方式によるサーバーのイベントデータの柔軟かつ高速な Push 通知

ーはイベントを即時クライアントに通知する．このため，アグリゲーションサーバーにデマンドレスポンス制御対象の BEMS に対する電力の需要抑制依頼が発生すると，これは即時に対象とする BEMS に通知される．

この通信方法は必要な情報の変化のみ TRAP 条件として登録したクライアントである BEMS に通知することができる．さらに，クライアントである BEMS はネットワークの接続時間を柔軟に変更することができる．

本節では，仮想発電所システムの下流部分，すなわちリソースアグリゲータと需要家 BEMS の間で FastADR 制御情報を通信するのに，IEEE1888 通信規格を適用

する際の概要と特徴を述べた．具体的かつ詳細な本通信規格による FastADR 実装プログラミング技術および，通信遅延性能に関する理論解析とシミュレーションについては，第 8 章で述べる．

第 **4** 章

仮想発電所の構成要素

4.1 電力用蓄電池

4.1.1 電力用蓄電池システム

第1章で自然エネルギー発電量の変動が，需給アンバランスの生じる大きな要因となることを説明した．電力用蓄電池システムを系統に連系接続することにより，蓄電池は自然エネルギー発電量の変動に対し，蓄電池からの放電，蓄電池への充電により対策ができるようになる．すなわち，電力供給が不足している場合は蓄電池から放電して，電力需要を減らし，電力供給が過剰な場合は蓄電池を充電し電力需要を増やすことで，需給バランスに寄与することができる[(4.1)]．

表4.1に現在，電力貯蔵装置として利用されている各種蓄電池を示す．このように，電力貯蔵装置として利用される蓄電池には，リチウムイオン電池，ナトリウム硫黄（NAS）電池，鉛蓄電池などがある．蓄電池の種類によって特性に違いがあるが，仮想発電所の電力貯蔵装置に適した蓄電池を選択する場合，検討すべき特性

表4.1 電力貯蔵装置として利用される蓄電池の性能比較

（電気学会電気規格調査会：JEC-TR-59002:2018 蓄電池システムによるエネルギーサービスに関する標準仕様（2018），p.12 より一部改変）

		リチウムイオン電池	ナトリウム硫黄電池	鉛蓄電池
システム規模	出 力	6〜40 000 kW	500〜50 000 kW	3〜5 000 kW
	容 量	48〜40 000 kWh	3600〜300 000 kWh	10〜10 000 kWh
充放電効率	蓄電池単体	95%	90%	85%
	システム全体	86%	75%	75%
耐久性	カレンダー寿命	10 年	15 年	17 年
	サイクル寿命	10 000〜15 000 サイクル	4 500 サイクル	4 500 サイクル
重量エネルギー密度		92 Wh/kg（〜585 Wh/kg）	87 Wh/kg（786 Wh/kg）	25 Wh/kg（167 Wh/kg）
体積エネルギー密度		176 Wh/L（〜3 350 Wh/L）	83 Wh/L（1 000 Wh/L）	62 Wh/L（720 Wh/L）
充電レート		8 C	0.13 C	0.3 C
放電レート		同上	0.17 C	0.6 C
充電レート（実績）		0.5〜5.0 C	0.13 C	0.13〜0.30 C
放電レート（実績）		同上	0.17 C	0.13〜0.43 C

は，出力，容量，充放電効率，耐久性（寿命），充放電レート，コストであろう．

充電レート，放電レートのCレート（Capacity Rate）R_C は，蓄電池容量 C_B〔Ah〕に対する放電（充電）電流値 I_C〔A〕の比である．例えば，蓄電池の充電レートが1.0Cである場合，1時間で充電を完了できる性能をもっている．

$$R_C = \frac{C_B}{I_C} \ \ \text{〔C〕} \tag{4・1}$$

また，蓄電池でのエネルギーサービスを行う上では，個々の蓄電池による需給調整力を知るために個々の蓄電池の現時点での**充電率**（State of Charge：**SOC**）を把握する必要がある．蓄電池は充放電の繰り返し（**サイクル寿命**）や長期保存（**カレンダー寿命**）によって容量が低下していくが，初期容量からの容量の低下を考慮したものを使用可能電池容量 C_{USA}〔Ah〕として，その時点での蓄電池放電可能量 C_{DC}〔Ah〕との比率をSOCとする．

$$SOC = \frac{C_{DC}}{C_{USA}} \times 100 \ \ \text{〔％〕} \tag{4・2}$$

ここで，蓄電池充電可能量 C_{CA}〔Ah〕とすれば，C_{USA}, C_{DC} の関係は下式となる．

$$C_{USA} = C_{DA} + C_{CA} \ \ \text{〔Ah〕} \tag{4・3}$$

図4.1に蓄電池のSOCの概念図を示す．すなわち，蓄電池の充電可能量は使用可能電池容量の100％充電量と最大充電量の間にあり，放電可能量は0％充電量と

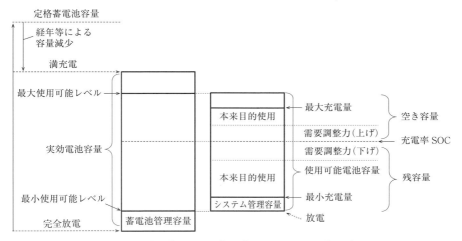

図4.1 蓄電池のSOC概念図（リチウムイオン電池など）
（電気学会電気規格調査会：JEC-TR-59002:2018 蓄電池システムによるエネルギーサービスに関する標準仕様（2018），p.13より一部改変）

最小充電量の間にあるということに注意を要する．いずれにせよ，蓄電池の需要調整力は最大充電量と最小充電量の間にある充電率，SOC となる．SOC から求められる充電できる電力量が蓄電池の需要調整力（上げ），SOC から求められる放電できる電力量が蓄電池の需要調整力（下げ）である．

表 4.1 の蓄電池に関しては，SOC を容易に測定できないため，一般的に充放電電流の積算値から SOC を推定する方式が用いられている．しかし，蓄電池の容量の低下や電流値の測定の誤差から SOC の推定値に誤差が生じる可能性があるため，SOC の誤差の補正として，蓄電池をいったん完全放電する方法や蓄電池の開放電圧（Open Circuit Voltage：OCV）を併せて利用する方法がとられている．

4.1.2 蓄電池システムの系統連系

需要家の施設内に設置される蓄電池システムの構成例を図 4.2 に示す．蓄電池システムは蓄電池を収納する蓄電池ラック，蓄電池管理装置（Battery Management Unit：BMU），直流交流変換を行うパワーコンディショナ（Power Conditioning System：PCS）と，これらを制御する蓄電池制御システムから構成される．また，蓄電池システムは事故防止のため系統接続遮断器を介し，施設内電力系統に接続される．さらに，施設内電力系統の電圧区分に応じて昇圧トランスが設けられる．

図 4.2 に示すように，発電者として蓄電池システムを系統に接続し電力を系統側に流す，すなわち系統に逆潮流する場合，接続する送電会社との間で接続供給契約，

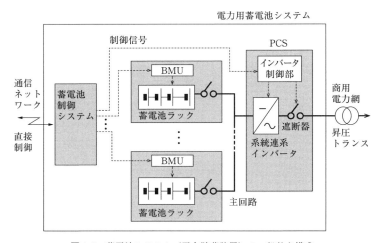

図 4.2　蓄電池システム（電力貯蔵装置）の一般的な構成

発電量調整供給契約または需要抑制量調整供給契約を結ばなくてはならない．このときの契約の単位はあらかじめ定めた需要場所につき1接続供給契約となる[(4.2)]．

小売電気事業とは，一般の需要に応じ電気を供給することをいい（電気事業法第2条第1号），小売電気事業を営むことについて経済産業大臣の登録を受けた者をいう（電気事業法第2条第3号）．

また，**接続供給サービス**とは，図4.3に示すように，小売電気事業者等が発電・調達した電気を一般送配電事業者（電力会社）がいったん受け取り，一般送配電事業者の送配電ネットワークを通じて，同時に別の場所の同じ小売電気事業者等に届けることをいう．なお，需要量の変化により供給量が不足した際に，その不足する電気を補給することも含む．対して，**発電量調整供給サービス**とは，図4.4に示すように，発電事業者等が発電した接続供給サービスに係る電気を一般送配電事業者が受け取り，送配電ネットワークを通じて，同時に発電契約者にあらかじめ申し出ていた量の電気を供給することをいう．なお，出力変動等により発電量が不足した際に，その不足した電気の量を補給することも含む．

需要抑制量調整供給サービスとは，需要抑制契約者から特定卸供給のための電気を一般送配電事業者（電力会社）が受け取り，送配電ネットワークを通じて，同時

図4.3　接続供給サービスの概念図

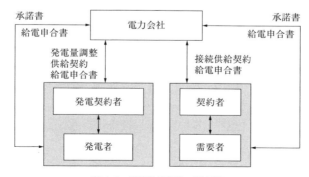

図4.4　接続供給契約の概念図

に需要抑制契約者にあらかじめ申し出ていた量の電気を供給することをいう．なお，需要抑制の結果，需要抑制量が不足した際に，その不足した電気の量を補給することも含む．

そして，接続供給契約を締結するには次の要件を満たす必要がある．

---

1. 小売電気事業の用に供する電気が発電量調整供給に係るものまたは一般送配電事業者が供給する託送供給に供する電気であること
2. 契約者が需要者の需要の計画値に応じた電気の供給が可能であること
3. 需要者が，次の事項を順守して，電気設備を当社の供給設備に電気的に接続すること
   ・法令で定める技術基準，その他の法令など
   ・託送供給等約款別冊に定める技術要件
   ・当社が，当社の供給設備の状況などを勘案したうえで，技術的に適当と認める方法
4. 高圧または特別高圧で供給する場合は契約者および需要者が当社からの給電指令に従うこと
5. 契約者は，需要者に託送供給等約款における需要者に係る規定を順守させること
6. 需要者が託送供給等約款における需要者に係る規定を順守する旨を承諾すること
7. 需要者が当社または他の契約者から電気の供給を受けることを当社が確認した場合は，契約者が，当社が契約者にあらかじめお知らせすることとなく接続供給の実施に必要な需要者の情報を当社が当社の小売電気事業者の用に供するために使用し，または当該他の契約者に対し提供する旨の承諾をすること

（中部電力株式会社：託送供給等約款，p.13（2018 年 11 月現在）より引用）

以上から，蓄電池を系統に接続するためには，蓄電池システムの設備のほか，電力会社との契約，および根拠となる法令による規制などを，細部にわたって理解しておく必要がある．

4.2　充放電制御計画

前節までで系統に連系された電力用蓄電池システムがすでに構築できたと仮定し，本節では需給の要請によって系統に充放電制御する方法について述べる．

わが国では，電力広域的運営推進機関（OCCTO）により需給調整市場が検討されており，2021 年から段階的に運用が始まろうとしている．しかしながら，電力用蓄電池システムの応答性に釣り合う，二次調整力②（EDC-H）や二次調整力①（LFC）といった応答速度が問われる市場は 2024 年の運用開始が目標とされていて[4.3]，現時点では詳細に計画できない．

そこですでに開設されている **JEPX**（Japan Electric Power eXchange：日本卸電力取引所）の時間前市場に注目し，蓄電池システムの充放電制御を計画してみる．

仮想発電所システムが電力用蓄電池で生成する発電量（ネガワットを含む）を計画して市場売却する方法を述べる．

4.2.1 JEPX 時間前市場

日本卸電力取引所（JEPX）は 2005 年に卸電力取引を開始しており，2016 年に 1 時間前市場が開設された．現在の 1 時間前市場は電力を実際に受け渡しする 1 時間前まで取引できるようになっている．2018 年 10 月現在，JEPX 取引量のうち 1 時間前市場が占める割合は 5.0% である[4.4]．

この 1 時間前市場の取引は，1 日を 30 分ごとの 48 コマに分割し，受け渡し時刻の 1 時間前までザラ場方式（価格優先の原則と時間優先の原則により，売り注文と買い注文が合致したものから，次々と取引が成立する方式）で取り引きされる[4.5]．取引量単位 0.1 MW（30 分の電力量では 50 kWh）となっている．例として図 4.5 に 2018 年 8 月 6 日の実際の取引時系列を示す．

ここで，JEPX の時間前取引に関係する規約[4.5]を紹介しておく．JEPX で取り引きされる市場には，スポット取引市場，先渡取引市場，時間前取引市場，掲示板取引市場がある．**スポット取引市場**は，翌日のある 30 分間に受け渡す電気の売買，**1 時間前取引市場**は 1 時間後以降のある 30 分間に受け渡す電気の売買を行う．

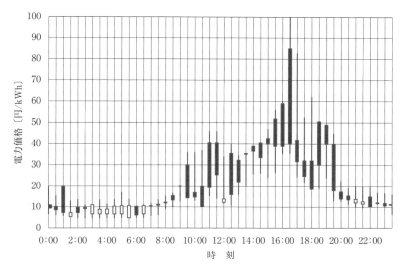

図 4.5　JEPX の 1 時間前市場の実際の取引（2018 年 8 月 6 日）
（日本卸電力取引所：2018 年度時間前市場取引結果をもとに作成）

なお，JEPX の電力取引は取引会員でなくてはならない．また，JEPX のすべての取引は，JEPX が用意するコンピュータシステムを通じて行われる．このコンピュータシステムには Web 版と WebAPI 版が用意されている．

取引された電力は，一般送配電事業者が管理する電力ネットワークを通じて受け渡されるが，OCCTO が定める関係規程および一般送配電事業者が定める託送供給等約款に従わなければならない．さらに，OCCTO が定める管轄制御エリアごとに，取引で利用する接続供給契約，発電量調整供給契約，または需要抑制量調整供給契約を JEPX に届けなければならない．また，JEPX が定める預託金の預け入れも必要である．

さて，1 時間前取引では，1 時間後以降のある 30 分間に受け渡す電気の売買を行い，JEPX の定める方法により，当該受渡時間における電気の受け渡し，および対価の授受を行う．受け渡しの 30 分間を 1 商品と呼び，商品ごとの取引の期間は，その商品の属する日の前日の午後 5 時が開始時刻となり，受け渡しの時間帯の 1 時間前の時刻が終了時刻となる．1 時間前取引の売り入札と買い入札の合致処理（立合い）は毎日，終日行われる．取引の呼び値および単位は，呼び値：1 kWh，呼び値の単位：0.01 円，取引単位：50 kWh，受渡単位：50 kWh となっている（図 4.6）．

1 時間前取引では，商品ごとにザラ場方式により約定する．しかし，異なるエリアの売買入札が約定の候補となった場合は，OCCTO に当該売買に関するエリア間

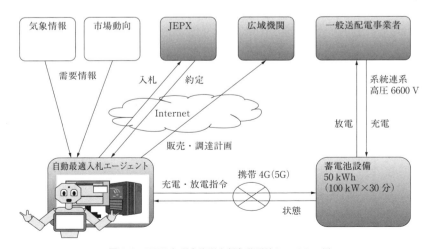

図 4.6 JEPX と電力取引を行う蓄電池システムの例

の連系線の送電可否の確認を行うため，以降の約定処理を一時的に停止し，確認後，送電可能と回答を得た範囲内に限り入札が約定される．その後，直ちに一時停止した約定処理が再開される．

この後，JEPX は時間前取引の約定結果（入札番号，約定番号，商品，約定年月日・時刻，約定価格，約定量および約定金額）を通知する．約定結果を受け取った取引会員は約定結果から販売・調達計画を OCCTO に通知する．そして，該当時刻になったときには，約定内容に従い電力ネットワークを通じて電力を受け渡す．なお，電力が受け渡されたことはスマートメータ（ディジタル式の電力メータで，データを遠隔地に送ることができる）を介して確認される．受け渡された電力が約定し販売・調達計画で通知された電力量より少ない場合，一般送配電事業者により補填されるが，不足分の電力料金が請求される（これを**インバランス料金**という）．

また，時間前取引では，売り代金（売り約定量と約定価格の積），買い代金（買い約定量と約定価格の積）および売買手数料を決済対象とし，毎営業日午前 8 時に前日午前 0 時から午後 12 時までの約定を締めて，取引会員等ごとの売買代金および売買手数料を確認のうえ，通知する．決済日は，通知を行った日から起算して 2 金融機関営業日後である．

このような JEPX の時間前市場の取引を，24 時間，365 日遂行するためには，人による操作でなく，コンピュータによる自動化が必須であることはいうまでもない．

4.2.2　自動最適入札エージェント

自らの仮想発電所でつくり出した電力を売買するコンピュータによる自動化システムを，筆者は「自動最適入札エージェント」と名づける．この自動最適入札エージェントは，JEPX の時間前市場の価格を予測する「電力価格予想 AI」，蓄電池の SOC を考慮し売買を判断する「売買 AI」などの AI 群，時間前市場への「入札手続」，OCCTO への「販売・調達報告」などを行う自動制御群，蓄電池への「放電指令」，「状態取得」を行う IoT 群，売買代金・手数料の「清算」を行う会計群から構成されている．

このように，JEPX の 1 時間前市場の価格変動を予想しその売買によって，蓄電池システムの電力を一般送配電事業者の電力ネットワークを介して受け渡しするということは，電力の需要が高まっている時間帯に電力を供給し，電力の余裕のある時間帯に電力を貯蓄するということに等しい．

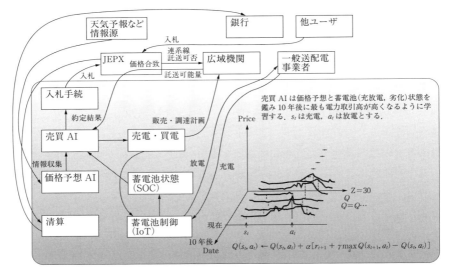

図 4.7 JEPX の自動最適入札エージェント

つまりは，多数の蓄電池をアグリゲートすれば，市場を介した電力の売買システムを利用して蓄電池に充電し，必要とされるときに放電することで，需給調整を行う仮想発電所といえるだろう（図 4.7）.

昔から電力会社による電力需要予測は電力の安定供給にとってきわめて重要であるため，膨大な気象要因や社会要因をもとに過去の実績データ，および予測データを用いて行われている．これに基づいて，年間や月間，週間といった日々の電力需給運用の大すじとなる発電計画が作成され，最終的な翌日の発電計画が作成されている．

したがって，JEPX のスポット市場は翌日受け渡しをする電力の取引の入札を毎日 10 時に締め切り取引計算を行っているが，ほとんどの場合，電力会社の電力需要予測に近い需給バランスに落ち着き電力価格が決定されるだろう．しかしながら，当日になってみると突然の天候の変化により前日の予想を上回る需要が発生したり，太陽光発電所や風力発電所の発電量が上がらず見込んだ電力量が調達できなかったり，火力発電所や送電系統の不調により計画どおりに供給ができないことが発生するかもしれない．

そのために JEPX の 1 時間前市場があり，当日の 1 時間前までに発生した需給の過不足分を再調達できる仕組みが設けられている．したがって，1 時間前市場の

4.2 充放電制御計画　　69

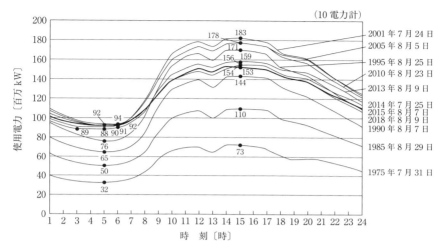

図 4.8 真夏の 1 日の日負荷曲線
（日本原子力文化財団：FEPC INFOBASE a-5 より一部改変）

　電力価格の遷移は昔の日負荷曲線（図 4.8）とは異なり，電力需要の高まる時間帯の電力が高くなるのではなく，前日の電力需要予測と当日の需要の差が乖離した時間帯の電力価格が高くなる．

　また，図 4.9 に 1 時間前市場の電力価格と気温，全天日射量の関係を示す．ここで，1 時間前市場の電力価格は JEPX が公開している 1 時間前市場の全国平均価格を基にし，気温と全天日射量は気象庁発表の気温と全天日射量は気象庁から東京エリアの観測データを基にした．したがって，厳密には電力価格と気象データは一致していない（電力価格は全国平均気象データは東京のみ）が，傾向をうかがうことはできるだろう．

　2018 年 8 月 1 日（水）〜同年 8 月 2 日（木）の 2 日間の天候は，8 月 1 日（水）は 1 日を通して晴天，8 月 2 日（木）の午前は晴天，午後は曇天であった．

　これらの情報からグラフを見てみると，両日の気温はほとんど差がないこと，全天日射量は 8 月 1 日はなだらかな曲線であるのに対し，8 月 2 日は 13:00 をピークに直線的に下降していることがわかる．このような気象変化において，8 月 2 日の 1 時間前市場の電力価格は 8 月 1 日と同様に 16:30 にいったんピークがあり，次に 19:00 にピークがある．推測すると，8 月 2 日は午後から曇天のため気温が下がり，夕方の電力需要は前日に比べて少ないと予測されたが，実際には夕方の電力需要が

第 4 章　仮想発電所の構成要素

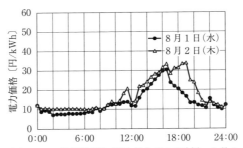

(a) JEPX 1 時間前市場 2018 年 8 月 1 日(水)〜8 月 2 日(木)
(一般社団法人日本卸電力取引所：2018 年度時間前市場取引結果をもとに一部追加して作成)

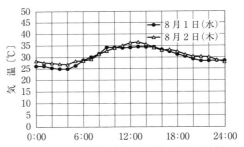

(b) 気象データ(東京)：気温 2018 年 8 月 1 日(水)〜8 月 2 日(木)
(気象庁：2018 年 8 月 1 日，2 日の東京の 1 時間ごとの気温をもとに一部追加して作成)

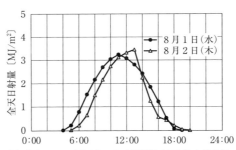

(c) 気象データ(東京)：全天日射量 2018 年 8 月 1 日(水)〜8 月 2 日(木)
(気象庁：2018 年 8 月 1 日，2 日の東京の 1 時間ごとの気温をもとに一部追加して作成)

図 4.9　1 時間前市場の電力価格と東京エリアの気温・全天日射量の関係

4.2 充放電制御計画 **71**

予測よりも多かったため，1時間前市場で電力が調達され，電力価格が高騰したと思われる．

このように1時間前市場の電力価格は当日の電力需給が反映されたものであり，天候の急変に伴う電力価格の予測は非常に有用な技術である．

4.2.3 電力卸市場価格の予測モデル

前項で述べたとおり，より正確に電力市場価格を予測するには，直前の市場価格のみならず，時系列データとして過去の気象データのほか，類似日時の経済活動の規模，日射量などを参照する必要がある．これらの要素は時系列に依存したデータであると考えられる．

しかし，単純な数式モデルではこのような非線形モデルの取り扱いが難しいため，ディープラーニングなどの機械学習モデルを使うことが有効である．

そこで，「系列データの時系列に意味がある」といった特徴を捉え，記憶し出力させることが可能であるモデリングの1つである**再帰型ニューラルネットワーク**（Recurrent Neural Network：**RNN**）の一種である，**長・短期記憶モデル**（Long Short Term Memory：**LSTM**）を用いて，電力卸市場価格の予測モデルの構築を行った例を紹介する．

LSTMは基本的なRNNに対して，図4.10のように中間層にある各ユニットをメモリユニットと呼ばれる要素に置き換えたものであるが，入出力層に関しては大きな変更はない．このメモリユニットの1つの内部構造を図4.11に示す．

メモリユニット内部は5つのユニット，記憶セル，入力，入力ゲート，忘却ゲート，出力ゲートによって構築されている．このメモリユニットは互いに接続し合いネットワークを形成している．そして，それぞれのユニットが相互に影響し合い，過去の入力を記憶，忘却，出力し合うことで時系列データを適切に扱う．

最近は，このような機械学習開発環境が普及してきて，学習プログラムをゼロから自分で開発しなくてもよくなってきた．

この例ではオープンソースソフトウェアライブラリのChainerを用いて作成した．Chainerはプログラミング言語の1つであるPythonのライブラリとして提供されており，Pythonの豊富なライブラリを用いることが可能である点，比較的，直観的かつ簡便にGPUを用いた計算コードを書くことができる点などから採用した．ただし，Chainer以外にもCUDAなど複数ライブラリをインストールした後，実際のプログラムを作成することは可能である．

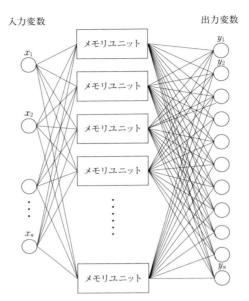

図 4.10 LSTM ニューラルネットワークモデル構造の例

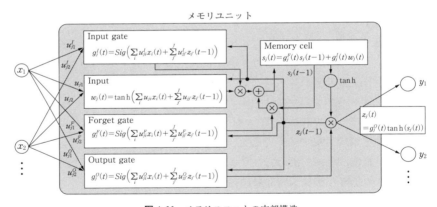

図 4.11 メモリユニットの内部構造

この例の学習データは東京の気象データと，JEPX の 1 時間前市場の 2018 年 8 月 1 日〜2018 年 8 月 20 日を訓練データ 48×20＝960 個として，2018 年 8 月 22 日を評価データとして用いた．入力変数は 1 時間前取引市場におけるフレーム番号，平均取引価格，積算日射，気温の 4 変数であり，出力は 2 フレーム先（1 時間後の価格）〜11 フレーム先（5.5 時間後の価格）の 10 フレーム分とした．気象データに

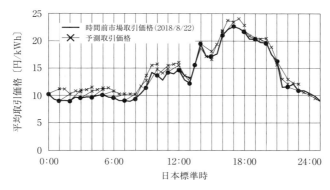

図 4.12 JEPX 電力卸市場（当日 1 時間前）の価格予測例

は気象庁ホームページに公開してあるもの[4.6]，時間前市場の取引データにはJEPX に公開してある取引データ[4.7] を用いた．

図 4.12 は予測結果を示している．太線が実際の 8 月 22 日の 1 時間前市場における 1 フレーム 30 分ごとの平均取引価格の変動であり，黒丸が今回 LSTM により予測を行った時間である．表示の都合上，1 フレーム置き＝1 時間ごとに黒丸をプロットした．細い線と×印は，線がつながっている黒丸の時刻における LSTM による 2, 3, 4 フレーム先の予測値を表している．つまり，黒丸の時刻より前の 24 時間分のデータから，黒丸より 1～2 時間先の値動きの予測をし，その予測値を 1 時間ごとにプロットしたグラフになっている．

このように LSTM ニューラルネットなど AI 機械学習技術を応用することで，電力用蓄電池が発電（ネガワットを含む）を効果的なタイミングで提供することができる．仮想発電所の能力の重要な部分を AI 技術が担うことになろう．

4.3 需要制御

4.3.1 デマンドレスポンスにおけるネガワット取引

第 1 章で説明したとおり，**デマンドレスポンス**（Demand Response：DR）とは，電力を供給する事業者（**電気事業者**）が，電力の消費者（**需要家**）に対し消費電力を抑制する要請を行って（**電力制限指令**），消費電力を一時的に抑制制御することである．このときの電力抑制量を**ネガワット**（Negative Watt）と呼ぶ．需要家が実際に電力を生成しているわけではないが，ネガワットによって結果的に需給バラ

ンス上,電力が生み出されることと等価だからである.このときの需要家群も仮想発電所を構成する一因となる.ここでは,まず従来技術であるゆっくりとしたデマンドレスポンスを説明する.

節電や省電力は24時間365日の消費電力全体を抑えることであるが,デマンドレスポンスは需要パターンを変えることであり,電気事業者と需要家間の取引として行われる[4.8].すなわち,「電気事業者の要請」により,需要家はネガワットを創出し,「電気事業者がそれを買い取る」形であるため,需要家にとって金銭的なメリットが明確に得られる仕組みになっている.

このデマンドレスポンスにより,仮想発電所が行う取引の類型には大別して2つある.1つが電気料金型デマンドレスポンス(図4.13),もう1つがインセンティブ型デマンドレスポンス(図4.14)である.

電気料金型デマンドレスポンスは,図4.13のように,消費電力を抑制したい時間帯の電気料金を電気事業者があらかじめ高くしておくことにより,デマンドレスポンスのある時間帯の消費電力抑制を需要家に促す方式で,この方式は,電気事業者にとって比較的簡便な方式であり,さらに需要家の数によらずデマンドレスポ

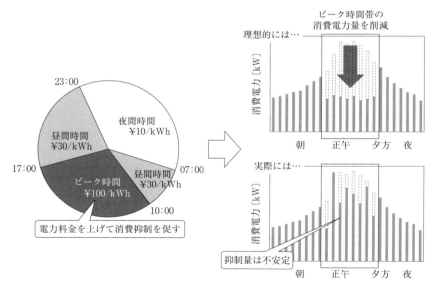

図4.13 従来の電気料金型デマンドレスポンスによるネガワット創出
(電気学会:国際標準に基づくエネルギーサービス構築の必須知識,オーム社(2016), p.5 より一部改変)

4.3 需要制御

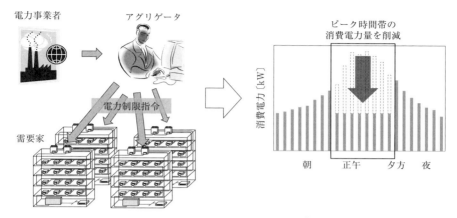

図 4.14 インセンティブ型デマンドレスポンスによるネガワット創出

スを適用できる．

しかし，この場合，電気事業者と需要家との間の契約は「料金単価の変化」に関することだけであり，導入により，どれだけの需要の変化が見込めるかは需要家の反応に依存している．よって，デマンドレスポンスの効果，すなわち電気事業者が得られるネガワットの量が不確定であるというデメリットがある[4.8]．

例えば，図 4.13 の円グラフは従来型の長時間デマンドレスポンスの例であり，10:00 から 17:00 のピーク時間帯にデマンドレスポンスを行うとして，電気料金をその他の時間帯と比べて 3 倍以上の値としている．この値はあくまで例であり，実際にこの値になるとは限らない．このとき，理想的には図 4.13 の右上のグラフのように電力が削減されることを期待しているが，下のグラフのように安定しないのが実際のところであろう．このように時間単位のゆっくりとした不確実なデマンドレスポンスでは，仮想発電所として使うことは困難である．

対して，図 4.14 に示すインセンティブ型デマンドレスポンスは，需要家と電気事業者との間で，あらかじめ入札に限らず契約に基づく電力削減量を定めておく．そして，需要家が約束した日時に実際に電力を抑制してネガワットを生成して，その量に応じて電気事業者が報酬を支払う方式である．このインセンティブ型デマンドレスポンスは，需要家の電力抑制（＝発電）によって創出されたネガワットを電気事業者が買い取るという，需要家と電気事業者との間で取引を行う形態であることから，**ネガワット取引**とも呼ばれる．また，需要家が約束どおりの日時に約束どおりのネガワットを創出することを，**計画値同時同量の達成**，または，**コミット**と

呼ぶ.

インセンティブ型デマンドレスポンスでは,料金(報酬)だけでなく,電力削減量に関しても契約内容に含まれているため,実際のネガワットが当初要請された抑制量に満たない場合(コミットに失敗した場合),需要家側にペナルティが与えられる[4.9].そのため,比較的確実性の高い効果を得ることが期待できる.

その半面,需要家ごとに契約が必要で,また報酬の算出も個別に行う必要があるため,電気料金型に比べて導入・運用に手間がかかる.そうなると,手間と効果のバランスから,小口需要家への適用が課題となるが,この解決のため,多数の需要家を束ねる**アグリゲータ**(Aggregator)と呼ばれる仲介事業者を,取引の仲介役とする仕組みが考えられる[4.8].アグリゲータには,複数の需要家を最適に組み合わせることで,積極的に状況に応じたネガワットを創出するといった役割も期待でき,アグリゲータの存在によって,より確実性の高い需要削減が可能である.

4.3.2 わが国のネガワット取引の現状

わが国では,前項の電気料金型デマンドレスポンスに類似した取り組みは以前からある[4.8].その1つは**需給調整契約**である.これは,電気事業者と大口需要家との契約により,需給ひっ迫時に需要抑制に応じることを条件に,電気料金を割引する仕組みである.もう1つは**時間帯別料金**(Time of Use:**TOU**)で,電力の利用率が低い夜間の電気料金を割り引き,利用率の高い日中の電気料金を高くする料金メニューを設ける仕組みである.

これに対して,電気料金型デマンドレスポンスはこれらの仕組みをより機動的にしたものであるため,現行の電気事業に関するルールにおいてでも問題なく適用が可能である[4.8].一部の小売電気事業者ではすでにメニューを提供している一方,インセンティブ型デマンドレスポンスにおけるネガワット取引は,2018年に電源として発動した実績があるものの,電力システム改革の制度設計の中でルールの策定や環境整備が必要である[4.8].現在,適切な制度設計のための議論が進められている[4.9],[4.10].

現状わが国で制度設計されているネガワット取引には2つの大別がある(図4.15).1つが小売電気事業者が需要家から調達する(類型1①)もしくは同業者から調達する(類型1②)もの,もう1つが,系統運用者が小売電気事業者・需要家から調達するもの(類型2)である.

図4.15の類型1①は,小売事業者Aが需要家に対してデマンドレスポンス要請

4.3 需要制御

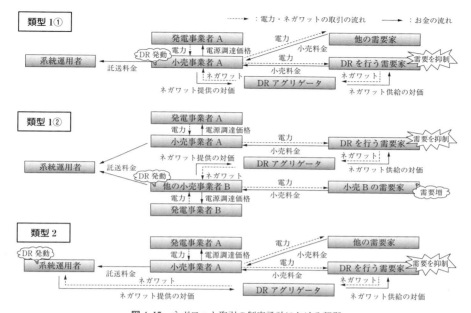

図 4.15 ネガワット取引の制度設計における類型
(総合資源エネルギー調査会：次世代送配電ネットワーク研究会資料より一部改変)

を出し，需要家が実際に生成したネガワットをアグリゲータを通して調達，系統運用者とコミットするモデル（小売・需要家間）である．対して，類型1②は，小売事業者Aと契約している需要家が創出したネガワットを，小売事業者Bがアグリゲータを通して調達することで，コミットするモデル（小売・小売間）である．類型2は系統運用者が直接デマンドレスポンス要請を需要家に出してアグリゲータ経由で調達し，得られたネガワットを需給の調整力として活用するモデルである．

ところで，ネガワット取引では，生成したネガワットに応じて需要家に報酬を支払う必要があるので，正確な電力の削減量を算出しなければならない．ここで，電力削減量とは，「需要家がデマンドレスポンスによる電力抑制を受けなかった場合に，消費していたはずの電力」と，実際の消費電力量（実需要量）との差のことである．この「消費していたはずの電力」のことを**ベースライン**（Customer Baseline Load）と呼ぶ．容易に計測できる実際の発電と異なり，ベースラインは仮の話であって，計測することはできない．よって，何かしらの手段を用いて推定する必要がある．

しかし，ベースラインの推定は容易なことではない．そのため，わが国の資源エネルギー庁は，電力消費削減の推定方法も含めた，ネガワット取引関係者に向けた基本原則（指針）となる「ネガワット取引に関するガイドライン」を公表している[4.9]．ガイドラインの内容は現在も検討され続けているが，平均方式を用いたベースラインの推定手順や推計量の確認のためのテスト手法，ペナルティや報酬に関する方針などが定められている．なお，ベースライン推定ソフトウェアの構築技術については，4.4節にて述べる．

4.3.3 仮想発電所が使う FastADR

これまで述べてきた「デマンドレスポンス」は従来の概念であり，1時間単位のゆっくりとした時間で，選んであった負荷機器を停止させるといった，制御が粗い管理の一種であった．従来のデマンドレスポンスにおいては，電力の監視制御は30分や1時間単位の応答時間で行われてきた．

しかし今後，本書が扱う仮想発電所などスマートグリッドに関するサービスが多様化していくと，広域にわたる需要家設備群の電力需要の精密制御をリアルタイムに行うことが求められる．例えば太陽光発電の出力は，図4.16に示すとおり天候等により大きく変動する．広い地域で太陽が強く照りつけ，大出力が広域で同時に発生した場合，余剰電力が電力網を逆流（逆潮流）し，需給調整が困難となるおそれがある[4.11],[4.12]．逆に，一部の電力網における事故などにより，急激に系統周波数が下がることも考えられる．

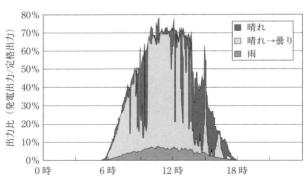

図4.16　太陽光発電の出力変動
（総合資源エネルギー調査会：次世代送配電ネットワーク研究会資料より一部改変）

そのような場合に，仮想発電所といったサービスが緊急予備力としてすばやく対応し，貢献することが求められる．このとき従来のデマンドレスポンスのような30分や1時間といった単位での応答では間に合わない．また応答速度以外に，広域にわたる需要家設備群の最適制御も同時に求められる．

そこで，図4.17に概念図を示すように，需要家の電力需要の予測・実績などの情報をコンピュータネットワークを介して自動で集約し，リアルタイムに監視制御を行う**自動デマンドレスポンス**（Automated Demand Response：**ADR**）が考えられている．ADRは，系統側の需要応答センターと需要側の需要応答装置がネットワークを介して直接通信制御することを前提とする制御方法である．人間の管理者が不要で，遠隔からの多数の需要家の操作を念頭に入れており，コンピュータ同士が双方向通信を行う，いわゆるM2M（Machine to Machine）システムの上に成り立つ[4.12]．

第1章で述べたように，ADRには遅いタイプから将来の高速なタイプへと発展の段階にあり，制御を数分単位で行うことも，従来どおり30分あるいは1時間単位で行うこともありうる．特に，分単位，ときには数十秒単位で応答するようなADR制御のことを**FastADR**と呼ぶ．FastADRはまさに前述のような緊急予備力として機能しうるADRで，実用に向けて多くの研究が行われている．米国のローレンスバークレー国立研究所では地域に分布する約200の設備を，約20秒で緊急停止させる実験などを行い，ADRによる負荷の高速な軽減が電力系統にとって有用であることを確認した[4.13]．

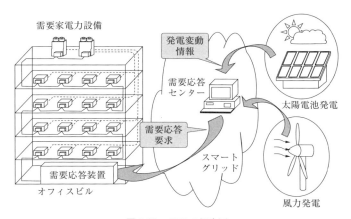

図4.17 ADRの概念図

さて，以上のような FastADR のシステムを実現するには，標準通信規格が不可欠である．そこで，FastADR を含む一般デマンドレスポンス制御のための通信規格として，OpenADR[(4.14)] が考案された．

OpenADR は ADR の国際標準規格で，これまで7年以上もの運用実績を重ねている．OpenADR の通信にはクライアント/サーバー形態が採用されており，アグリゲータのデマンドレスポンス制御のサーバー（Demand Responce Automation Server：DRAS）と需要家側クライアント（Energy Management System：EMS）との間で，定周期での問い合わせ通信が行われる[(4.8)]．一方，クライアント/サーバー形態では，需要家応答装置のネットワークへの定期接続が必要というデメリットもある．そこで，サーバーから通知する．通信が必要なときにのみ，WebSocket による Push 方式を用いた FastADR 制御も考えられている[(4.15)]．これら，OpenADR の詳細と具体的な構築技術については，第8章にて述べる．

また，以上のような高速通信を需要家が活用できる制度として，電気料金をリアルタイムに変化させる**リアルタイムプライシング**（Real-Time Pricing：**RTP**）がある[(4.16), (4.17)]．リアルタイムプライシングにより，需要家は瞬間の電気料金に適した，経済的な電力の運用が行えるようになると考えられる．なお，リアルタイムプライシングの詳細については，参考文献 (4.18)～(4.20) を参考にしていただきたい．

4.4 ベースライン推定

4.4.1 従来のベースライン推定方法

4.2 節に述べたように，インセンティブ型の仮想発電所では，電気事業者が需要家に対して，デマンドレスポンス要請に応じて生成されたネガワットに報酬を支払う．ここで，ネガワットは，抑制しなかった場合と，抑制した場合の消費電力量の差分として算出される．この「抑制しなかった場合の消費電力量」のことを，ベースライン（Customer Baseline Load）と呼ぶ[(4.21)]．

図 4.18 は一例として電力抑制量のイメージを表しており，実負荷を実線でベースラインを破線で示している．この図では 12:30 から 17:30 にかけてデマンドレスポンスがあり，消費電力量の抑制（＝ネガワットの生成）がされている．この時間帯にデマンドレスポンスによる電力抑制が起こらなかった場合，「本来どのように電力を消費するはずだったか」というのがベースラインである．つまり，実線と破

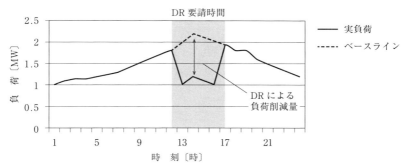

図 4.18 実負荷・ベースライン・ネガワットの概要図
(資源エネルギー庁：ネガワット取引に関するガイドライン改訂版 (2018), p.6 より引用)

線で囲まれた部分がネガワットであり，インセンティブ型の報酬はネガワットの面積（正確にはタイムスロット単位での積算量）に応じて支払われることになる．

ここで問題となるのが，ネガワットの算出がベースラインに依存していることである．ベースラインを低く見積もった場合，ネガワットの算出量が減り，報酬も減るため，需要家の利益減少につながる．逆にベースラインの見積もりが高いと，報酬がかさみ，電気事業者側の負担が大きくなる．したがって，ベースラインを正確に推定することが非常に重要である．

しかし，ベースラインと実負荷のデータ取得は二者択一的であり，デマンドレスポンスにより電力抑制が発生した場合，ベースラインはデータとして取得することができない．そのため，周辺のさまざまなデータを用いて推定する必要がある．

その実，正確に推定することは難しい．なぜなら，消費電力は過去の履歴と何らかの関係をもっている時系列データであり，時系列データの不確実性を捉えるのは非常に難しいからである[4.22]．「こうであったろう」と精確に断定することは理論上できるだろうが，それで納得させるのは難しい．ベースライン推定も「2時間前にデマンドレスポンス要請が起きて電力を抑制したが，それがなかった場合，その後2時間分の消費電力はどうなっていたか？」という問いの解であるための難しさをはらんでいる．

そこで，統計的手法を用いてベースラインの推定を行う研究が，2000年代から進められてきている．これらの研究では，デマンドレスポンスがあった場合，なかった場合のデータを収集し，一定の時間幅（**タイムスロット**）にあるデータを，1点にまとめた時系列データとして処理するのが基本である．従来，このタイムスロ

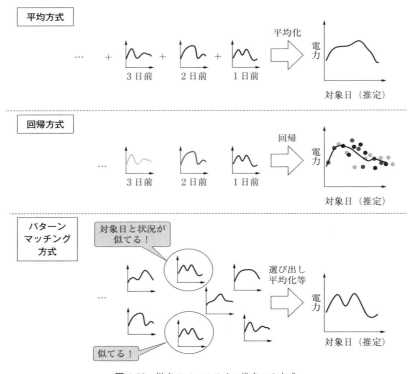

図 4.19　従来のベースライン推定の 3 方式

ットは 30 分から 1 時間が標準的であった．

　こうして従来から提案されているベースラインの推定方法には，大別して**平均方式**，**回帰方式**，**パターンマッチング方式**または**データマイニング方式**の 3 つ[4.23]が存在する（図 4.19）．このうち，平均方式がよく用いられる手法で，前数日間の同時刻での消費電力を平均するなど，シンプルな手法で，理解しやすく実装もしやすい．

　回帰方式は，外気温や室温，日射などを用いて，消費電力を何らかの式でモデル化する手法である．また，パターンマッチング方式は，過去のデータの中から，デマンドレスポンスが起きる前後の時刻，気温などが似通っており，なおかつデマンドレスポンスがなかった場合のデータを見つけ出し，流用する手法である．

　従来のデマンドレスポンスでは，30 分から数時間という持続時間が比較的長い電力抑制を前提としており，シンプルな時間枠の平均方式がよく使われる．平均方

式は，デマンドレスポンスより前数日間の同時刻で消費電力データについて，その名のとおり平均値を算出してベースライン推定値とする方法である．算出の対象のとり方はさまざまであり，Y 日間前のデータのうち X 日分の平均をとる X of Y 法[4.24]，およびデマンドレスポンスのない Y 日分のデータの平均をとる移動平均法[4.25] などがある．

〔1〕 X of Y 法

デマンドレスポンスの日からさかのぼり，デマンドレスポンスがない Y 日間分のデータを用意し，条件を満たす X 日分のデータからベースラインを算出する手法が **X of Y 法**である．この X 日分を選び出す条件は図 4.20 に示すように3つある．

1つが High X of Y で，これは Y 日間分のデータのうち，1日の消費電力の合計値が高い順に X 日分を選び，この X 日の平均値をベースラインとするものである．米国の独立系統運用機関 PJM では平日が High 4 of 5，休日が High 2 of 3，NYISO では High 5 of 10，High 2 of 3，CAISO では High 10 of 10，High 4 of 4 を採

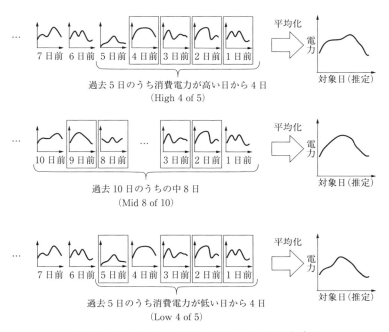

図 4.20 High X of Y，Mid X of Y，Low X of Y の概念図

用している[(4.24), (4.26), (4.27)].

2つ目がその後に考案された Low X of Y[(4.24)] で，High X of Y とは逆に1日の消費電力の合計値が低い順に X 日分選び，その X 日の平均値をベースラインとするものである．Low X of Y は High X of Y と比べて後述の「正確さ」が高いが，代わりに負の「偏向」をもつ．なお，Low X of Y では，X と Y について 4 of 5, 5 of 10, 10 of 20 の3つのパターンを用いている．

最後の3つ目が Mid X of Y で，選び出した Y 日から1日の消費電力の合計値が高い値，低い値を同数ずつ除外し，残った X 日の平均値をベースラインとするものである．すなわち，$(Y-X) \bmod 2 = 0$ であり，また $Z = (Y-X)/2$ として，選び出される X 日のデータは Y 日分のデータから消費電力の合計値が高い順に Z 日分，低い順に Z 日分除いたものとなる．米国の系統運用機関 ERCOT などでは，Mid 8 of 10 などが検討されている[(4.27)]．

〔2〕 移動平均法

移動平均法にも，さらにいくつかの種類がある．単純移動平均（Simple Moving Average：SMA）法は，デマンドレスポンスの日からさかのぼり，デマンドレスポンスがない Y 日間分のデータの平均をとるものである．すなわち，High/Mid/Low Y of Y 法である．

しかし，デマンドレスポンスから近い日ほど需給調整システムの状況が似ており，遠い日ほど状況が異なるであろうことは想像にかたくない．SMA や X of Y 法ではその点が考慮されておらず，どの日も平等に扱い，平均化されている．そこで，近い日のデータほど重要であるとして，各日のデータに対して指数的に重みを付けることで，より直近のトレンドに反応しやすくしたものが，指数加重移動平均である．指数加重移動平均法では，デマンドレスポンスがない Y 日間分のデータからベースラインを推定する点は単純移動平均法と同じだが，近い日のデータほど重要であるとして，各日のデータに対して重みを付けて平均をとる．よって，X of Y 法や単純移動平均法に比べ，直近のトレンドに反応しやすい．また，線形（連続時間的）に重みをとる場合と異なり，図4.21のように重みは限りなく0に近づくが，0になることはないため，過去のデータの影響が失われることがない．

以下に，指数加重移動平均の具体的な算出法を解説する．$0 < \tau \leq Y$ となる τ をある1日とし，その日の合計負荷を W_τ としたとき，指数加重移動平均負荷 $\tilde{w}_\tau$ は

$$\tilde{w}_\tau = \lambda \cdot \tilde{w}_{\tau-1} + (1-\lambda) \cdot W_\tau \tag{4・4}$$

と表される．ここで λ は平滑化係数といい，$0 < \lambda < 1$ である．これにより，$\tilde{w}_{\tau-1}$

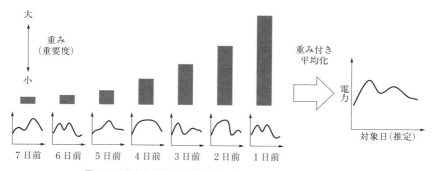

図 4.21 指数加重移動平均を用いたベースライン推定の概念図

の項の係数が i 乗されていき，対象日から遠いデータほど $\tilde{w}_\tau$ への影響が少なく，近いデータほど影響が大きくなる．初期負荷 $\tilde{w}_0$ を定義した後，この計算を $\tau=1$ から $\tau=Y$ まで順に計算していき，最終的に得られた $\tilde{w}_Y$ をベースラインの推定値とする．この平滑化係数と初期負荷は試行錯誤的に定める必要がある．なお，米国ニューイングランド地方の系統運用機関 ISO-NE では，$\lambda=0.5$，$\tilde{w}_0=1/Y \cdot \sum_{j=1}^{Y} W_j$ としている[4.24]．

また，ベースライン推定法の精度を図る尺度として，正確さ，偏向，変動がある[4.23], [4.26]．正確さは，ベースラインの推定値と真の値との間の平均絶対誤差（Mean Absolute Error：MAE）や相対平均2乗誤差（Relative Root Mean Square Eerror：RRMSE）で表される．すなわち，デマンドレスポンスがあったあるタイムスロット範囲 $s_s \sim s_e$ において，あるタイムスロット s で算出したベースラインの予測値を b_s とし，そのタイムスロットでの「真の」ベースラインを b_s^* とすると，MAE は以下となる．

$$MAE = \frac{1}{s_e - s_s} \sum_{s=s_s}^{s_e} |b_s - b_s^*| \tag{4・5}$$

また，b_s^* のタイムスロット範囲 $s_s \sim s_e$ での真のベースライン平均値を $\overline{b^*}$ として，RRMSE は，以下となる．

$$RRMSE = \frac{\sqrt{\frac{1}{s_e - s_s} \cdot \sum_{s=s_s}^{s_e} (b_s - b_s^*)^2}}{\overline{b^*}} \tag{4・6}$$

どちらも値が大きいほど推定値の誤差が大きくなり，このとき，正確さに欠けると判断する．次に，偏向は誤差の分散の偏りを表す尺度で，以下となる．

$$Bias = \frac{1}{s_e - s_s} \sum_{s=s_s}^{s_e} (b_s^* - b_s) \tag{4・7}$$

この偏向が正方向に大きい場合，ベースラインを大きく推定しやすくなり，逆に負方向に大きい場合，ベースラインを小さく推定しやすくなる．

また，変動は，ベースライン推定手法の堅牢さ（Robustness）を評価する尺度で，これによって，さまざまな条件下での推定値におけるばらつきの大小を表す．具体的には，デマンドレスポンスの起こったすべての時間帯について相対誤差率（Relative Error Ratio：RER）をまとめて算出する．すなわち

$$RER = \frac{1}{D} \sum_{d=0}^{D} \frac{\sqrt{\frac{1}{s_e^d - s_s^d} \cdot \sum_{s=s_s^d}^{s_e^d} (b_s^d - b_s^{*d})^2}}{b^{*d}} \tag{4・8}$$

となる．ここで D は評価期間内でのデマンドレスポンスの総数，添字 d はデマンドレスポンス要請の整理番号であり，d を添字にもつ変数はそのデマンドレスポンス時の値となる．つまり，RER が大きいほど，デマンドレスポンス時の状態によってベースラインの推定精度が異なることになる．

4.4.2　FastADR のベースライン推定方法

従来のデマンドレスポンスでは，タイムスロットには先述のとおり 30 分から数時間と遅い単位が用いられてきた．上述の平均方式のベースライン推定は，そのように長期間のデータを平均化したために，電力の一時的な変動による影響に左右されることなく，最適に近い形で実データに適用できたといえる．

しかし，数分というリアルタイム電力制御を実現するためには，数分単位でFastADR 制御を行わなければならない．数分単位となると，従来の平均方式によるベースライン推定では急激な変動に大きく影響を受け，推定精度が大幅に低くなり，実用に耐えないものとなる．わかりやすく例えると，ある店において，12:00から 13:00 のうち，ある時間単位での客の滞在人数を知りたいとする．過去の同時間帯では毎日合計約 10 人が滞在していると算出できたとすると，1 時間単位で見た場合は過去のデータと同様の 10 人が滞在するだろうと推定できる．しかし，数分単位で見た場合，日ごとに大きなばらつきが出る．すると分単位では，単純に過

去の同時間帯のデータを利用するのは妥当でないことがわかる．

近年，過去・現在の状態を加味してベースラインを推定するさまざまな手法が考えられている．それが回帰方式とパターンマッチング方式である．

回帰（Regression）方式は，消費電力を複数の変数による線形/非線形の式でモデル化するものである．図 4.22 にて，具体的な内容を説明する．左上の図は，ある x と y の散布図である．ここで，右上の図のように線を引くことで，y を $f(x)$ で表すことができる．図では 2 次元平面に直線を引いているが $x(x_1, \cdots, x_n)$ として，多次元に超平面を引くことも可能である．すなわち，回帰方式とは消費電力を y，複数の変数をベクトル x として，$y=f(x)$ となるような関数 f を過去のデータを用いて統計的に見つけ出すものである．このとき，y を目的変数，x を説明変数，関数 f を回帰式と呼ぶ．

なお，FastADR ベースラインの推定では，説明変数に，これまでの消費電力時系列や，天候に関するデータ（外気温，湿度，風速，…）などを用いる．そのような過去・現在のさまざまなパラメータの説明変数として回帰方式を用いることで，分単位のような速い（短い）タイムスロットにおけるベースラインの推定精度を上げることができる．先の例でいえば，店に向かっている人の数や店からの距離，その人たちの移動履歴などがわかれば，「いまは誰も店にいないが，1 分後にはおそらくこの人たちが，7 分後にあの人たちが入店するから，10 分後には忙しくなるだろう」といった推定が可能になる，ということである．

また，ベースライン推定においては回帰式には線形式が用いられることが多い．

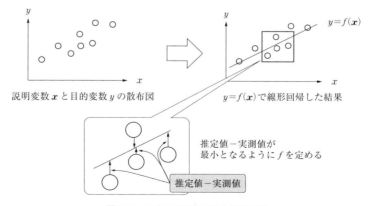

図 4.22 2 次元平面における線形回帰

すなわち

$$y = \boldsymbol{w} \cdot \boldsymbol{x} + \varphi \tag{4・9}$$

で消費電力を推定する[(4.28),(4.29)]．ここで $\boldsymbol{w}$ は各説明変数にかかる重みで，**回帰係数**と呼ぶ．φ は定数項で y の切片である．回帰係数と切片は図4.22の下の図に示すように，回帰式での推定値と実測値との差が最も小さくなるように定める．具体的には，最小2乗法という手法がよく用いられる．なお，非線形な回帰としては，ガウス過程回帰によるベースライン推定法が考案されている[(4.22)]．

対して，**パターンマッチング方式**は，デマンドレスポンスのあった時間帯の前後の状態を分類し，過去のデータから似たようなパターンをもち，かつデマンドレスポンスがなかった日を見つけ出し，ベースラインとする手法である（図4.23）．そのため，回帰方式に比べてデマンドレスポンス時間帯周辺のデータを多く用いる手法となっている．この，パターンを判別する方法としてはさまざまあるが，多くは機械学習を用いる[(4.23),(4.30),(4.31)]．なお，データを直接的に利用するため**データ駆動型モデリング**と称されることもある[(4.31)]．

このベースライン推定において主に用いられる機械学習手法としては，クラスタリングやニューラルネットワークがある．**クラスタリング**はデータ分類手法の1つで，データを複数のクラスタと呼ばれるグループに分類する手法である．このとき，データ同士の類似度を算出し，類似度の高いデータ同士を1つのクラスタにま

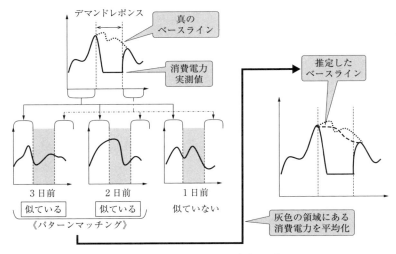

図4.23 パターンマッチング方式の概念図

とめるが，分類の対象とするデータのみを用いてクラスタを構成するため，これは「教師なし学習」と呼ばれる手法である．対して，学習結果がそのまま分類結果となる次に説明するニューラルネットワークなどは「教師あり学習」を使っており，学習と分類が分かれていて，教師データと呼ばれるデータで，あらかじめ学習した結果に分類を行う．広くいえば，先の回帰式も教師あり学習ともいえる．

クラスタリングの代表的なアルゴリズムとしては K-means 法がある．**K-means 法**は，データを K 個のクラスタに分類するとき，各データとデータが所属するクラスタの中心との距離が最小となるようにクラスタの中心を定めるヒューリスティックなアルゴリズムで，図 4.24 のようなデータの分類（図左）とクラスタ中心の更新（図右）を交互に繰り返す．

ニューラルネットワークは人間の脳細胞の働きを模擬した教師あり学習のモデルで，データを入力する入力層，複数のニューロンをもつ中間層，および，結果を出力する出力層をもつ．図 4.25 はニューラルネットワークの概念図で，丸が入力変数，丸四角がニューロン，四角が出力層，三角が出力となっている．以下これらをまとめてノードと呼ぶ．

入力層と中間層，中間層と出力層の各ノードをそれぞれつなぎ，前層からの入力を重みづけして総和をとった後，活性化関数と呼ばれる関数を通して次の層へ出力する．このとき，中間層のニューロンを増やしていくことで，任意の連続関数に近似することができるというのが，ニューラルネットワークの普遍性定理と呼ばれるものである．ニューラルネットワークは，複雑な関数の回帰や，入力の多いデータのパターン分類に対して高い精度を誇る．ニューラルネットワークによるモデル構築の詳細については，第 6 章で述べる．

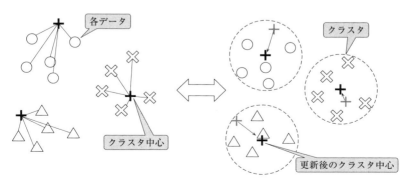

図 4.24 クラスタリングの概念図

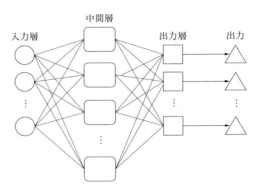

図 4.25　ニューラルネットワークの概念図

　先に述べた機械学習法を用いたパターンマッチングによるベースライン推定として，マイニングアプローチ手法[(4.30)]が提案されている．これは，ニューラルネットワークの一種である自己組織化マップ（Self-Organizing Maps：SOM）と K-means クラスタリングを組み合わせたものである．

　以上のように，デマンドレスポンスにおける FastADR でのベースラインを正確に推定するためさまざまな手法が考えられている．これらの方法は，過去のデータに基づいて統計的にベースラインを推定するため，データが少ないと十分に推定できないことに注意しなければならない．すなわち，これらの方法で推定精度を向上させるためには多くのデータが必要となり，回帰・パターンマッチング法においては特に必要である．また，データを前処理にかけ，必要なデータを選別，扱いやすく加工することも重要となる．

　なお，わが国ではこれまで，30 分のタイムスロットでデマンドレスポンスを行うことを想定していた[(4.9)]．そのため，ベースラインとして，平日で High 4 of 5，休日で High 2 of 3 にて求められた値に，デマンドレスポンス実施時間帯の直前 4 時間（30 分単位で 8 コマ）の実需要量と，同時間帯の High X of Y による推定値との誤差の平均値を，加算した値を用いている．

　また，算出されたベースラインの妥当性を判断するため，**ベースラインテスト**が行われる．ベースラインテストは，4.3.2 項における類型 1 ①と類型 2 の場合はネガワットの買い手が，類型 1 ②の場合は買い手側の小売りが実施することとされている．以上の詳細は，資源エネルギー庁が公表している「ネガワット取引に関するガイドライン[(4.9)]」を参照されたい．

4.4　ベースライン推定

　ただし，ガイドラインではあくまで 30 分単位のデマンドレスポンスを対象にしており，分・秒単位の FastADR におけるネガワット取引については取り上げていない．将来的に FastADR が導入された場合の正確なベースライン推定法については，今後の動向を注視していく必要があるだろう．

　本節で解説してきたとおりとすれば，はたしてデマンドレスポンスが終わった後の状態は，デマンドレスポンスがあった場合となかった場合とで本当に一致するのであろうか．

　実際，デマンドレスポンスの影響により結果が変わる現象の一例として，**リバウンド**がある．これはデマンドレスポンスにより抑制されていた機器が，その抑制を解かれた後，押さえつけられていたばねが慣性力で伸びるように，これまで以上のパワーを出してしまう現象である．例えば空調では，デマンドレスポンスにより消費電力を抑えて上がっていた室温をデマンドレスポンスが終わった直後に急激に下げようとすると，消費電力がデマンドレスポンス前よりも上がる場合がある．

　このリバウンド現象は非常にやっかいで，ベースライン推定への影響はもちろん，デマンドレスポンスにより発生したネガワットを結果的に自分で消費していることにもなる．したがって，ネガワットの生成した後に，リバウンドが発生しないように，デマンドレスポンス時間後の空調等の機器の動きも併せてコントロールする必要がある．

第 5 章

仮想発電所の蓄電池制御

第2部 構築技術編

5.1 蓄電池システムによる需給調整

5.1.1 仮想発電所における蓄電池システム制御

電力用蓄電池の利用は，大きく以下の3つに大別されるという文献がある[5.1]．第1に，系統周波数変動抑制対策であり，従来は主に火力や水力発電所で行われているが，近年，応答性が速い電力用蓄電池システムによる需給調整も期待されるようになった．

第2に，余剰電力対策としての利用であり，近年の太陽光発電大量導入により昼間に余剰電力が発生しつつある．一部には太陽光発電を系統連系しないよう出力制限するという非常策もいわれている．そのような自然エネルギーを無駄にしないよう，揚水発電所における揚水ポンプのように，余ったエネルギーを蓄電池に充電しておく利用方法である．

第3に，本書のテーマである仮想発電所としての利用である．分散設置されている電力用蓄電池の充放電余力を高度なICTネットワーク技術により集約制御するものである．電力用蓄電池システム群の系統連系パワーコンディショナを遠隔から通信制御して，あたかも1つの発電所であるかのように充放電電力を制御する利用方法である．

この仮想発電所の機能にもいくつかの種別がある．1つには，電力用蓄電池システムそのものが仮想発電所の電力発電源となり，ある継続時間分の電力積算値としてkWhを提供する機能である．この種別では，近年，ゆっくりとしたデマンドレスポンスであれば含める試みもあるが[5.2]，基本的には，充放電高速応答よりも大容量の電力貯蔵が狙いである．

もう1つは，ビルマルチ空調機群FastADRなどのような需要家負荷が生成するネガワットを補償する機能である．この機能は，電力系統機関からの需給調整信号に正確にネガワット生成を追従させるため，蓄電池システムが高速充放電する瞬時電力kWによりFastADR応答を補償する機能である．

2019年の段階では，前者機能は実用段階，後者機能は研究段階にあるといえる．

この節では，前者の電力量〔kWh〕を販売する際の蓄電池制御について述べる．このようなアプリケーションの1つは，第4章で説明した，その30分積算電力量を電力卸市場に入札するケースである．そこではJEPXの1時間前市場[5.3]が一例としてあり，1日を30分単位で48コマに区切り，その時刻の1時間以上前に電力

の供給と需要で折り合う市場価格で取引しようとするものである．日本電力卸取引所 JEPX で約定した結果から，広域機関に販売・調達計画を通知し，蓄電池システムに蓄えた電力をその時間に取引量だけ受け渡しするという，比較的ゆっくりとした蓄電池制御となる．

また，後者の瞬時電力〔kW〕充放電による FastADR ネガワット生成の需給調整信号追従への補償機能については，FastADR そのものが研究開発段階であり，詳細な制御方式を定めた規格が存在していない．本書では将来を見据えて，ビルマルチ空調機群 FastADR により需給調整指令を 5 分ごとに受けるような高速ネガワット仮想発電を想定している．この高速ネガワット仮想発電について，第 6 章でビルマルチ空調機群 FastADR によるネガワット生成特性のシミュレーションモデルを示す．また，第 7 章ではそれらを発電所として中央給電指令所が組み込んだ場合の追従性能をシミュレーション評価する．

この場合，多数のビルマルチ空調機群 FastADR をアグリゲーション集約すれば，集約されたネガワット仮想発電はならし効果により不確実性は緩和されていくが，それでも，ビルマルチ空調機自身の電力抑制応動特性があるし，FastADR 解放後の室温を戻そうとする空調電力上昇，いわゆるリバウンドが発生する．

そのため，上記からの需給調整信号へ正確に追従できない部分が残る．そこで，蓄電池システムがもつ高速充放電特性により，その需給調整信号の目標電力値と FastADR ネガワット電力値との時々刻々の誤差を無くすように補償させることが考えられる．このような高速な蓄電池システムの充放電制御によるビルマルチ空調機群 FastADR 電力応答波形の補償を検討したシミュレーションは第 6 章 6.4 節で述べる．

本章のこれ以降の節では，まずは，30 分電力量というゆっくりとした時間枠の電力用蓄電池の制御について電気学会 JEC-TR-59002[(5.4)] に沿って具体的に述べていくことにする．

次の 5.2 節から述べる電力用蓄電池の制御システムにおいては，需要家設備側に近いリソースアグリゲータが需要家側の BEMS あるいは ERC に対して送受信する需給調整信号を取り扱う．仮想発電所全体の最上位であるアグリゲーションコーディネータは系統運用機関から発電所に送信されるであろう需給調整信号を受ける．

アグリゲーションコーディネータは，その系統運用機関からの需給調整信号を配下のリソースアグリゲータに配分することになる．この段階ではアグリゲーションコーディネータからリソースコーディネータへの OpenADR 通信規格による情報

伝達であると思われる.

　リソースアグリゲータは配下需要家の BEMS へは間接制御方式でネガワット生成要求を OpenADR 通信規格によりデータ伝送するという前提である. また, リソースアグリゲータの配下需要家が BEMS を設置せず ERC を設置している場合は, 直接制御方式でネガワット生成するよう IEC61850 通信規格によりデータ伝送して電力蓄電池システムを制御するものとする.

　以下, 次の項からは, 具体的に電力用蓄電池システムの間接制御および直接制御の需給調整信号のやり取りを述べていく.

5.1.2　電力用蓄電池の具体的需給調整制御

　実際に個々の需要家が電力用蓄電池システムを用意し, 需給調整のための仮想発電所の構成要素とすることになると, 確実性を確保するための手段が提供されていなければならない. このため 2018 年, 一般社団法人 電気学会において蓄電池システムによるエネルギーサービスに関する標準仕様「JEC-TR-59002:2018」[5.4] がまとめられた. このテクニカルレポートは需要家の蓄電池システムによる電力需給調整の電力エネルギーサービスを実現する技術仕様を規定している. 図5.1 に蓄電池システムによるエネルギーサービスを実現するシステム構成を示す.

　蓄電池システムの制御方法としては, 大別して, 調整電力と調整時間帯だけを指示する需給調整信号による間接制御, および, 蓄電池システムを構成する機器に対する直接制御の 2 つがある.

　間接制御では, エネルギーサービス事業者 (リソースアグリゲータ) の需給調整システムと, 需要家のビルエネルギー管理システム (BEMS) との間で電力需要の抑制, 増加などの調整依頼信号が授受される. なお, エネルギーサービス事業者の需給調整システムからの電力需要調整の依頼信号は, 送り先が需要家のビルエネルギー管理システムでも, エネルギー資源制御装置でも同一である. 需要家の判断により, 需要家施設側の受信授受システムが異なるだけである.

　直接制御では, エネルギーサービス事業者 (リソースアグリゲータ) の需給調整システムからエネルギー資源制御装置 (ERC) を介して, 電力需要調整の対象となる需要家の蓄電池システム (DRR) が直接監視制御され, 電力需給が調整される. すなわち, 蓄電池システムの監視制御機能を需給調整システムがもち, 需給調整システム自体がエネルギー資源制御装置を介し, 蓄電池システムを監視制御する.

　ここで, 直接制御における需給調整システムとエネルギー資源制御装置との授受

5.1 蓄電池システムによる需給調整

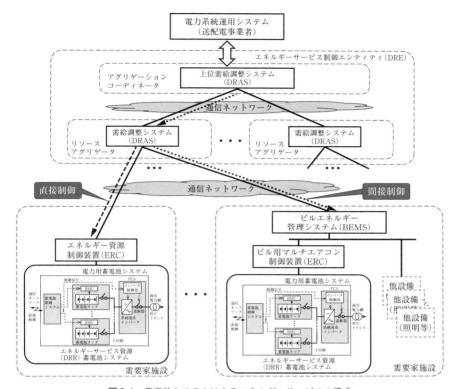

図 5.1 蓄電池システムによるエネルギーサービスの構成

信号と，間接制御におけるビルエネルギー管理システムとエネルギー資源制御装置との目的と機能は基本的に同一である．間接制御と直接制御の電力需給調整機能は変わらず，違いは蓄電池システムの監視制御信号の作成を，エネルギーサービス事業者の需給調整システムで行うか，需要家のビルエネルギー管理システム，または，エネルギー資源制御装置で行うかの，機能の実装場所だけである．

また，エネルギーサービスの結果は，需要家と電気事業者との電力売買契約上のインタフェースである，取引電力量計の計量で行うことが基本とされる．現在の取引電力量計は，具体的には30分ごとに計量されるスマートメータである．なお，1つの施設に，エネルギーサービスの対象となる設備が複数存在する場合，サービスの対象となる設備ごとに電力量計を設置することも許容されるし，エネルギーサービスの対象となる設備が複数の施設に存在する場合，複数の電力量計の計量結果を

まとめて扱うことも許容される．

上げ調整サービスとは，再生可能エネルギーの発電量に対する電力需要の過少による，余剰電力の発生予想に基づいて，電力需要量の増加（上げデマンドレスポンス）を要請し，電力需要を増やそうとするものである．電力供給者からの要求に対し，需要家は余裕があれば蓄電池システムのSOCを充電し，施設の電力需要を上げる．図5.2に上げ調整のイメージを示す．

対して，**下げ調整サービス**とは，電力需給のひっ迫の発生予想に基づいて，電気事業者が需要家に電力需要の削減を要求し，電力供給の不足を補おうとするものである．電気事業者からの要請に応じて，需要家は蓄電池システムのSOCに余裕があれば放電し，施設の電力需要を下げる．図5.3に下げ調整のイメージを示す．これによって，電気事業者は電力供給量の不足に対応することができ，需要家は電力需要削減を協力することで，両者がインセンティブを得られるというメリットがあるサービスである．

電気事業者は，余剰電力に対し，自らの発電設備を抑制することで，まず発電量を下げる．しかし，上げ調整サービスによって，需要家が電力需要を増やして余剰電力を消費すれば，自らの売上を減らすことなく，電力需給バランスが保て，通常よりも安価な電気料金で蓄電池システムを充電できるというメリットがある．

そして，電力最適利用サービスとは，電力市場の自由化により電力料金がリアルタイムに変化する時代が訪れることを想定し，需要家は提供された価格情報を参照

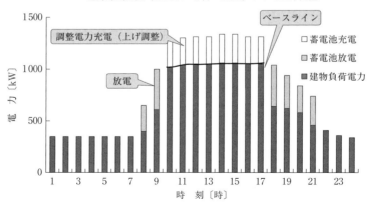

図5.2　蓄電池システムによる上げ調整運転のイメージ

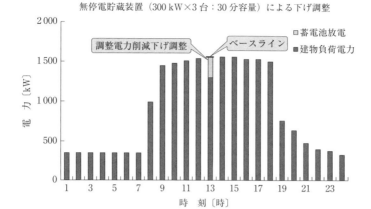

図5.3 蓄電池システムによる下げ調整運転のイメージ

し，電力料金の変動に対応して，需要家は蓄電池システムの制御を行う．つまり，電気料金が安いとき，蓄電池システムに充電し，高いときに放電できるようにするものである．

5.2 蓄電池需給調整サービス

5.2.1 蓄電池システムのサービス情報

　需給調整サービスにおける情報の種類を以下に整理する．JEC-TR-59002では，制御情報の授受に使用する通信プロトコル規格として，間接制御にはOpenADR，直接制御にはIEC61850が推奨されている．

〔1〕　**電力需要調整のための電力量に関する情報**

　需給調整システムから需要家のビルエネルギー管理システム，または，エネルギー資源制御装置に送られる，電力需要調整依頼を具体的な電力量によって示す情報である．調整すべき電力量に関する情報なので，OpenADR通信サービスで授受することが適しているとされる．

〔2〕　**蓄電池システムの状態監視，制御に関する情報**

　需要家のビルエネルギー管理システム，または，エネルギー資源制御装置を介し，蓄電池および，周辺設備との間でやり取りされる蓄電池システムの監視制御に関する情報である．ビルエネルギー管理システム，または，エネルギー資源制御装置に

よって，需要調整依頼のための電力量の情報が蓄電池システムの監視制御指令に変換される．こちらは監視制御に関する情報であるので，IEC61850通信サービスで授受することが適しているとされる．

〔3〕 **蓄電池システムの状態，設定に関する情報**

蓄電池，および，周辺設備とエネルギー資源制御装置との間でやり取りされる蓄電池システムの状態と，設定に関する情報である．

〔4〕 **電力需要調整の結果確認のための電力量に関する情報**

蓄電池システムの電力需要の調整結果を計量した情報である．図5.4にこれらの情報の種類の授受関係を示し，以下にその流れについてまとめる．

エネルギーサービス管理エンティティ，すなわち需給調整システムが電力需要調整の必要があると判断すると，エネルギーサービス運転スケジュールを設定する．そして，契約している需要家に通知し，電力需要調整などのエネルギーサービスの実施に対し，可否を確認する．例えば，需要の調整を要求する1日前/1時間前/10分前などの区切りで依頼する．この需要調整要求を**需要調整イベント通知**という．そして，取引電気量に基づく見かけ上の需要調整が行われたと確認された場合には，事前契約で定められたインセンティブが需要家に支払われる．これは**事前通知型エネルギーサービス**と呼ばれている．

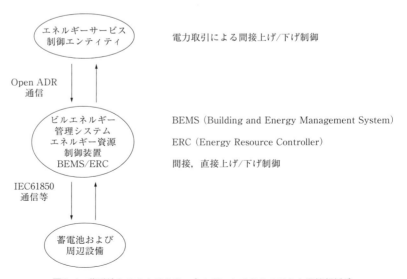

図5.4 蓄電池システムによるエネルギーシステムのアクタ間情報授受

5.2 蓄電池需給調整サービス

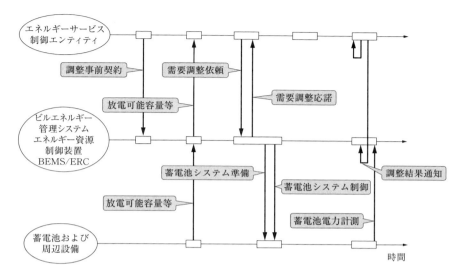

図 5.5 間接制御による下げ調整サービス

また，図 5.5 に間接制御による下げ調整サービスを示す．ここで，通信シーケンスは，OpenADR 2.0b プロファイル仕様[5.5]に基づいている．エネルギーサービス制御エンティティは，複数の需要家と契約し，エネルギーサービスを提供するため，複数の需要家の蓄電池システムを管理する．エネルギーサービスが運用されると，需要調整結果として需要家に計測結果が，エネルギーサービス制御エンティティから需要家に通知される．

図 5.6 に直接制御による下げ調整サービスを示す．ここで通信シーケンスは，OpenADR 2.0b プロファイル仕様に基づいている．直接制御ではエネルギーサービス制御エンティティから需要家の蓄電池システムへ遠隔制御を行う．下げ調整運転を実施した後の蓄電池電力計測の状態を，蓄電池システムからエネルギーサービス制御エンティティに通知する．そして，電気事業者が提供する電気価格情報に応じて，需要家は蓄電池システムの充放電制御を行うことにより，需要家設備の電力需要を最適に制御する．

そして，電力の需給ひっ迫などが発生すると，エネルギーサービス制御エンティティは，需給調整依頼（エネルギーサービス運転スケジュール等）を需要家に通知する．そして，需要家は，需要調整コンプライアンス（参加，非参加など）をエネルギーサービス制御エンティティに返信する．10 分前/1 時間前/1 日前などの区切

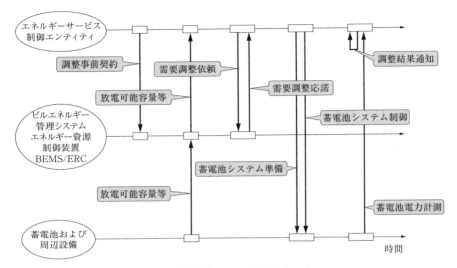

図 5.6 直接制御による下げ調整サービス

りで，需要調整の事前予告が行われる．需要調整依頼に基づき，蓄電池システムに対して，図 5.6 に示す直接制御による下げ調整サービスを行う．前述の間接制御による下げ調整サービスと異なるのは，「蓄電池システム制御」と「調整結果通知」のシーケンスである．間接制御の場合，ビルエネルギー管理システムまたは，エネルギー資源制御装置が「蓄電池システム準備」および，「蓄電池システム制御」を行っていたが，直接制御ではエネルギーサービス制御エンティティから需要家の蓄電池システムへ遠隔制御を行う．下げ調整運転を実施した後の蓄電池電力計測の状態を，蓄電池システムからエネルギーサービス制御エンティティに通知する．そして，電気事業者が提供する電気価格情報に応じて，需要家は蓄電池システムの充放電制御を行うことにより，需要家設備の電力需要を最適に制御する．

なお，図 5.7 では，エネルギーサービス管理エンティティに関係なく，電気事業者は（小売業者）によって提示された電力料金を取得し，蓄電池システムの最適な制御を行う場合の情報のやり取りのモデルである．

また，図 5.8 は，エネルギーサービス制御エンティティが直接制御する場合の情報のやり取りのモデルである．電気事業者が提供する電力価格情報に応じて，需要家の蓄電池システムを直接制御するため，需要家施設の電力需要を最適に制御することが可能である．

5.2 蓄電池需給調整サービス

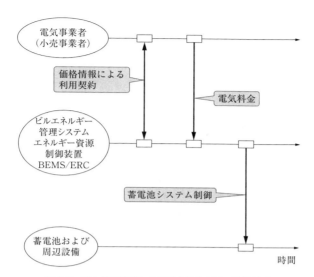

図 5.7　電力価格情報による電力最適利用の情報授受

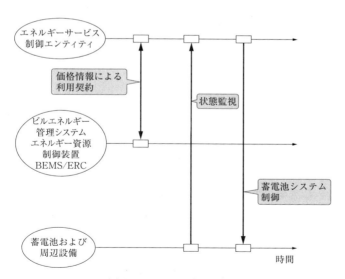

図 5.8　電力価格情報による電力最適利用の情報授受

5.2.2 電力需要調整サービス信号

ここでは，電力需要調整サービス信号に含まれるデータの内容を解説する．

また，電力量に基づく需要調整依頼情報を表5.1に示す．需要調整の開始時刻，継続（スケジュール），および，その期間の調整電気エネルギーから，電力量に基づく需要調整依頼情報となる．

表5.1 需要調整依頼情報

(電気学会電気規格調査会：JEC-TR-59002:2018 蓄電池システムによるエネルギーサービスに関する標準仕様（2018），p.45 より一部改変)

項　目	説　明	単位（型）
需要調整開始日	需要調整を開始する日付時刻	(datetime)
需要調整機関	需要調整を継続する期間	(duration)
依頼通知～開始時刻までの期間	需要調整依頼の通知日時から，実際に調整を開始する日時までの期間	(duration)
需要調整対象設備	需要調整の対象設備名称	(string)
需要調整方法	電力値（絶対値/相対値）指定	(string)
調整電力単位	単位・スケール	kW
調整電力値	調整電力値（絶対値/相対値）	(numerical)
需要調整対象施設	需要調整の対象施設（需要家）名称	(string)

需要家は，この需要調整依頼を受諾するか拒否するかについて，string を用いて応諾応答ができる．また，受諾後であっても，需要家の都合により，ペナルティを払うことで需要調整をやめることが可能である．

このほかに，需給調整実績情報，蓄電池制御システムからの取得信号，蓄電池制御システムへの設定信号，蓄電池ラックごとの BMU（蓄電池監視制御ユニット）からの蓄電池の状態の取得信号，BMU への蓄電池の制御のための設定信号，パワーコンディショナからの取得信号，パワーコンディショナへの設定信号など，エネルギーサービスにおける授受信号が定められている．

5.2.3 IEC61850 規格による通信サービス

これまでは，電力系統の規格として IEC61850 シリーズについて述べてきたが，現在 IEC61850 シリーズ規格は，欧州を中心に，太陽光発電所や風力発電所など分散型電源の通信ネットワークにおいて使われている．元来，IEC61850 は変電所内

5.2 蓄電池需給調整サービス **105**

表5.2 IEC61850 通信データ転送時間の規定
（IEC61850-5（2003）pp. 46〜49 の記述より作成）

メッセージクラス	メッセージタイプ	時間〔ミリ秒〕	項　目
1	高速メッセージ	3	Trip, Block, …
		10	Release, Status, changes, …
		20	高自動応諾
2	中速メッセージ	<100	低自動応諾
3	低速メッセージ	<500	低速自動制御
4	元データ メッセージ	3	高サンプリング
		10	低サンプリング
5	ファイル転送	1 000	ファイル，ログ
6	時刻同期	1	イベント
		0.1	ゼロクロス
7	コマンドメッセージ	500	制御コマンド

第2部 構築技術編

の高速制御が必要な電力機器間通信として開発されたので，高速な専用の通信下位層をマッピング規定している．まずはこの通信下位層部分について述べる．

　IEC61850MMS（ISO 9506）[5.6] および TCP/IP やイーサネットへのサービスのマッピングにおいて，JEC-TR-59002 による蓄電池システムの監視制御に使用する通信サービスは，現状バージョンではリアルタイム制御用 MMS を TCP/IP 上で使用するものとして，電力用蓄電池システム内でのブレーカや蓄電池モジュールなどの高速制御通信にも耐えられるようにしてある．ここでは，通信転送時間は表5.2 で分類されるように，メッセージクラス 2（100 ミリ秒以内）が要求される．また，計測データの計測時刻やイベント発生時刻がタイムスタンプとしてデータに付加される．装置・機器間の時刻同期では，SNTP（Simple Network Time Protocol）[5.7] が使用され，このときの装置・機器間の時刻同期精度（タイムスタンプ時刻）が 1 ミリ秒以内とされている．そのため，遮断器の高速遮断，電流や電圧の瞬時値入力のような機器の保護機能の場合は，1 ミリ秒より速い応答が必要とされるので，下位層の Ethernet レベルの通信で行われることとなる．

　また，IEC62351[5.8] をセキュリティにも用いることで，電力システムと同様のセキュリティが可能となる．TCP における TLS（Transport Layer Security）はエンドポイントの認証で，IEC61850 の ACSI（Abstract Communication Service Interface）通信サービスは，ディジタル証明書や署名などのトークンによる相互

表5.3 電力蓄電池制御に関する IEC61850 通信要件

通信適用箇所	通信サービス	周　期	遅　延
エネルギーサービス制御エンティティと需要家システム間通信	需給調整要求	随時（10分/1時間/4時間/1日前）	1分 10点程度
	需給調整報告	随時（調整終了後）	1分 5点程度
需要家システム通信（ERCとxEMS，直接制御）	制御・設定	随時	100ミリ秒 10点程度
	状態監視	随時	100ミリ秒 10点程度
	計測	1秒	100ミリ秒 20点程度
	計測 BMU/PCS	1秒	100ミリ秒 30点程度
蓄電池システム内通信（ERC/PCS/BMU，電気信号）	制御・設定	随時	1ミリ秒 10点程度
	イベント	随時	1ミリ秒 10点程度
	計測	1秒	1ミリ秒 20点程度
時刻同期	時刻同期精度	—	1ミリ秒以下

認証により，機器同士のセッションの確立が行われる．これは，Diffie Hellman 鍵交換方式によってセッションの鍵が受け渡されるハンドシェークであり，その後のデータ交換（対称暗号アルゴリズム）のときにも用いられる．

蓄電池システムによるエネルギーサービスへの通信に対する要求は表5.3のようになっている．通信異常が発生した場合は，それぞれの許容伝送遅延時間以内に再送が完了すればよいことになっている．

IEC61850 をエネルギーサービスに使用した場合，Association, GenDataObject Class, DataSet, BufferdReportControlBlock（BRCB），および Control である通信モデルを用いて行われる．各モデルについては表5.4に示す．これらは，蓄電池システムの監視や設定変更を制御するために，DataSet として必要な通信メッセージが定義される．

IEC61850 の制御における計測値の収集や設備機器の監視状態には，BRCB モデルの Report サービスを利用する．

図5.9 では，蓄電池システムへの制御・設定の場合の通信サービス，DataSet,

5.2 蓄電池需給調整サービス **107**

表 5.4 電力用蓄電池制御に関する IEC61850 エネルギーサービス通信

モデル	サービス	機　能
Association モデル	Associate	クライアントからサーバーに対して接続を確立
	Abort	クライアントとサーバーの接続を中断
	Release	クライアントとサーバーの接続を終了
GenDataObjectClass モデル	GetDataValues	論理ノードの DataObject のデータ値の読み出し
	SetDataValues	参照されたすべての DataObject に値の書き込み
DataSet モデル	GetDataSetValues DataSet	参照されたすべての DataObject の値の読み出し
	SetDataSetValues DataSet	参照されたすべての DataObject に値の書き込み
	CreateDataSet DataSet	作成
	DeleteDataSet DataSet	削除
	GetDataSetDirectory DataSet	含まれるすべての ObjectReferences の読み出し
BRCB モデル (サーバーからクライアントにレポート送信)	GetBRCBValues	BRCB の通信設定の読み出し
	SetBRCBValues	BRCB の通信設定の書き込み
Control モデル	Select	制御対象機器の選択
	Operate	制御実行
	Cancel	制御取消・中止
	CommandTermination	サーバーからクライアントへの制御終了確認通知

および論理ノードのインスタンスの関係について示している．例えば，論理ノードインスタンス DSTO2，および DINV1 においては，対応する DataSet に SetDataSetValues を用いて，蓄電池システムの起動・停止，有効電力・無効電力の設定を行う．制御指令は，論理ノードインスタンス XCBR1 において，これらに伴う遮断器のオン・オフについて行われる（Select，Control）．

DSTO2，MMXU1 のデータオブジェクト（DataObject）に，状態変化，および計測値が蓄電池システムへの制御結果として送られ，反映される．BRCB の TrgOps を data-change，および Integrity に設定しておくと，これらの状態変化や計測値は通信サービス Report を通して，上位のシステムに蓄電池システムから

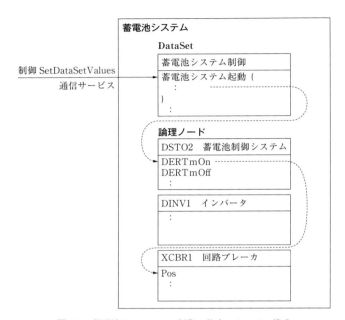

図 5.9 蓄電池システムへの制御・設定の DataSet 構成

通知がなされる．

　IEC61850 の通信サービスでは通信メッセージは DataSet により定義される．IEC61850 の通信メッセージは DataSet 機能を用いて必要に応じてユーザが自由に決めることができる．

　間接制御では電力系統運用システム，需給調整システムおよび，エネルギー資源制御装置（ERC），またはエネルギー管理システム（BEMS）間の情報交換が行われる．エネルギー資源制御装置，あるいはエネルギー管理システムにおいては，蓄電池システム内の対象機器は IEC61850 を用いて監視制御を行う．

　需給調整の依頼が，電力系統運用システム，需給調整システムおよび，エネルギー資源制御装置または，エネルギー管理システムの間で行われる．その後，IEC61850 による制御が，エネルギー資源制御装置，またはエネルギー管理システムが蓄電池システムにおいて行われる．

　図 5.10 は，蓄電池によるエネルギーサービスの直接制御に IEC61850 を適用する範囲を示している．IEC61850 の主な対象は，変電所設備や分散型電源の監視制御であることから，蓄電池によるエネルギーサービスにおいて，直接制御が適して

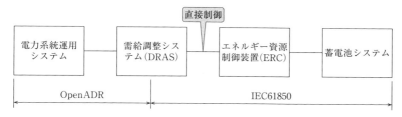

図5.10 直接制御サービスにおけるIEC61850の適用範囲

いる.また,電気事業者の電力系統運用システムとエネルギーサービス事業者の需給調整システムとの情報交換を直接制御で行う.そして,得られた情報から,IEC61850を用いてエネルギーサービス事業者の需給調整システムが蓄電池システムの機器を遠隔制御でなされる.

電力系統運用システムと需給調整システム間は,需給調整の依頼がされ,需給調整システムが蓄電池システムに対してIEC61850による制御を行う.

直接制御の場合は,需給調整システムがBRCBモデルのReportサービスを用いて随時,蓄電池システムの状態監視を行う.BRCBはDataSetごとに保持し,Reportの通信管理を行う.Reportサービスの設定やReportの開始・終了などの指定はSetBRCBValuesを用いて行う.需給調整依頼や需給調整変更は,需給調整システムが状態監視による蓄電池システムの運用状況に基づいて応諾を決定する.

間接制御と直接制御の通信シーケンスの違いはIEC61850クライアントがエネルギー管理システム,またはエネルギー資源制御装置であるか,需給調整システムであるかの違いである.

5.2.4 蓄電池システムのIoT制御

仮想発電所の構築にあたっては,蓄電池システムを制御するために携帯電話回線(Long Term Evolutions:LTE)を使った無線通信が注目されている.以下に,エネルギーサービス事業者と,仮想発電所の蓄電池システムを携帯無線を利用したインターネット環境で通信した場合の通信特性について一例を紹介する.

実験設備はエネルギーサービス事業者と,蓄電池システムの代わりとして2台のPCと,LTE対応したUSBに挿す小型通信機器(USBドングル)を接続したものである.LTEは携帯電話通信規格の1つで,3.9G(4G)と呼ばれ,現在主流の携帯電話の高速回線である(図5.11).

110　　　　　　　　第 5 章　仮想発電所の蓄電池制御

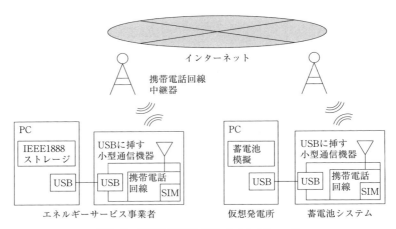

図 5.11　携帯電話回線対応 IoT インタフェース

　LTE の SIM カードは大手通信キャリアと契約することで入手ができる．この実験では IoT を想定し，SIM カードの月額使用料金が安価である（代わりに通信速度が制限されている）回線，かつグローバル固定 IP アドレスが付与されることという条件から，例えば，通信容量：無制限，通信速度：送受信最大 200 kbps，グローバル固定 IP アドレス付与という通信契約プランを選択すればよい．多くのプランは NTT ドコモの LTE 回線を利用しているため，他の MVNO 事業者のプランであっても NTT ドコモの LTE 回線を利用していれば近い結果になると推定できる．

　図 5.12 にはエネルギーサービス事業者の PC から，蓄電池システムの PC に対して IP ネットワークの SNMP チェック通信である "Ping" 送信データの伝達を示す．テストは 1 s ごとに Ping を送信し，送信から応答までにかかる時間を計測した．ほとんどの場合，応答時間は 200 ms であるが，500 ms 程度までに広く分布しており，なかには 1.0 s 以上かかったケースもあった．また一度だけ応答がないケースもあった．

　図 5.13 には蓄電池システムの SOC をエネルギーサービス事業者に定期的に送信するケースを想定し，IEEE1888 プロトコルを使ってサーバーに WRITE メソッドを実行した結果を示す．この例では，WRITE メソッドはクライアント側からサーバー側に，データを能動的に送り付ける方式である．テストは 10 s ごとに WRITE メソッドを実行し，送信から応答までにかかる時間を計測した．ほとんど

5.2 蓄電池需給調整サービス

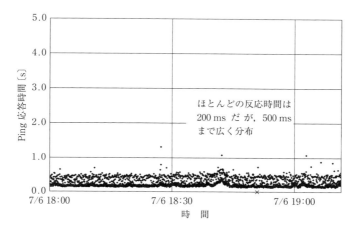

図 5.12　LTE における Ping（接続確認）の応答時間

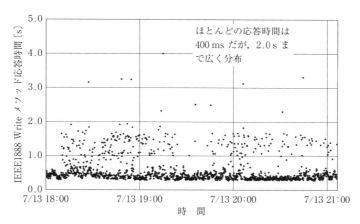

図 5.13　携帯電話回線における制御指令通信の応答時間

の場合，応答時間は 400 ms であるが，2.0 s 程度まで広く分布している．

第 8 章で詳述するが，IEEE1888 は，SOAP という XML ベースの RPC プロトコルであり，アプリケーション層のプロトコルに HTTP を使ってメッセージを伝送する．このため，Web の通信が可能な環境であれば通信が成立する可用性をもつ．また，パケットの消失など通信異常があったときは HTTP においてリトライが行われる．HTTP のメッセージはヘッダー，空行，データで構成されるが，このソースコードではデータ部に SOAP の XML メッセージが記載されている．こ

れらの検証の結果から，蓄電池システムを制御するためにモバイル IoT の LTE 回線を使うことはよい方法であると思われる．なぜなら，回線速度が 200 kbps と低速であっても，蓄電池システムを制御するのに十分な応答性は得られているといえる．しかしながら，通信パケットの遅延と消失の問題は少なからずあるため，それらを踏まえた通信設計が必要である．

第 6 章
仮想発電所の需要家設備制御

第2部 構築技術編

6.1 ビルマルチ空調の FastADR 応答予測

6.1.1 ビルマルチ空調の FastADR 応答予測とは

ビルマルチ空調は，数ある電力需要家設備のうち，電力抑制による FastADR のネガワット生成負荷として有望であると考えられている．この理由は 2 つあげられる．

1 つ目は，ビルマルチ空調の普及率の高さと，その消費電力の多さである．一般的なオフィスビルにおいて，空調の消費電力はビル全体の約 5 割を占め，なかでもビルマルチ空調は中小オフィスビルに大量に設置されている．

2 つ目は，設備が他の需要家設備（照明など）と比べて，短時間であれば住居者に深刻な悪影響を与えない点である．

さて，ビルマルチ空調の FastADR を実現する方式としては，以下が考えられる．

① 室外機運転停止：室外機の電源を切り，運転を停止する．
長所：不確定な挙動がないので制御対象として扱いやすい．
短所：完全な空調能力の喪失は，居住者の快適性に影響を与える可能性がある．

② 設定室温変更：室内機の設定温度を変更することで，電力を下げる．
長所：一般的な機能であるため，メーカを問わず制御可能である．
短所：設定室温と消費電力は単純な関係ではなく，制御対象として扱いにくい．

③ 電力抑制指令値：空調機の電力上限値を直接制限する．
長所：電力の抑制量を直接指定して制御することが可能である．
短所：空調機が当該機能を備えている必要がある．

このうち，③は，電力抑制指令値を直接的に制御可能であり，かつビル居住者に与える影響を考慮した制御が可能である．したがって，以下では③の方式によって FastADR の実現方法を解説する．また，電力抑制指令により，消費電力を 10 分程度あれば最大付近から最小付近まで抑制することができる点からも FastADR の実現に適しているといえる[6.1]．

図 6.1 は，多数のオフィスビルのビルマルチ空調群に対する FastADR アグリゲーションの概念図を示している．ここでは，アグリゲータが 1 システムであるが，実際の場合は多くのアグリゲータがそれぞれ多数のビルを管理することになる．さ

6.1 ビルマルチ空調の FastADR 応答予測

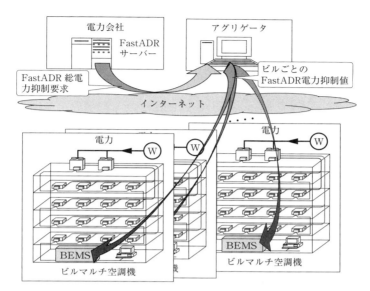

図 6.1 ビルマルチ空調への FastADR 概念図

て，個々のアグリゲータは，電力事業者からアグリゲータ全体への FastADR 総電力抑制要求を受信する．そして，FastADR 総電力抑制要求を管理する多数のビル空調に分割して，各ビルの空調機に個々の電力抑制指令を分配する．この分配の際には，FastADR 総電力抑制要求を満たしつつ，各ビルで快適性が損なわれないよう，電力抑制指令を適切に配分する必要がある．

したがって，総電力抑制要求をそれぞれのビルに対して配分する際，図 6.2 のようなアルゴリズムを想定する．すなわち，各ビルの空調機への電力抑制指令 L を仮定して，その応答特性としての空調消費電力 P と室温偏差 E_{SA} を予測し，各ビルの空調機への電力抑制指令を配分する．もし，いくつかの空調機で室温許容値を超える予測となった場合，その空調機への電力抑制指令値を修正し，逆に，室温上昇許容値までまだ余裕があると予測された空調機をより強く抑制して，再配分するといったシステム制御技術が必要であると考えられる．以下では，このようなアルゴリズムを想定して，必要な予測モデルを検討している．

また，図 6.3 に電力抑制指令値に対する空調消費電力の動きの例を 3 つ示す．これら 3 つの例では，同一のステップ状の電力抑制が指令されているが，時刻 7:10 に受信した電力抑制指令値の応答特性を見ると，消費電力の動きは三者三様になっ

116　第 6 章　仮想発電所の需要家設備制御

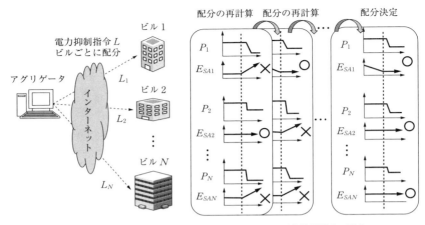

図 6.2　アグリゲータの各ビル空調機への FastADR 電力抑制指令の配分

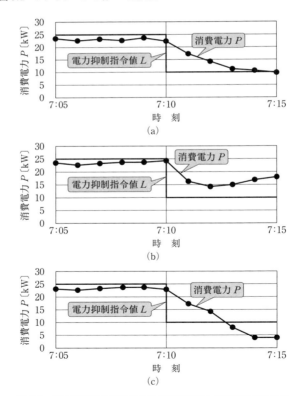

図 6.3　電力抑制指令値に対する空調消費電力の確率的挙動の例

ている．この現象は，電力抑制指令がいわゆる制御理論における目標値とは異なることに起因する．つまり，空調消費電力は，内部の組込み制御により，さまざまな要因を考慮する必要があるため，電力抑制指令値により一意に消費電力の動きが決まらない．よって，電力抑制指令値の応答特性としての空調消費電力は，そのときどきの状況により，さまざまな確率的な動きをとることに注意が必要である．同様に，さらに室内快適性も確率的な動きをとる．この確率的な現象は，過去の消費電力や室内の状況（室温，設定温度など），天候（外気温，日射など）といった時系列データのばらつきに強く影響を受けていると考えられる．そのような過去の時系列データから，確率的な未来を予測にするには，ニューラルネットワーク（第4章図4.25）が適している[6.2]～[6.9]．

6.1.2 ニューラルネットワーク予測

ニューラルネットワーク（NN）において，中間層が2つ以上存在する4層以上のものでは学習のアルゴリズムに追加の学習理論が必要であるため，ディープラーニング（深層学習）といわれて区別されている．今日まで，ディープラーニングは，音声認識と画像ベンチマークテストで過去の記録を次々に更新し，注目されている．また，ディープラーニングは物体検出や自動運転技術でも用いられている．

そこで，本書でもディープラーニングにより，空調機の複雑で微妙な瞬時電力変化特性のモデル作成について述べる．

ディープラーニング・ニューラルネットワークの構造の概念図を図6.4に示す．すなわち，入力層は1つ，中間層はn，出力層が1つ存在するモデル構造である．

ここで，時系列データの情報は入力層から中間層を通り出力層へと，左から右ノードへと伝搬し，出力されている．

図6.4で示されている入出力変数はあくまで例であるが，入力には未来のすなわち，これから指令すると仮定した電力抑制指令値L，過去の空調消費電力P，過去の設定と室温偏差E_{SA}，過去の外気温T_{OUT}などを用いている．

対して，出力には電力抑制指令値Lの結果の応答特性として，未来の消費電力予測値Pと未来の室温偏差E_{SA}を用いた．

ここで，入力に過去の空調消費電力Pと室温偏差E_{SA}を入れた理由は，これらは出力に用いる変数でもあるので，予測する前のトレンドが入力値から学習できるからである．また，入力に過去の外気温T_{OUT}を入れた理由は，外部環境の状態を予測に反映するためである．ほかの外部環境の状態を示すものとして，太陽からの

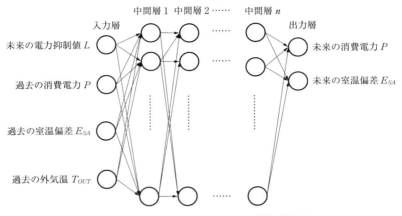

図6.4 ディープラーニングモデルの構造の概念図

日射量や，室内の熱負荷など有用な入力変数があるので，そのときどきの状況に応じて選択する．ここで，E_{SA}は室温偏差を示す指標であり，例えば次の式で示されるものである．

$$E_{SA} = T_A - T_{SET} \tag{6・1}$$

ここで，T_Aは室温，T_{SET}は設定温度である．このE_{SA}の絶対値が大きいほど室内が不快で，小さいほど室内が快適といえる．

なお，ディープラーニングも含めて，ニューラルネットワークのノードでは，前の層からの入力を活性化関数を通じた重み付けの総和により出力する．この活性化関数は，通常は非線形関数である．以前はシグモイド関数が使われることが多かったが，最近では$ReLU$のほうが使用されている．さて，図6.5に具体的なディープラーニングニューラルネットワークの入出力変数の説明を時系列グラフで示す．この例では，時間軸のtは1分ごとの離散時刻である．例として，過去5分間1分ごとのデータを入力とし，未来5分後までを出力で示している．これは一例であり，必ずしもビルマルチ空調機のFastADR電力応答予測モデルとして，5分間が絶対とは限らない．例として，5分間とした理由は，電力制御指令に対して，空調冷媒回路のマイコン組込み制御が応答する有意な意図である．電力抑制指令のステップ変化につれての応答結果が収束・安定しておらず，秒単位では空調機の消費電力は，数十分後では，FastADRが電力抑制指令のステップ応答の影響と無関係だからである．

6.1 ビルマルチ空調の FastADR 応答予測

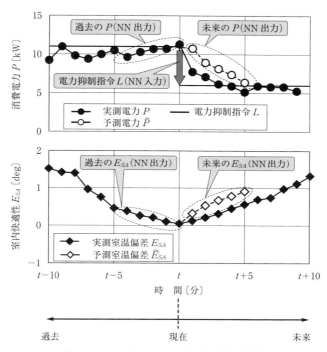

図 6.5 ディープラーニング入出力変数の説明図

6.1.3 ディープラーニングの学習方法

ニューラルネットワークにおける学習方法の1つに，**誤差逆伝搬法**がある．この誤差逆伝搬法は，重みなどを調整することにより，どのような関数に近似させるかというものだが，ディープラーニングの場合と同様に，中間層の数を増やすと勾配除去の問題が生じることが多い．勾配除去の問題は，重みの更新をスムーズに行うことができず，学習が困難になるという問題がある．

勾配消失問題を回避する手段の1つとして，Stacked Denoising Autoencoder（積層雑音除去自己符号化器）という方法がある．この方法は，誤差逆伝搬法で重みを更新する前の重みの初期値を乱数にするのではなく，事前学習によってあらかじめ重みの初期値を決定しようとするものである．

まず，**Autoencoder（オートエンコーダ，自己符号化器）**とは，目標出力がなく，入力だけの学習データセットを使用してニューラルネットワークの出力に入力デー

タを復元させるという，事前学習を行うものである．これによって，個々の学習データの特徴をよく表す重みの初期値を獲得することができる．図6.6にオートエンコーダの学習モデル図を示す．

次に，Stackedとは「そのまま積層された」を意味していて，オートエンコーダを入力層から積み重ねて行うことを意味する．図6.7にStacked Autoencoder（積層自己符号化器）の概念図を示す．4層ディープラーニングニューラルネットワークとして，入力層と中間層1のニューラルネットワークを対象にオートエンコーダ

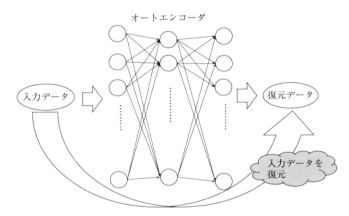

図6.6 オートエンコーダの概念図

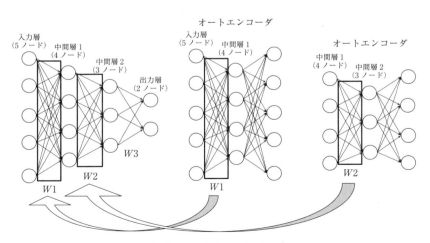

図6.7 Stacked Autoencoderの概念図

を用いて入力層と中間層1をつなぐ重み$W1$の初期値を決定している．

そして，中間層1と中間層2のニューラルネットワークを対象にオートエンコーダを用いて中間層1と中間層2をつなぐ重み$W2$の初期値を決定する．その次の中間層2と出力層をつなぐ重み$W3$には，オートエンコーダを構成せず，重みの初期値はランダムに生成する．この仕組みは，中間層が数十にも及ぶディープラーニングであっても同様で，各層に分解し，オートエンコーダを構成し，重みの初期値を計算する手続きを順番に繰り返すことになる．

最後に，ノイズ除去を意味するDenoisingは，意図的にノイズを付与し，Stacked Autoencoderの入力データを入力し，もとの入力データを出力として入力する事前学習のことである．

図6.8は，Denoising Autoencoder（雑音除去自己符号化器）の学習モデル図である．この事前学習で，入力の再現とノイズの除去能力をもつとされ，各層の事前学習において，ノイズのない単純なStacked Autoencoderを使用するよりも，優れていることが証明されている．

本書のディープラーニングニューラルネットワーク学習データは，エアコンの時系列データ連続値であるため，ガウス分布によってランダム雑音が加算され，ニューラルネットワークに入力することとする．この雑音には複数の種類があり，学習データの質により異なる．例として，学習データセットが0/1のような2値信号である場合について示す．欠落雑音（Missing noise）とはノイズがランダムに0に変換されるもので，ごま塩雑音（Salt-pepper noise）とはランダムに0または1に確

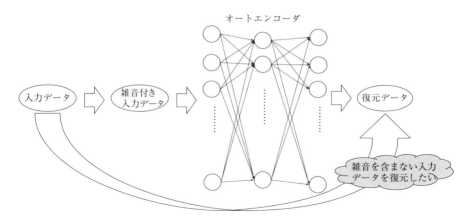

図6.8 Denoising Autoencoderの概念図

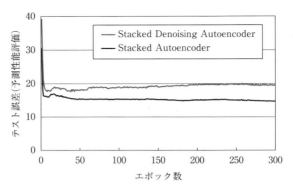

図6.9 Denoising 有無でのテスト誤差比較

率的に変換されるもののことである．

図6.9に Stacked Denoising Autoencoder と，雑音なしの単純な Stacked Autoencoder との性能の違いを示す．横軸は重みを更新する学習回数（エポック数）を示し，縦軸はテスト誤差を示す．ここで，**テスト誤差**とは，ニューラルネットワークに学習させるデータ（以下，**訓練データ**）とは別のサンプルデータ（以下，テストデータと呼ぶ）から計算される誤差のことである．また，訓練データに対して計算される誤差を**訓練誤差**と呼ぶ．

テスト誤差は，ニューラルネットワークがまだ見ぬデータに対してどれほどの予測性能があるかを示し，値が小さいほどよい性能といえる．図6.9から Stacked Denoising Autoencoder を用いた場合，Stacked Autoencoder に比べてテスト誤差は小さくなり，予測性能が高くなることがわかる．

また，ディープラーニングにおける学習テクニックとして，ドロップアウト法は有力なものの1つである．この**ドロップアウト法**は入力層と中間層のニューロンをランダムに消去しながら学習する方法であり，近年過学習を抑制する方法として注目されている．過学習とは，ニューラルネットワークが学習した学習データの誤差が小さいにもかかわらず，未学習データが訓練データと同様に，ニューラルネットワークに与えられると，誤差が大きくなってしまう現象である．特に，ディープラーニングのように，中間層が多く複雑なモデルでは，訓練データセットに適合しすぎてしまい，過学習におちいりやすいといわれている．

ドロップアウト法では，訓練データセットを学習するとき，最初から存在しないかのように，入力層と中間層を固定された割合でドロップされる．図6.10にその

6.1 ビルマルチ空調の FastADR 応答予測

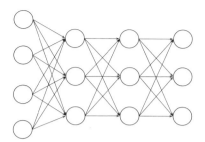 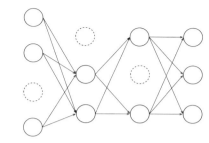

(a) 全結合の一般的なニューラルネットワーク

(b) ドロップアウトしたニューラルネットワーク

図 6.10 ドロップアウト法の概念図

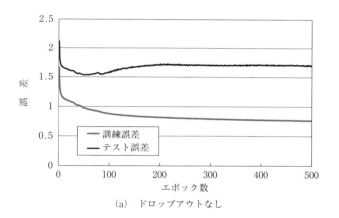

(a) ドロップアウトなし

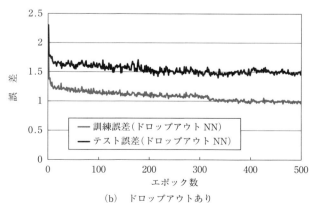

(b) ドロップアウトあり

図 6.11 ドロップアウト有無の訓練誤差とテスト誤差の比較

概念図を示す．これによって，ニューラルネットワークの自由度を強制的に減らし，表現力を低下させ，過度の学習を抑制する．

さらに，図 6.11 にドロップアウト法で過学習を抑制したときの，訓練誤差とテスト誤差の例を示す．横軸はエポック数，縦軸は誤差である．図 6.11 (a) ではエポック数が増加するほど訓練誤差は減少している一方，テスト誤差は増加しており，過学習が起きていることがわかる．対して，図 6.11 (b) から，ドロップアウト法を用いることで訓練誤差の減少とともに，テスト誤差も減少していることから，過学習が抑制されていることがわかる．

6.2　ビルマルチ空調の FastADR 室温変化

6.2.1　室温変化予測のニューラルネットワーク

前節では，FastADR に対するビルマルチ空調機の電力と室温の応答予測についてニューラルネットワーク構築法を述べた．本節では，これまで述べてきたビルマルチ空調の FastADR 電力抑制に対する室温変化予測のニューラルネットの構築例を述べる．実際のオフィスビルに設置されたビルマルチ空調機の 1 分ごとの時系列データから学習させてニューラルネットを構築する．そして，FastADR に対する影響として，5 分後の室温変化量を予測させて，実測データと比較し，どのように予測精度を評価するかについて一例として示す．また，ここでは，ニューラルネット予測に加えて線形自己回帰も加えた FastADR 室温変化予測式について述べる．

室温は元来ゆるやかな変化をするものであり，かつ，5 分間という短い時間の変化であれば急激かつ非線形的に大きな変化をすることはない．また，この例では，対象ビル全館の平均室温偏差という平均化された量を扱うので，元々，線形自己回帰予測式で対応できそうな範囲でもある．しかし，急激な室温変化中に大きな電力抑制指令を出した場合など，急な変化にも対応できる程度の特性ももたせる必要がある．

ここでは，例として，線形特性とニューラルネットがもつ急激な変化への予測能力の両方を平均化予測する実用的な方法を扱う．この場合は，前節で述べた多層の複雑な構造のディープラーニングでなくてもシンプルなニューラルネットワーク構造で十分実用的である例を示す．

誤解してはいけないのは，ビルマルチ空調機の分刻み消費電力は組込み制御により急激かつ複雑に変化するので，この項で述べる線形自己回帰予測やシンプルなニューラルネットではそのような非線形な変化を予測できない．そのような分刻みの

6.2　ビルマルチ空調の FastADR 室温変化　　**125**

電力変化を予測するには，前節で述べたディープラーニングが必要となってくる．

　本項で扱う FastADR 室温変化予測式は，独立した2つの予測式でニューラルネット予測と線形自己回帰予測を含んでいる例である．t は1分間隔の離散時間，$L(t)$ は電力抑制値，$P(t)$ は t における消費電力，$E_{SA}(t)$ は t における室温と設定温度の差を全台平均した平均室温偏差，$T_0(t)$ は外気温度である．$E_{SA}(t+t_F)$ は t_F 分後の値であり，本節では，$t_F=5$，つまり FastADR 電力抑制開始をしてから5分後の値を予測することと固定している．

　この FastADR 室温変化予測式は，前処理部における時系列データから状態変数ベクトルに変換する．ニューラルネットと線形自己回帰予測式は，個別に室温指標を予測し，$E^*_{SA}(t+t_F)$ として次の組合せ式で与えられる．ここで，記号 * は予測値であることを意味するものとする．

$$E^*_{SA}(t+t_F)=\alpha \cdot f^{NN}(\boldsymbol{x}(t))+(1-\alpha)\cdot f^{AR}(\boldsymbol{x}'(t)) \tag{6・2}$$

式(6・2)において，入力時系列データセットは前処理部において，ニューラルネット予測式用と線形自己回帰予測式用の入力状態変数ベクトル $\boldsymbol{x}(t)$ と $\boldsymbol{x}'(t)$ が生成される．それらがニューラルネットと線形自己回帰予測式に入力されてその出力関数 $f^{NN}(\boldsymbol{x}(t))$ に係数 α，$f^{AR}(\boldsymbol{x}'(t))$ に $(1-\alpha)$ を乗じて組み合わせられる．結合係数 α は0から1の範囲の実数値をもつものとする．

　本節のニューラルネット予測式は，入力状態変数ベクトル $\boldsymbol{x}(t)$ は以下の式(6・3)とし，$f^{NN}(\boldsymbol{x}(t))$ は式(6・4)，(6・5)とする．

$$\boldsymbol{x}(t)=[E_{SA}(t),E_{SA}(t-1),E_{SA}(t-2),P(t),P(t-1),$$
$$P(t-2),L(t+1),L(t),T_0(t),T_0(t-1),T_0(t-2)]^T \tag{6・3}$$

$$y^{NN}(\boldsymbol{x}(t))=Sigmoid\left\{\sum_{j=1}^{J}w_j\cdot Sigmoid\left[\sum_{i=1}^{I}u_{ij}\cdot\boldsymbol{x}_i(t)\right]\right\} \tag{6・4}$$

$$f^{NN}(\boldsymbol{x}(t))=y^{NN}(\boldsymbol{x}(t)) \tag{6・5}$$

　ここで，$y^{NN}(\boldsymbol{x}(t))$ を出力するニューラルネット予測式の構造は3層パーセプトロン型とし，$Sigmoid(z)=1/(1+e^{-az})$ はシグモイド関数である．$i\,(=1,2,\cdots)$ は入力層ノード番号，$I\,(=11)$ は入力層のノード総数，$j\,(=1,2,\cdots)$ は中間層内のノード番号であり，$J\,(=15)$ は中間層のノード総数である．u_{ij} は入力層から中間層への接続重み，w_j は中間層から出力層への接続重みである．

　本線形自己回帰予測式は，現在時刻 t から1分後の室温指標 $E_{SA}(t+1)$ を予測する．5分後の予測 $E_{SA}(t+5)$ は線形自己回帰計算を5回繰り返すことにより予測す

る．具体的な線形自己回帰予測式は，入力状態変数ベクトル $\boldsymbol{x}(t)$ を式(6·6)とし，$f^{NN}(\boldsymbol{x}(t))$ は式(6·7)から式(6·9)で与えられるものとする．

$$\boldsymbol{x}'(t) = [E_{SA}(t), P(t), L(t)]^T \tag{6·6}$$

$$\boldsymbol{y}^{AR}(t) = [y_1^{AR}(t), y_2^{AR}(t)]^T = [E_{SA}(t), P(t)]^T \tag{6·7}$$

$$\boldsymbol{y}^{AR}(t+1) = \sum_{l=1}^{M} \boldsymbol{A}_l \cdot \boldsymbol{x}'(t-l) + E_P(t) \tag{6·8}$$

$$f^{AR}(\boldsymbol{x}'(t)) = y_1^{AR}(t+t_F) \tag{6·9}$$

ここで，$\boldsymbol{y}^{AR}(t+1)$ は離散時刻 t から1ステップ後の予測状態変数ベクトルであり，$\boldsymbol{x}'(t-l)$ は l ステップ前の入力状態変数ベクトルであり，$\boldsymbol{A}_l$ は l に対応する線形自己回帰係数行列である．状態変数ベクトルの要素は，電力抑制指令 $L(t)$，実際の消費電力 $P(t)$，加重平均室温指標 $E_{SA}(t)$ からなる．線形自己回帰予測式の次数 M は，AIC（赤池情報量基準）法を使用して $M=7$ とする．

以下に，具体的な実機データからビルマルチ空調の電力制限指令に対する5分後の平均室温偏差の予測モデル構築例を示す．表6.1 に例として用いたビルマルチ空調設備の概要を示す．このビルは一般的な小規模オフィスビルであり，エネルギー原単位が全国平均とほぼ同じ程度の平均的熱負荷特性を有する．ビル用マルチ空調機も典型的なエネルギー効率の標準量産品である．

空調消費電力 $P(t)$，平均室温偏差 $E_{SA}(t)$，および FastADR 電力抑制指令 $L(t)$ の時系列データは，18台の室内機，3台の室外機が含まれる空調設備を有する実際のオフィスビルから入手した．時系列データの間隔は1分である．電力抑制 $L(t)$ を10分ごとにステップ応答試験を多数回実施して，予測式同定のための学習デー

表6.1 ビルマルチ FastADR 室温変化予測式の実験条件例

項　　目	仕　　様
建物種別	一般オフィスビル
築年数	約20年
規　模	2階建，1600 m²
建物構造	鉄骨コンクリート
室外機台数	5台中3台からデータ収集
室内機台数	30台中18台からデータ収集
冷房定格能力	40, 45, 68 kW
エネルギー効率（COP）	3.43, 3.04, 3.19

6.2 ビルマルチ空調のFastADR室温変化

タを収集した．収集時期は夏季11日間で，その期間の最高外気温度は27.5〜33.1℃であった．

収集した実測時系列データセットは，864回のFastADRステップ応答を実施して，消費電力がゼロの完全停止状態を除くと有効データセットは340セットであった．これらの実測されたデータセットを3群，すなわち，学習，最適化，および評価用に分割して，おのおの166，78，および96セットに分けた．

本節冒頭で示したFastADR開始5分後の平均室温偏差$E_{SA}(t+5)$を予測するためのFastADR室温変化予測式を用いて学習させた．状態変数ベクトルの各変数は，0.0から1.0の範囲で正規化し，各学習データセットを10万回使用して学習させた．線形自己回帰も同じ学習データセットを使用して最小二乗法により学習させた．ニューラルネットを線形自己回帰予測式の複合予測する際の重み係数αは，予測結果の平均二乗誤差$RMSE$が最小となる値を，予測式の学習とテストで使用されていない78のデータセットにより探索して最適値を決定する方法をとった．

図6.12は予測式による実測との比較の一例である．時刻15:30の矢印で示すように，電力抑制$L(t)$が作動した後，室温指標$E_{SA}(t)$に傾きの変化が見られる．予測された$E^*_{SA}(t+5)$と実際の$E_{SA}(t+5)$との差を実測し，統計的手法として用いられる$RMSE$を使用して予測式の性能を評価した．

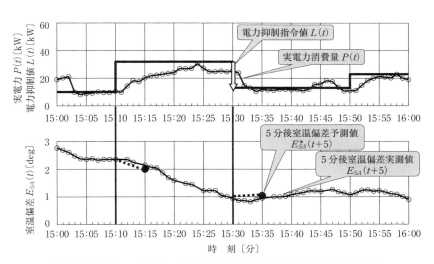

図6.12 複合ニューラルネット予測式によるFastADR電力抑制に対する5分後の室温変化予測と実測の比較

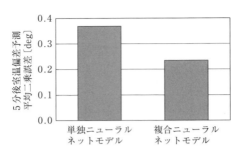

図 6.13 FastADR 電力抑制による 5 分後室温変化を予測する単独ニューラルネットと複合ニューラルネットの平均二乗誤差（RSME）の比較[6.6]

$$RMSE = \sqrt{\left\{\sum_{d=1}^{D}\left(E_{SA}^{*(d)}(t+5) - E_{SA}^{(d)}(t+5)\right)^2\right\}\Big/D} \qquad (6\cdot10)$$

D は，テストデータセットの合計数であり，d ($=1, 2, \cdots$) は，各電力抑制ステップ応答実験番号である．

最適化データによる最良の FastADR 室温変化予測式は，$\alpha=0.53$ で得られた．図 6.13 に，単独ニューラルネット予測式と複合ニューラルネット予測式の平均二乗誤差 $RMSE$ を比較した．単独ニューラルネット，複合ニューラルネット各予測式の $RMSE$ はおのおの 0.37℃，0.23℃であった．これは，単独ニューラルネット予測式の $RMSE$ に対して複合ニューラルネット予測式のほうが約 4 割予測性能が優れていたという例である．

実際の予測性能は個々のケースによるが，ビルマルチ空調機に対する FastADR 電力抑制による室温変化を把握するニューラルネットワーク予測式を，個々の必要精度に応じて予測計算式の方式を選んで構築していくべきである．

6.2.2 FastADR による室温変化予測の実例

本項では，実際のオフィスビルにおいて先に述べた複合ニューラルネット予測式を用いて，FastADR 電力抑制指令 $L(t)$ に対する全館平均室温偏差 $E_{SA}(t)$ への影響を評価した例を紹介する．ここで，全館平均室温偏差 $E_{SA}(t)$ 応答に関する評価には以下 2 点に注意を要する．

1 つは，図 6.12 の時刻 15:30 における FastADR 電力 $P(t)$ のステップダウンを見ると，ステップダウン 1 分前では $P(t-1) < L(t-1)$ であり，実際の電力消費値

は抑制値一杯に電力を使っていなかった．この場合，実効的な電力抑制量は $L(t-1)-L(t)$ ではなくて，実電力からの下げ幅 $P(t-1)-L(t)$ として扱うほうが評価に有意義である．ここでは，実効電力抑制指令の下げ幅を $\Delta L_E = |P(t-1) -L(t)|$ と定義することとする．

もう1つの注意点は，もともと室温が下がってきている状況下においては，FastADR で電力抑制して空調能力を低下させて温度が下がる率が緩和されるだけということである．一見，FastADR で電力抑制すると室温が上昇すると単純に思ってしまうが，熱収支上で室温を上昇させないこともあるし，また，あったとしても時間遅れのため，5分後では室温上昇が始まっていない場合もあることに注意を要する．

例えば，図 6.12 の時刻 15:30 付近のように FastADR で空調電力を抑制した場合5分後の全館平均室温偏差は上昇するかもしれないと思える．しかし，この例のように $E_{SA}(t)$ が急激に降下しているトレンドにある状況，すなわち，熱負荷を上回る空調能力を出している状況では，降下トレンドは緩和されるが上昇に転ずるとは限らない．

したがって，FastADR 電力抑制 $L(t)$ による5分後の影響は，5分後の平均室温偏差 $E_{SA}(t+5)$ の値そのものの値ではなくて，平均室温偏差トレンドの変化を定量評価する必要がある．ここでは，FastADR 開始前後の全館平均室温偏差 $E_{SA}(t+5)$ のトレンド変化を $\Delta G_{SA}(t+5)$ として以下の式により定義する．

$$G_{SA}(t+5) = E_{SA}(t+5) - E_{SA}(t) \tag{6・11}$$

$$\Delta G_{SA}(t+5) = G_{SA}(t+5) - G_{SA}(t) \tag{6・12}$$

このように，FastADR アグリゲータから見て FastADR 電力抑制指令 $L(t)$ を各ビルに配分する場合，各ビルの直前の実電力 $P(t)$ からの下げ幅を実効電力抑制指令 ΔL_E として配分する場合を予測式で予測する．そして予測式により5分後の $E_{SA}(t+5)$ を計算させて，そこから温度指標のトレンド変化 $G_{SA}(t+5)$ により快適度副作用を定量評価することとする．

図 6.14 は実際のオフィスビルでの 174 回の FastADR 試験における，実効電力抑制指令下げ幅 ΔL_E に対する平均室温偏差のトレンド変化 $\Delta G_{SA}(t+5)$ をプロットしたものである．この 174 回には FastADR 室温変化予測式係数 α の最適化のために使ったデータセット 78 回を含んでいる．

今回のオフィスビル全空調設備の定格消費電力 P_R は 51 kW なので，例えば $\Delta L_E = -10$ kW の下げ幅は 20% に相当する．図 6.14(a) はわれわれの線形自己回

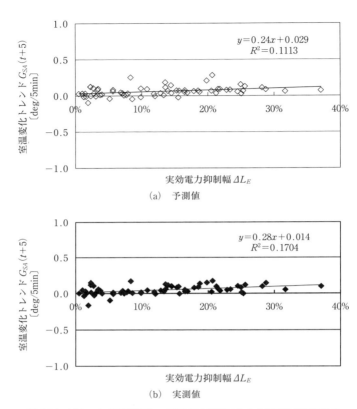

図 6.14 ビルマルチ空調機 FastADR 電力抑制による全館平均室温偏差の 5分後トレンドへの影響を複合ニューラルネット予測実験[6.6]

帰-ニューラルネット FastADR 室温変化予測式による予測値で,図6.14(b)は個々の予測値に対応比較できる実測値である.

ΔL_E の下げ幅が 0 から 10 kW(相対下げ幅 0~20%)と比較的小さい場合は,予測値の図(a)も実測値の図(b)も,元々の空調電力と室温の確率的変動に埋もれてしまい $G_{SA}(t+5)$ がプラスになるとは限らない.つまり,全館平均室温偏差のトレンドが悪化するとは限らないという結果であった.

ΔL_E の下げ幅がおおむね -10 kW(相対下げ幅 20%)を超える領域からは,予測値の図(a),実測値の図(b)ともに徐々にばらつきが減少し,$G_{SA}(t+5)$ はすべてプラス,つまり全館平均室温偏差トレンドはすべて悪化した.図 6.12 の実測例からわかるように電力 $P(t)$ や平均室温偏差 $E_{SA}(t)$ は確率的な変動をしている事象

6.2 ビルマルチ空調のFastADR室温変化

とおおむね定量的に合致する．

FastADR電力抑制下げ幅の5分後平均室温偏差への影響度合は，図6.14(a)，(b)についてΔL_Eに対する$\Delta G_{SA}(t+5)$の回帰直線の傾きとしてプロットした．結果は，図6.14(a)の予測値では回帰直線は$y=0.24x+0.029$であり，その傾きはΔL_E 10%当たり0.24であった．

図6.14(b)の実測値では，回帰直線は$y=0.28x+0.014$であり傾きは0.28であった．共に1℃の4分の1程度であることで一致した．これは電力抑制指令の下げ幅ΔL_Eを変えても直後の5分後では平均室温偏差のトレンド変化$\Delta G_{SA}(t+5)$には下げ幅が定格消費電力の10%当たり1℃の4分の1程度しか影響が表れないという例である．

次に，個々の温度指標トレンド変化の予測値$\Delta G_{SA}^*(t+5)$と実測値$\Delta G_{SA}(t+5)$の対応関係を図6.15に示す．これは同一試験ポイントの横軸を実測値，縦軸を予測値としてプロットしたものである．各点の傾きが1の直線に近づけば近づくほど予測値と実測値が一致していることになる．

その結果は全ポイントの回帰直線$y=0.80x+0.02$の傾きは0.8であり，傾き1と比較的近い値となった．回帰直線に対する相関係数$R=\sqrt{0.56}$であり，強い相関といわれる$R>0.7$という結果となった．

今回は1つのオフィスビルの例であり一般性に欠けるものの，この例はごく標準

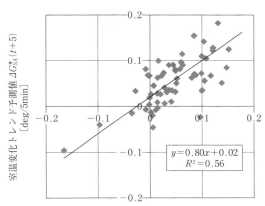

図6.15 実際のオフィスビルでビルマルチ空調機へのFastADRによる全館室温変化トレンドを予測式と実測で比較した例[6.6]

的な小規模オフィスビルにおける一般的なビル用マルチ空調機の量産型3機種の合計値であり特殊な例というわけではない.

ありふれたビル用マルチ空調設備に対してFastADRでビル空調設備電力抑制指令 $L(t)$ を種々の条件で174回実験して,予測式と比較した結果が意味することを以下のように考察した.

図6.14に示したように,実効電力抑制の下げ幅が定格消費電力の0〜40%の範囲では,5分後の全館平均室温偏差トレンド変化 $\Delta G_{SA}(t+5)$ は,実効電力抑制下げ幅 ΔL_E にほとんど影響されないことがわかった.定量的には,図6.14に示した回帰直線の相関は実測値では $R^2=0.11$,予測値では $R^2=0.17$ であり,ともにほとんど相関は見られないという値で実測値と予測値はほぼ一致した.

また回帰直線の傾きによると,FastADR電力抑制下げ幅が定格消費電力の10%当たり,予測式では室温指標トレンド直線の折れ曲がりとしては約0.24℃/5 min,実測では約0.28℃/5 min しか影響していない.本書で当初仮定したほとんどの居住者には影響しない範囲を0.5℃以内とすると,FastADR持続可能時間は9〜10 min,つまり約10分間と考えられる.

この原因としては,今回のビル空調設備では,ΔL_E の抑制下げ幅によらず,5分後では,その結果としてビル全体平均室温の変化に遅れがあり,変化がまだ表れてきていないと思われる.

事実,昼休みや退社時刻の一斉空調設備全停止のステップ応答による室温変化時定数は15分程度あったことからも裏付けられる.すなわち,多くの文献で定性的に述べられている,「短時間であれば空調電力を抑制してもビルの室温上昇は居住者が不快に感じるほどの変化は起こらない」というこれまでの文献の見解を,1つの典型的なビルではあるが,定量的に示す例であると思われる.

これまでのところ,空調設備を用いたFastADRの研究では,室温の副作用すなわち電力抑制に起因する居住者の快適性が定量的に扱われていない.空調設備へのFastADR電力抑制指令を,各ビルの快適性レベルを所定の範囲内に維持しながら,少なくとも5分間程度までであれば,各ビルに電力抑制指令を分配させることができる可能性を定量的に示している.

電力系統全体ではFastADRの持続時間は5分以上は必要であるから,アグリゲータは5分程度の時間単位で対象ビル空調設備をローテーションするか,または,5分程度でフィードバック制御をかけるのが適切という時間粒度に関する示唆を得た.

本書で検討した室温指標である全館平均室温偏差 $E_{SA}(t)$ は,ビル全体について

6.3 ビルマルチ空調機群のネガワット集約 **133**

1つの指標を与えるという制約条件を課した．もちろん，ビル内室内機ごとの温度変化許容範囲は異なるので，個々の室温偏差が基準内に収まるよう各ビルのローカル制御によってビル内電力指令はさらに細分化されて調整されるであろう．

しかし，アグリゲータの観点からは，短時間，例えば1分以内に電力抑制指令をビルごとに分配指令する必要があり，ビル全館単位の室温指標は実用的な管理方法の候補であろう．

今回は当該ビル実測データから予測式を構築したが，実用化に際しては予測式構築例の実績を積上げて何種類かの標準予測式を開発できるよう研究を重ねる必要があろう．

6.3　ビルマルチ空調機群のネガワット集約

6.3.1　ビルマルチ空調機群の集約とならし効果

太陽光発電や風力発電などは自然現象によって発電を行うので，個々の発電量には不確定なばらつきが生じる．しかし，これらを大量にアグリゲート（集積）するとならし効果によって個々のばらつきがならされることがわかっている．

ビルマルチ空調についても，冷媒回路維持や機器保護等を目的とする組込み制御を随時行わなければならないので，個々の空調機は必ずしも電力抑制指令値に消費電力を追従させることができるとは限らない．すなわち，図6.16に示すように，個々のビルマルチ空調機の分刻み電力応答波形は，電力抑制指令値に対して過渡的に上回る時間帯もあるし，逆に電力抑制指令値まで消費しない時間帯もあり不確定な応答波形となる．しかし，これらの不確定応答を大量にアグリゲートすると，ならし効果により個々の挙動がならされて，アグリゲート後の集積された電力はある期待値に収束することが研究報告されている[(6.10)]．

アグリゲート後の電力抑制目標値 L_A〔kW〕とアグリゲート後の電力 $P_A(t)$〔kW〕の差を5分間電力で評価したものを，本書では FastADR マージン R_M〔%〕と呼ぶこととし，次式のとおり定義する．

$$R_M = \left(\sum_{t=1}^{\tau_m} P_A(t) - \sum_{t=1}^{\tau_m} L_A \right) \Big/ \sum_{t=1}^{\tau_m} L_A \tag{6·13}$$

$$P_A(t) = \sum_{b=1}^{N} P^b(t) \tag{6·14}$$

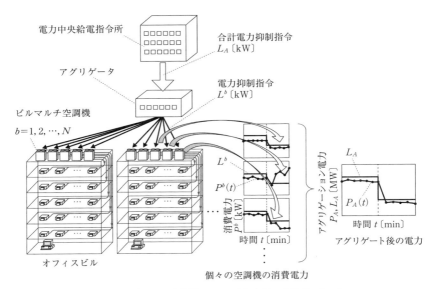

図 6.16 ビルマルチ空調の FastADR 大量アグリゲーション

$$L_A = \sum_{b=1}^{N} L^b \tag{6・15}$$

ここで，$P^b(t)$ は空調機 b の消費電力 [kW]，L^b は空調機 b に対する電力抑制指令値 [kW]，τ_m は電力抑制指令値の間隔 [min] である．

図 6.17 に，下げ方向の電力抑制指令値をアグリゲートしたときの FastADR マージン R_M の分布（平均値 μ ±標準偏差 σ）と，アグリゲーション空調機台数 N の関連を示す．図に示すように，アグリゲーション台数 N が小さいときは R_M のばらつきが大きい．一方，N が増加するにつれて R_M の標準偏差 σ が減少し，最終的には分布の平均値 μ に収束してオフセットとして残る．このとき，標準偏差 σ の減少率は $1/\sqrt{N}$ 倍となる．

さて，電力抑制指令は単純な開ループ制御であるためオフセットが生じてしまう．閉ループ制御をかければ改善される可能性があるが，FastADR 閉ループ制御は広域通信遅れや FastADR 手続きなどの無駄時間を生じさせるため，閉ループ制御器の設計によっては安定性が問題となる[6.11]〜[6.15]．

対して，大量アグリゲーションにおける応答集積値を定量予測できれば，開ループ制御でも実用上の要求精度が満足される可能性がある．しかし，そのためには，

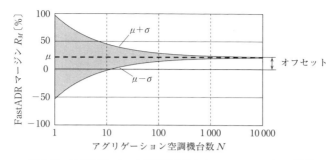

図 6.17 アグリゲーション空調機台数と FastADR マージンの関係

集約空調電力の不確定挙動を平均化して緩和しなければならない．

一方，前節で述べたニューラルネットワークによる電力予測は，まさに非線形な不確実挙動を模擬することに向いている．もちろん，予測値と実測値の間にある程度の誤差は生じるが，図 6.18 に示すように，アグリゲーション台数 N を増やしていくと集約された 5 分間電力の応答予測誤差 E_P〔%〕は減少していく．なお，E_P の定義は以下のとおりである．

$$E_P = (\widetilde{W}_5 - W_5)/W_5 = \left(\sum_{t=1}^{5}\widetilde{P_A}(t) - \sum_{t=1}^{5}P_A(t)\right) \Big/ \left(\sum_{t=1}^{5}P_A(t)\right) \quad (6\cdot16)$$

$$\widetilde{P_A}(t) = \sum_{b=1}^{N}\widetilde{P^b}(t) \quad (6\cdot17)$$

ここで，$\widetilde{P^b}(t)$ は空調機 b の電力応答予測値〔kW〕，$\widetilde{P_A}(t)$ は N 台分のニューラルネットワーク予測結果をアグリゲートしたときの合計電力応答予測値〔kW〕である．応答予測誤差 E_P のばらつきを示す標準偏差 σ_{E_P} も，およそ $1/\sqrt{N}$ 倍で減少していく．図 6.18 中の破線で，標準偏差 σ_{E_P} を $1/\sqrt{N}$ 倍で減少させたときの理論値を示す．

この例では，ならし効果は比較的小さい N でも顕著に見られ，$N=10$ から $N=50$ に増やすだけで，標準偏差は約 50% 減少する．さらに，$N=90$ における応答予測誤差 E_P は，わずか 2% 程度である．

このように，大量アグリゲーションの応答予測では，個々の電力応答の予測誤差が打ち消し合うことによる，アグリゲーション電力の予測誤差の低減が期待できる．

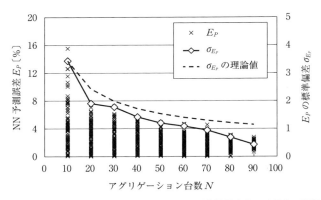

図 6.18 アグリゲーション台数と FastADR 電力抑制応答予測誤差の関係

このように,FastADR マージン R_M およびニューラルネットワーク応答予測誤差 E_P のばらつきが $1/\sqrt{N}$ 倍で減少していく理由は中心極限定理と呼ばれる理論に従うからである.なお,**中心極限定理**とは,母集団平均が μ,母集団分散が σ^2 の確率変数 x は,それが正規分布でなくても標本和 $\sum_{n=1}^{N} X_n$(あるいは標本平均 $\left(\sum_{n=1}^{N} X_n\right)/N$)の N が大きくなると正規分布に近づくことをいう.これは,標準正規分布となるよう変数変換した次式として示される.

$$\lim_{N \to \infty} \Pr\left\{ x_a \leq \left(\sum_{n=1}^{N} X_n - N\mu \right) \Big/ (\sqrt{N}\sigma) \leq x_b \right\}$$
$$= \Phi(x_b) - \Phi(x_a) = \int_{x_a}^{x_b} \frac{1}{\sqrt{2\pi}} \exp\left[-\frac{x^2}{2}\right] dx \quad (6 \cdot 18)$$

ここで,x_a と x_b は実現値の指定範囲,$\Phi(x)$ は標準正規分布 $N(0,1)$ の累積分布関数を表す.

これを m 番目のビルにおける FastADR 電力抑制量の n 回目の繰返し実現値 $W_m^{(n)}$ に適用する.個々の実現値は正規分布でなくても,その繰返し標本和 W_{AG} は N が大きくなるに従い,正規分布に近づく.つまりばらつきがあっても,空調機の台数を増やせばならされていくことを意味している.

さて,繰返し実現値を予測値 $W_m^{\prime(n)}$ で計算すると

$$W_{AG} = \sum_{m=1}^{M} W_m^{\prime(n)} \quad (6 \cdot 19)$$

$$\lim_{N \to \infty} \Pr\left\{ W_{AGa} \le \sum_{m=1}^{M} W'^{(n)}_{m} \le W_{AGb} \right\}$$

$$= \int_{W_{AGa}}^{W_{AGb}} \frac{1}{\sqrt{2\pi}\sqrt{N}\,\sigma_W} \cdot \exp\left[-\frac{(W_{AG} - N\mu_W)^2}{2N\sigma_W^2} \right] dW_{AG} \quad (6 \cdot 20)$$

となり，標本和平均が $N \cdot \mu_W$，標本和分散が $N \cdot \sigma_W^2$ の正規分布となる．ここで，μ_W および σ_W^2 はもともとの $W_m^{(n)}$ の分布における平均値および分散である．

ここで，繰返し標本平均についても中心極限定理が成り立ち，繰返し平均はそのもの，繰返し標本平均の分散は正規分布に近づく．また，FastADR マージン R_M において，分散の減少率が $1/\sqrt{N}$ に近づいており，中心極限定理にあてはまっているといえる．

なお，エルゴート性の確率過程 $x^{(k)}(t)$ から見た条件は，k を個体番号，ベクトル $\boldsymbol{x}(t)$ を個体集合，$g(\ )$ を任意関数，$\boldsymbol{E}[\ ]$ を組合せ平均として下式で表される．

$$\lim_{T \to \infty} \frac{1}{T} \int_0^T g(x^{(k)}(t), x^{(k)}(t+\tau_1), \cdots, x^{(k)}(t+\tau_n)) dt$$

$$= \boldsymbol{E}[g(\boldsymbol{x}(t), \boldsymbol{x}(t+\tau_1), \cdots, \boldsymbol{x}(t+\tau_n))] \quad (6 \cdot 21)$$

6.3.2 快適性維持とローテーション制御

従来のビルマルチ空調でのデマンドレスポンスでは，あらかじめ停止させても影響がない空調機を選定しておき，デマンドレスポンスに応じて停止させるといった単純な方法が基本だった．この場合，デマンドレスポンス継続時間が 30 分，あるいは 1 時間単位と長いため，必ず室温が上昇または低下するという副作用が大きく発生する．したがって，このような従来方式では，使用状況などに応じて物件ごと，日時ごとに対象空調機を設定しておく必要がある．

しかし，分単位で電力抑制する FastADR 技術が実現すると，上記の状況は一気に解決する可能性がある．FastADR においては分刻みで電力抑制指令を調整できるので，定格消費電力対比 20～30％ 程度の小幅の FastADR 抑制指令を数分間という，短時間の制御が技術的に可能となる．そのような小幅で短時間の抑制であれば，副作用を居住者にほとんど感じさせないことが可能である．

本書では，ビル空調 FastADR 実行時の室温変化トレードオフを解決するアイデアとして，**FastADR パケット化ローテーション方式**を紹介する．これは，各空調への FastADR 指令値と継続時間を「デマンドレスポンスパケット」として細分規格化し，グループが動的に「ローテーション」を実行することで，仮想発電所全体

としては給電指令に追従するというものである.

ここでは一例として,各空調への FastADR を細かい抑制単位,および短い継続時間単位に一律規格化して,$\Delta L = 1\,\mathrm{kW}$ の抑制を5分間継続する FastADR を「1 パケット」と呼ぶこととする.そして,1000台×3グループ=3000台で5MW×継続時間30分の電力抑制ネガワットを仮想発電所として生成する例をシミュレーションする.

各空調機に5パケット(抑制指令 $\Delta L = 5\,\mathrm{kW} \times 5$ 分間)ずつの FastADR を,5分ずつ時間差をつけて,3グループが2回転する合計30分の動作をシミュレーションする.個々の空調機の動作は,第7章にて述べるビルマルチ空調制御モデルを用いて模擬した.

また,各空調機が FastADR ローテーション開始時点では消費電力 P が15kW,設定室温 T_{SET} および計測室温 T_{AIR} ともに26℃で定常安定運転していたものと仮定する.その初期状態から各グループ5パケット,5分ずつずらしてローテーションするシナリオである.各グループの応答時間遅れは0分から5分に均一に発生すると仮定した.また,各グループはパケット時間5分が終了すると,続けてその後10分間は開始時点電力(今回の初期設定では15kW)までに制限し,その後はローテーションを継続するか,デマンドレスポンスを終了して解放するかいずれかとする.

図6.19にシミュレーション結果を示す.図6.19(a)は,各ビルマルチ空調機が2ローテーション実行した電力の変化のシミュレーション結果である.各空調機では1ローテーション当たり5分間しか電力抑制をかけないので,室温上昇は図6.19(b)に示すように,1回目は0.5℃,2回目でも1℃以内に抑えられている状況を仮定したモデルである.

ここで,仮想発電所全体としてはデマンドレスポンス継続時間が30分と仮定し,3グループが2ローテーションずつ実行する.この場合の全体の電力抑制量のアグリゲーションシミュレーション結果を図6.19(c)に示す.

このように,各空調機は1つの FastADR パケット時間である5分間しか電力抑制していないが,仮想発電所全体としてのアグリゲーション電力抑制量は,安定して要求抑制量である $\Delta P = -5\,\mathrm{MW}$ を継続確保できている.

全体デマンドレスポンス継続時間終了後に,温度変化を戻そうとして各空調機の消費電力が全体デマンドレスポンス開始時点より過渡的に増加してリバウンドが生じている.これは,このシミュレーション実験では,ローテーション終了をグループ内で全空調機同時としているためである.つまり,電力抑制指令値を完全に解放

6.3 ビルマルチ空調機群のネガワット集約

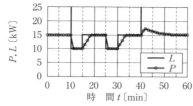

(a) 空調設備の電力応答（1台分）

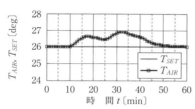

(b) 空調設備の室温応答（1台分）

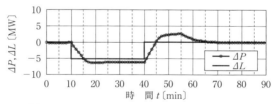

(c) アグリゲーション電力の応答（リバウンドあり）

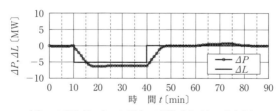

(d) アグリゲーション電力の応答（リバウンドなし）

図 6.19 FastADR パケット化ローテーション方式とリバウンド抑制

するまでの時間をグループ内で調整することで，図 6.19(d) に示すように全体デマンドレスポンス終了後のリバウンドをならすことは可能である．このようなシミュレーションスタディを繰り返すことで，最適な FastADR パケット化ローテーション方式がいずれ実現できるであろう．

6.4 ビルマルチ空調機群 FastADR の蓄電池補償

6.4.1 ビルマルチ空調機群 FastADR の需給調整信号への追従性

　前節では，大量にアグリゲーション集約すると，ならし効果により不確実性が減少することを示した．しかし，たとえ不確実性がならされて変動が少なくなったとしても，FastADR の対象設備機器であるビルマルチ空調機が FastADR 電力抑制指令値と完全に一致することはない．仮に，リソースアグリゲータが FastADR 抑制指令を各ビルマルチ空調機に分配した後も個々の対象空調機応答電力を高速フィードバック制御しても完全ではない．それは，FastADR 制御安定時はさることながら，抑制開始と抑制解放の過渡状態では，FastADR 指令信号波形に完全に一致させることを期待するのは現実的ではない．

　それの理由は，第一に，本来もっているビルマルチ空調機がもつ物理的特性，次に，抑制指令値に近づけることより優先される冷媒回路の組込み制御がある．さらには，実電力波形を決定づけるインバータ圧縮機の加減速による過渡的な電力増減速度のため，指令値のステップ状変化や急なランプ状態変化に対して，電力抑制された電力波形が指令値波形に追従できない要因がある．

　そこで，そのようなビルマルチ空調機でネガワット生成する場合に避けられない追従誤差を，蓄電池システムの充放電により補償する制御が考えられる．この方法はまだ十分に研究されておらず，発表文献も見当たらない．本節では，第7章で紹介するビルマルチ空調機 FastADR 電力抑制の動特性と建物熱収支から作成したモデルを使った原理的なシミュレーションで説明する．

　ここで用いる蓄電池システムの充放電モデルは，最もシンプルなものとして蓄電池システムの SOC は模擬するが，SOC の許容範囲内で系統連系インバータやその蓄電池システム制御といった秒単位以下の要素はモデル化を省いた．

　リソースアグリゲータは，配下のビルマルチ空調機の FastADR 電力抑制の結果としての各電力を $\tau_{BC}=30$ 秒周期で報告を受けるものとして，それを対象空調機台数分だけ合計集約したアグリゲーション電力 $P_A(t)$ を計算するものとした．ここで，時間 t は蓄電池制御システムの制御周期 $\tau_{BC}=30$ 秒単位の離散時間である．応答電力集約値 $P_A(t)$ と FastADR 集約指令値 $L_A(t)$ を 30 秒ごとに比較し，その追従誤差分だけ充電あるいは放電させる制御信号を蓄電池システムに指令するものとする．すなわち，リソースアグリゲータから蓄電池システムの制御器に充放電電力

6.4 ビルマルチ空調機群 FastADR の蓄電池補償

を指令するものとする．そして $P_{BAT}(t)$ をポジワットあるいはネガワットとして生成して，ビルマルチ空調機集約電力 $P_A(t)$ に符号も加味して合算する．蓄電池システムがビルマルチ空調集約電力の追従性を合わせるよう補償（Compensation）することから，ここでは仮に，この合算電力のことを補償電力 $P_{COM}(t)$ と名づける．

図 6.20 は，蓄電池補償をしない場合について，ビルマルチ空調機 100 台に対する FastADR 集約電力の応答シミュレーション例である．時刻 $t=0$ において，破線で示す FastADR 電力抑制指令 $L_A(t)$ がステップ状に発動されて，集約電力 $P_A(t)$ を 0.5 MW まで削減するよう目標値（破線）が与えられている．

それに応答して，ビルマルチ空調機群はインバータ圧縮機回転速度を最速で減速させていくが，応動遅れが生ずるのは空調機の本来の特性上避けられない．インバータ圧縮機の減速は 1 分以下と比較的短い時間で完了するので，電力抑制指令 $L_A(t)$ のステップダウンに対する追従性は 1，2 分の遅れとなろう．

また，減速完了後の抑制安定状態おいては，個々の空調機電力は不確実に変動しているかもしれないが，100 台合計してみるとならし効果のために安定した集約電力が保たれている．この例では，電力抑制状態に到達するが，破線の指令値 $L_A(t)$ =0.5 MW に対してわずかに集約電力が $P_A(t)$ =0.45 MW と下回っており，0.05 MW の「オフセット」が生じている．この場合は 100 台の空調機の消費電力応答を集約しているので，ならし効果により不確実な変動が抑制され，安定した直線状に抑制されて電力を維持している．しかし，オフセットがプラス側マイナス側どちらにどの位出るかは，空調機種や熱負荷条件やデマンドレスポンスの抑制程度により種々異なる．

わかりやすい例でいえば，FastADR 電力抑制期間中において，何台かの空調機

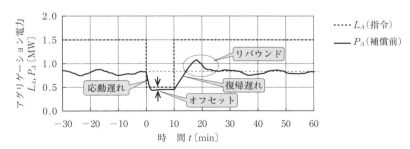

図 6.20 ビルマルチ空調群 FastADR 応答電力の系統機関から指令される需給調整信号への追従性

が FastADR 電力抑制指令に従えなくなり脱落（OptOut と呼ばれる）していくような状況では，集約電力値 $P_A(t)$ は抑制指令値 $L_A(t)$ から外れていくわけであり，いずれにしても，何らかのオフセットが生ずるのは避けられない．このシミュレーション例では，OptOut させておらず，100 台もの大量のアグリゲーション集約をさせているので，オフセット量はかなり小さく，実用上問題ないレベルになっている．

それから 10 分経過して，$t=10$ から FastADR 電力抑制指令がステップ状に解放される．ビルマルチ空調機の組込み制御が解放指令を受けて，インバータ圧縮機が加速していき消費電力が上昇していく．圧縮機の回転速度を上げて冷媒循環量を増やしていく場合は，空調機の冷媒制御の制約が増加率を抑えている．そのため，FastADR 解放指令が図 6.20 の破線のようにステップ状に解放されても実際の空調機が消費している 100 台の集約電力値は徐々にしか増加しない．この例では，5 分間かかって，$t=15$ において FastADR 直前の初期電力値まで戻している．

また，FastADR 抑制指令が解放されて初期値まで消費電力が戻ったあと，引き続きさらに増加していく現象がみられる．これは，FastADR 電力抑制期間中に，室温の温調制御上必要な冷房能力を出せない状態でいたが，FastADR 解放後は温調状態を取り戻そうとしているからである．解放後のある一定時間はむしろ空調能力を増加するようになるので，消費電力が一時的に FastADR 直前初期値より増加してしまう．これが「デマンドレスポンス後のリバウンド」と呼ばれている現象である．高速で短時間のデマンドレスポンスである FastADR のみならず，従来からの遅いデマンドレスポンスでも当然発生することはありうる．

この例では，FastADR 解放後約 15 分，$t=25$ 近傍でリバウンドも落ち着いて，集約電力 $P_A(t)$ が初期電力値に戻っているが，これは，空調機種や熱負荷条件やデマンドレスポンスの抑制程度により千差万別であるのは言うまでもない．FastADR に限らず，デマンドレスポンスの抑制時間が終了して抑制指令値を解放した直後おいて，デマンドレスポンスの初期状態より消費電力が急増するリバウンドは系統側の需給調整上受け入れがたい現象であろう．デマンドレスポンス時間が何時間とか長く遅いデマンドレスポンスであれば，デマンドレスポンス解放直後の数十分間はある程度までのリバウンドは許容されるかもしれない．しかし，仮想発電所の FastADR のように 10 分間といったデマンドレスポンス時間が短時間の場合，解放直後のリバウンドが数 10 分続くのは全く FastADR の意味がなくなってしまう．したがって，ここでは 10 分間の FastADR 解放後は，その倍の時間，20 分間はリバウンドさせないよう，FastADR 開始初期電力値にキープするよう要求

されると仮定する．

このシミュレーションでは，電力蓄電池の充放電を高速切り替え制御することで，上記の応動遅れ，オフセット，復帰遅れ，リバウンドなどによる抑制指令値との追従誤差を補償する場合も実行してみる．

6.4.2 ビルマルチ空調機群 FastADR の蓄電池による追従性補償

図 6.21 に，仮想発電所のリソースアグリゲータがビル 1 棟分のビルマルチ空調機群 FastADR 応答に対して蓄電池システムの高速充放電制御するシステムの概念図を示す．このシステム例は，仮想発電所のリソースアグリゲータは上位アグリゲーションコーディネータ（図示省略）からの全体ネガワット発電指令 $L_A(t)$ を要求されるもとする．

要求された全体ネガワット発電指令値 $L_A(t)$ をもとに，各ビルマルチ空調機当た

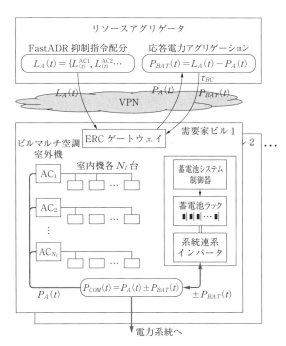

図 6.21 ビルマルチ空調機群 FastADR アグリゲーション
仮想発電における蓄電池システムによる発電指令
値に対する追従性補償制御システム

りに分配して各空調機 b1, b2, … に対して FastADR 抑制指令 $L^{b1}(t), L^{b2}(t), …$ というように分配指令する．分配された FastADR 抑制指令一式は需要家ビルの ERC ゲートウェイ装置に通信通知される．そして，ERC からローカル設備通信を介して各ビルマルチ空調機 b1, b2, … はそれぞれ電力抑制する．ERC はそれらの応答電力を制御周期 τ_{BC}＝30 秒ごとにリソースアグリゲータに通信報告するものとする．

リソースアグリゲータは，τ_{BC}＝30 秒ごとの集約応答電力 $P_A(t)$ を自らが指令した全体抑制指令値 $L_A(t)$ と比較して追従誤差を計量する．そして，それをゼロに補償するように τ_{BC}＝30 秒ごとの蓄電池充放電値 $P_{BAT}(t)$ を，需要家ビルの ERC ゲートウェイに通信通知するものとする．

このシミュレーションでは，蓄電池システムの $P_{BAT}(t)$ 出力には制御遅れも制御誤差もないものと仮定する．現実的には秒単位の遅れや数パーセント以下の誤差がありうるが，本シミュレーションではそれらは無視して検討する．

図 6.22 にビルマルチ空調機群 FastADR の集約応答電力に対する蓄電池システムによる追従誤差改善のための補償制御シミュレーション結果を示す．また，表 6.2 に本シミュレーションのパラメータ設定値を示す．また，比較して見やすいように，図 6.20 を図 6.22(a)として再度掲載してある．

図 6.22(b)は，ビルマルチ空調機群 FastADR 応答電力に対して蓄電池で追従誤差を補償した結果であり，図 6.22(a)（つまり図 6.20）と比較すれば蓄電池補償の有り無しの効果が一目瞭然と直感的に把握できる．図 6.22(c)は，蓄電池システムからの補償充放電値 $P_{BAT}(t)$ の τ_{BC}＝30 秒ごとの変化を示す．グラフ上向きが蓄電池からの放電ネガワットなので，ビルマルチ空調電力に対してマイナスとして合算され，下向きは充電なのでプラスと合算される．また，図 6.22(d)は，蓄電池の放電可能量 SOC を示している．

以下順に，蓄電池による FastADR 応答電力の補償状況を詳細に説明する．まず，図 6.22(b)において，FastADR が開始された t＝0 において抑制指令値はステップ状に変化している．補償なしの図 6.22(a)においては，ビルマルチ空調電力はインバータ圧縮機の減速速度でしか応答できないが，補償あり場合，図 6.22(b)に示すように応答電力値 $P_{COM}(t)$ はステップ状に応答できている．これは，図 6.22(c)に示すように，蓄電池システムが t＝0 において大振幅で放電してネガワット $P_{BAT}(t)$ を生成しており，これを $P_A(t)$ から減じることで，補償後の応答電力 $P_{COM}(t)$ は高速ステップダウン応答を実現できている．

次に FastADR 継続時間 T_{DR} の間，つまり，t＝0 から t＝10 までの間について述

6.4 ビルマルチ空調機群 FastADR の蓄電池補償

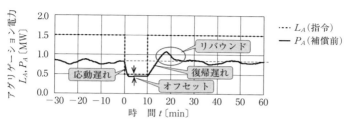
(a) ビルマルチ空調機群 FastADR（蓄電池で補償なし）

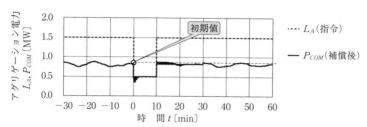
(b) ビルマルチ空調機群 FastADR を蓄電池で補償あり

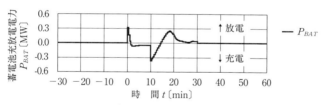
(c) 蓄電池の補償充放電電力

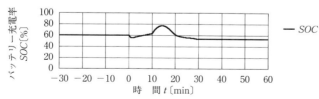
(d) 蓄電池の残容量 SOC 変化

図 6.22 ビルマルチ空調機群 FastADR の蓄電池によるネガワット発電指令値への追従補償

表6.2 ビルマルチ空調機群 FastADR の蓄電池補償シミュレーションパラメータ

項　目	値
蓄電池容量　C_{USA}	100 kWh
SOC 運用範囲　$SOC_{MIN} \sim SOC_{MAX}$	50%〜80%
蓄電池制御周期　τ_{BC}	30 s
蓄電池制御処理遅れ　τ_{BP}	0 s
ビルマルチ室外機定格冷房能力　$Q_{AC\,MAX}$	45 kW
ビルマルチ室外機台数　N_C	100 台/ビル 1 棟
ビルマルチ室内機冷房容量　C_{Pi}	8 kW
ビルマルチ室内機台数　N_I	1 室外機当たり 6 台, 600 台/ビル
FastADR 持続期間　T_{DR}	10 分
リバウンド管理期間　T_{REB}	20 分

べる．この時間中は，図 6.22(a) の補償なしの場合は，集約抑制指令値 $L_A(t)$（破線）が 0.5 MW であるのに，応答電力 $P_A(t)$（実線）はそれを下回って約 0.45 MW，つまり，約 0.05 MW 過剰にネガワットを生成している．その結果，リソースアグリゲータの視点からは制御オフセットとして観測される．一方，図 6.22(b) の補償ありの場合の $P_{COM}(t)$（実線）は，FastADR 時間中は完全に破線の指令値 $L_A(t)$ と一致しておりネガワット生成誤差は解消されている．

またFastADR 回復期間，つまり，$t=10$ 以降，応答電力が初期値に戻るまでであるが，図 6.20 の補償なしの場合，ビルマルチ空調機のインバータ圧縮機の加速が遅いため応答電力 $P_A(t)$ が初期値に戻るまでに約 5 分程度を要している．その間は，リソースアグリゲータからはステップ状にネガワット生成を停止するよう指令したのにもかかわらす，まだネガワットを生成していることになる．一方，補償ありの場合，図 6.22(a) で示すように $t=10$ のステップ状解放指令に対して，完全に追従できている．これは，図 6.22(b) で示したように，リソースアグリゲータがその誤差を通信報告されて，蓄電池に充電指令を出して応答電力に消費電力を上乗せする制御指令を出したからである．

最後に，FastADR 解放直後のリバウンド期間について注目して見る．ここでは，デマンドレスポンス解放後のリバウンド管理時間 T_{RP} はデマンドレスポンス継続時間 T_{DR}（この場合 10 分間）の 2 倍の 20 分間とする．つまり，図 6.22(a) と (b) において，$t=10$ から $t=30$ まで時間は応答電力 $P_A(t)$ を FastADR 開始初期値（細い破線）に保持するよう要求されるものと仮定した．

6.4 ビルマルチ空調機群 FastADR の蓄電池補償

図 6.22(a)に示すように，補償なしの場合は，応答電力 $P_A(t)$ は FastADR 解放後，リバウンド管理時間にもかかわらず，$t=15$ から $t=25$ にかけて約 10 分間は，FastADR 開始初期値である約 0.8 MW より増大している，つまり，リバウンドが発生している．一方，図 6.22(b)に示すように，補償ありの場合は，リバウンド管理時間の間は正確に初期電力値に保持されている．これは，リソースアグリゲータが制御周期 $\tau_{BC}=30$ 秒ごとに，ERC ゲートウェイから通知される集約応答電力 $P_A(t)$ をモニターしていて，指令値 $L_A(t)$ との誤差分を計算してそれを補償するように，蓄電池システムに充放電指令を出して $P_{BAT}(t)$ を生成して $P_A(t)$ と合成することで，補償後応答電力 $P_{COM}(t)$ を初期値に保持させているからである．

このように，蓄電池システムを 1 回の FastADR に対して充放電することで，場合によっては最初の SOC と終了後の SOC が異なるであろう．この例では，この一連の動作中には放電量のほうが充電量より多かったため，トータルとして SOC が低下している．これはリバウンド管理時間が終了したら，徐々に小さいレートで SOC を回復させて，次の FastADR 出動に備える必要がある．

本節では，ビルマルチ空調機群の FastADR アグリゲーションにおける，ネガワット発電指令値に対する追従性を蓄電池により補償するシミュレーションを行った．このシミュレーション例は一例であり，実際はビルマルチ空調機の電力消費特性や空調室温条件や，蓄電池システムの制御方式，制御周期などにより大きく異なるのは言うまでもない．

しかし，これからは仮想発電所に対して即応応動性やネガワット出力精度やネガワット発電終了後のリバウンド抑制などの，要求性能が上がってくると思われるので，今後，本格的な研究が必要であろう．

第 7 章

仮想発電所の性能

第2部 構築技術編

7.1 ビルマルチ空調電力の制御モデル

7.1.1 ビルマルチ空調の消費電力

ビルマルチ空調の消費電力は冷媒圧縮機が9割を占める．よって本節では，冷媒圧縮機の消費電力を冷凍サイクルの原理に基づいてモデル化する．

図7.1にビルマルチ空調の冷媒回路を示す．冷媒回路にはR410AやR32などの冷媒（フロン）が充填されている．冷房運転の場合，冷媒が冷媒回路を循環する過程において，室内熱交換器で室内の熱を吸収し，室外熱交換器で室外に熱を排出する．この仕組みを実現しているのが冷凍サイクル[7.1], [7.2] である．

このとき，マイコンが冷凍サイクルを適正に維持するように，冷媒の圧力・温度等を常時監視しながら適切な圧縮機回転速度を随時決定している．

図7.2は**モリエル線図**といい，冷凍サイクルにおいて冷媒の温度，圧力，相（液相/湿り蒸気/気相），熱エネルギーがどのように変化するのかを表している．このモリエル線図の横軸は比エンタルピー h〔kJ/kg〕であり，縦軸は圧力 p〔kPa〕である．比エンタルピーとは単位質量当たり冷媒が含有する熱エネルギーであり，次式で表される．

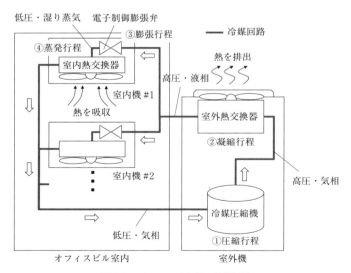

図7.1　ビルマルチ空調の冷媒回路

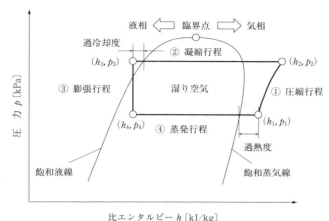

図 7.2 モリエル線図と冷凍サイクル

$$h = u + pv \tag{7・1}$$

ここで，u は比内部エネルギー〔kJ〕，p は圧力〔kPa〕，v は比体積〔m³/kg〕である．冷媒はモリエル線図上で次の経路（図 7.1 および図 7.2 の①〜④）をたどる．

① 圧縮行程：冷媒圧縮機の吸入側では，冷媒は低温・低圧の気体である．冷媒はコンプレッサで圧縮されて高温・高圧の気体となる．

② 凝縮行程：圧縮行程を経た高温・高圧の冷媒は，室外熱交換器を経て顕熱および潜熱を外部に排出することで相変化し，高温・高圧の液体となる．このとき，液体となった後も若干の顕熱変化を伴うが，これを**過冷却度（サブクール）**という．

③ 膨張行程：冷媒が室内機の電子制御膨張弁を通過することで，高温・高圧の液体から低温・低圧の湿り空気（液体と気体が混合した状態）となる．室内機のマイコンは，後述の蒸発行程で冷媒が蒸発しきるように，冷媒温度を監視しながら電子制御膨張弁の開度を調整する．

④ 蒸発行程：実際に冷却を行う行程である．室内熱交換器を冷媒が通過すると，蒸発潜熱を奪って低温・低圧の気体となり，周囲の空気を下げる．冷媒は気体となった後も低温であるため，若干の顕熱変化を伴う．これを**過熱度（スーパーヒート）**という．

図 7.2 のように，冷媒圧縮機は単に冷媒を循環させるのみならず，冷媒を低温・低圧の気体から高温・高圧の気体に圧縮する役割を担う．

この冷媒圧縮機が単位冷媒質量当たりになす仕事の大きさは，モリエル線図上での圧縮行程エンタルピー変化 $\Delta h_{12}=h_2-h_1$〔kJ/kg〕に等しい．したがって，圧縮行程の所要動力 W〔kW〕は冷媒循環量を G〔kg/s〕とすれば次式となる．

$$W=\Delta h_{12}G \tag{7・2}$$

さらに，圧縮行程エンタルピー変化 Δh_{12}〔kJ/kg〕は，圧縮行程が外界と熱の出入りがない断熱圧縮とし，また冷媒が理想気体であると仮定すると次式が成立する．

$$pv^{\kappa}=p_1v_1^{\kappa}=p_2v_2^{\kappa}=const \tag{7・3}$$

上記はポアソンの法則である．ここで，p_1 は圧縮機の吸込圧力〔kPa〕，p_2 は圧縮機の吐出圧力〔kPa〕，v_1 は吸入比体積〔m³〕，v_2 は吐出比体積〔m³〕である．κ は冷媒比熱比であり，定圧比熱 C_p〔kJ kg^{-1} K^{-1}〕と定積比熱 C_v〔kJ kg^{-1} K^{-1}〕の比 C_p/C_v である．

さて，密閉された気体に仕事を加えて，圧力・体積が p_1，v_1 から p_2，v_2 に変化するとき，仕事の大きさは図 7.3 に示す p–v 線図上での面積となり，式(7・3)のポアソンの法則を用いて次式となる．

$$\Delta h_{12}=\int_{v_2}^{v_1} p\,dv=p_1\,v_1^{\kappa}\int_{v_2}^{v_1}\frac{1}{v^{\kappa}}\,dv=\frac{p_1v_1^{\kappa}}{\kappa-1}\left(\left(\frac{v_1}{v_2}\right)^{\kappa-1}-1\right) \tag{7・4}$$

さらに，理想気体の状態方程式は，気体定数 R〔kJK^{-1} mol^{-1}〕と温度 T〔K〕を用いて，以下のように表される．

$$pv=RT \tag{7・5}$$

したがって，式(7・3)と式(7・5)より，次式が成立する．

$$Tv^{\kappa-1}=T_1v_1^{\kappa-1}=T_2v_2^{\kappa-1}=const \tag{7・6}$$

$$\frac{T}{p^{\frac{\kappa-1}{\kappa}}}=\frac{T_1}{p_1^{\frac{\kappa-1}{\kappa}}}=\frac{T_2}{p_2^{\frac{\kappa-1}{\kappa}}}=const \tag{7・7}$$

式(7・6)と式(7・7)より，式(7・4)は次式となる．

$$\Delta h_{12}=\frac{p_1v_1^{\kappa}}{\kappa-1}\left(\left(\frac{p_2}{p_1}\right)^{\frac{\kappa-1}{\kappa}}-1\right) \tag{7・8}$$

以上が単位冷媒循環量当たりの圧縮機の所要動力に相当するエンタルピー差である．

実際は，圧縮行程の過程で熱の出入りが生ずるため，ポアソンの法則に類似した次式を用いる．

$$pv^n=p_1v_1^n=p_2v_2^n=const \tag{7・9}$$

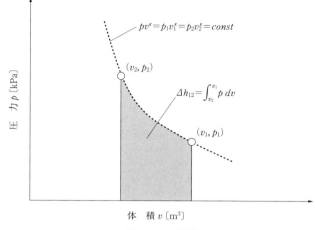

図 7.3 p-v 線図

　式(7·9)による圧縮行程を**ポリトロープ圧縮**といい，n をポリトロープ指数という．

　なお，$n=1$ は等温変化，$n=\kappa$ は断熱変化，ポリトロープ圧縮は $1<n<\kappa$ である．

　つまり，圧縮行程をポリトロープ圧縮とする場合は，式(7·4)において κ を n として計算する．

　続いて，冷媒循環量 G [kg/s] は次式で求まる．

$$G = \frac{\eta_v v_{CMP} N}{v_1} \tag{7·10}$$

ここで，η_v は圧縮機の体積効率（0.0〜1.0），v_{CMP} は圧縮機の押しのけ量 [m³/rev]，N は圧縮機の回転速度 [rps] である．さらに，圧縮機の消費電力 P [kW] は，モータ効率を η_M（0.0〜1.0）とすると

$$P = \frac{W}{\eta_M} \tag{7·11}$$

となる．以上により，ビルマルチ空調機の消費電力の大半を占める冷媒圧縮機の消費電力を所要動力物理モデルに基づいて導出した．

　次に，室内熱交換器が合計で発揮する空調能力 Q_{AC} [kW] を導出する．Q_{AC} [kW] は，蒸発行程エンタルピー変化 $h_{41} = h_1 - h_4$ に冷媒循環量 G [kg/s] を乗ずることにより以下のように求められる．

$$Q_{AC} = \Delta h_{41} G \tag{7・12}$$

また，次式を**成績係数**（Coefficient of Performance：**COP**）η_{COP} といい，空調の
エネルギー効率を表す．

$$\eta_{COP} = \frac{Q_{AC}}{P} \tag{7・13}$$

個々の室内熱交換器の空調能力 Q_{ACi}〔kW〕は，全室内機合計の空調能力 Q_{AC}
〔kW〕を室内機の定格容量 C_{Pi}〔kW〕の大きさに応じて比例配分して算出する．

$$Q_{ACi} = \frac{S_{THi} C_{Pi}}{\displaystyle\sum_{i=1}^{N_I} (S_{THi} C_{Pi})} Q_{AC} \tag{7・14}$$

S_{THi} はサーモオン/オフ状態（0 または 1），N_I は室内機台数である．サーモオン/
オフとは設定室温と計測室温の差分によって当該室内機の空調オン・オフを切り替
える制御であり，次節にて解説する．

本節で述べるビルマルチ空調モデルは，サーモオン室内機の合計容量を目標空調
能力 Q_{AC}^*〔kW〕とし，その空調能力を満たす冷媒循環量 G^*〔kg/s〕を冷媒回路に
流すように冷媒圧縮機が加減速する．このとき，冷媒圧縮機の目標消費電力 P^*
〔kW〕は以下のように求まる．

$$Q_{AC}^* = \sum_{i=1}^{N_I} (S_{THi} C_{Pi}) \tag{7・15}$$

$$G^* = \frac{Q_{AC}^*}{\Delta h_{41}} \tag{7・16}$$

$$P^* = \frac{\Delta h_{12} G^*}{\eta_M} \tag{7・17}$$

7.1.2　ビルマルチ空調の制御モデル

本項では，ビルマルチ空調の電力制限指令に対する空調電力と室温の動特性物理
モデル[7.3], [7.4] を，以下に示す差分方程式によってモデル化する．

$$\begin{cases} P(t+\Delta t) = P(t) + \Delta P(t)\,\Delta t & (7・18) \\[2mm] \Delta P(t) = S_{OV}^{PL} D_{DWN} + (1 - S_{OV}^{PL})\{S_{OV}^{TH} D_{DWN} + (1 - S_{OV}^{TH}) S_{FR}^{PL} S_{FR}^{TH} D_{UP}\} & (7・19) \\[2mm] T_{Ai}(t+\Delta t) = T_{Ai}(t) + \Delta T_{Ai}(t)\,\Delta t & (7・20) \\[2mm] \Delta T_{Ai}(t) = \frac{1}{C_{Hi}} (Q_{Li}(t) - Q_{ACi}(t)) & (7・21) \end{cases}$$

ここで，t は離散時間〔s〕であり，モデルはサンプリング幅 Δt〔s〕で動作する．

$P(t)$ は消費電力〔kW〕，$\Delta P(t)$ は消費電力の変化率〔kW/s〕，$T_{Ai}(t)$ は室内機 i の計測室温〔℃〕，$\Delta T_{Ai}(t)$ は室温の変化率〔℃/Δt〕である．

まず，消費電力の差分方程式について述べる．このモデルは，電力抑制指令値 $L(t)$ および温調所要電力 $P^*(t)$〔kW〕に従って，消費電力 $P(t)$ を変化させる．目標所要電力 $P^*(t)$ とは，電力抑制指令値 $L(t)$ を解放（$L(t)=\infty$）したときに，空調機が消費する電力の目標値であり，その計算方法は次項で述べる．

式(7·19)において，D_{UP} は電力上昇率〔kW/s〕，D_{DWN} は電力下降率〔kW/s〕である．S_{OV}^{PL}，S_{FR}^{PL} は電力抑制指令値 $L(t)$〔kW〕と消費電力 $P(t)$ の関係を表す制御ステータスであり，表7.1に示す条件により2値（0または1）をとる．表中の k_L は電力抑制指令値に対する消費電力の追従係数である．S_{OV}^{TH}，S_{FR}^{TH} は目標所要電力 $P^*(t)$ と消費電力 $P(t)$ の関係を表すモデル制御ステータスであり，表7.2のように変化する．

図7.4に消費電力の動作とモデル制御ステータスの関係を示す．図7.4において，モデルは①〜④のように遷移する．まず，①現在の消費電力が電力抑制指令値 $L(t)$ を上回る場合，電力抑制指令値 $L(t)$ まで下降する．②電力抑制指令値 $L(t)$ を上昇させると，消費電力 $P(t)$ は電力抑制指令値 $L(t)$ に追従して上昇する．③電力抑制指令値 $L(t)$ が目標所要電力 $P^*(t)$ を上回る場合，消費電力 $P(t)$ は目標所要電力 $P^*(t)$ まで上昇する．④目標所要電力 $P^*(t)$ が下降した場合，消費電力 $P(t)$ は目標所要電力 $P^*(t)$ まで下降する．なお，$P(t)$ は定格消費電力 P_{MAX}〔kW〕を上限，最低消費電力 P_{MIN}〔kW〕を下限として遷移する．

次に，室温の差分方程式について述べる．室温 $T_{Ai}(t)$ の差分方程式は室内機 i ごとに独立して存在する．すなわち，室内機ごとに異なる室温動特性を模擬する．

表7.1 電力抑制指令値 $L(t)$ に関するモデル制御ステータス

条件 / 制御ステータス	$P(t)>k_LL(t)$	$P(t)=k_LL(t)$	$P(t)<k_LL(t)$
S_{OV}^{PL}	1	0	0
S_{FR}^{PL}	0	0	1

表7.2 目標所要電力 $P^*(t)$ に関するモデル制御ステータス

条件 / 制御ステータス	$P(t)>P^*(t)$	$P(t)=P^*(t)$	$P(t)<P^*(t)$
S_{OV}^{TH}	1	0	0
S_{FR}^{TH}	0	0	1

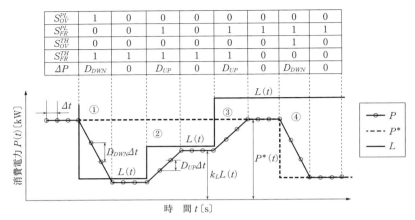

図7.4 消費電力と制御ステータスの関係

式(7·21)において，C_{Hi}は熱容量〔kJ/℃〕，$Q_{Li}(t)$は熱負荷〔kW〕，$Q_{ACi}(t)$は室内機の空調能力〔kW〕である．

室内機の空調能力$Q_{ACi}(t)$は，室外機が発揮する空調能力$Q_{AC}(t)$〔kW〕を次式により室内機に分配される．

$$Q_{AC}(t) = \eta_{COP} P(t) \tag{7·22}$$

$$Q_{ACi} = \frac{S_{THi} C_{Pi}}{\sum_{i=1}^{N_I}(S_{THi} C_{Pi})} Q_{AC} \tag{7·23}$$

ここで，η_{COP}は成績係数（COP：Coefficient Of Performance）といい，消費電力1kW当たりの空調能力〔kW〕を表す．S_{THi}はサーモオン/オフ状態ステータス（0または1），C_{Pi}は室内機の定格容量〔kW〕，N_Iは室内機台数である．

サーモオン/オフとは設定室温T_{Si}と計測室温$T_{Ai}(t)$の差分により当該室内機の空調オン・オフを切り替える制御である．図7.5に示すように，室内機の計測室温$T_{Ai}(t)$が$T_{Si} - \Delta T_{TH\_OFF}$に到達したときサーモオフ（$S_{THi}=0$）し，当該室内機の空調が停止する．室温が上昇して$T_{SETi} + \Delta T_{TH\_OFF}$に到達したときサーモオン（$S_{THi}=1$）して，空調を再開する．ここで，$\Delta T_{TH\_ON}$，$\Delta T_{TH\_OFF}$はヒステリシス幅〔℃〕であり，図7.6のように$S_{THi}$の状態を矢印の方向にのみ遷移させ，サーモオン/オフが頻発することを防ぐ．

図7.7を例に，室内機に分配される冷房能力について解説する．図では，6台の

7.1 ビルマルチ空調電力の制御モデル

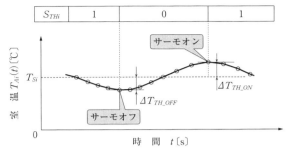

図 7.5 サーモオン/オフ状態

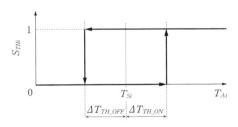

図 7.6 サーモオン/オフ状態のヒステリシス

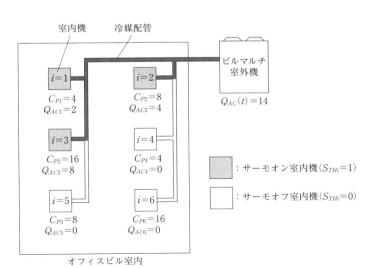

図 7.7 室内機に分配される冷房能力のモデル化

室内機が室外機に接続されている．いま，6台中3台の室内機がサーモオンのとき，室外機が発揮する冷房能力は3台の室内機に分配される．サーモオフしている残りの3台には冷媒が流れ込まず，冷房能力は分配されないとモデル化する．

サーモオン室内機には室内機定格容量の比率で室外機の冷房能力が分配されるとモデル化する．図7.7の場合，室外機の冷房能力は$Q_{AC}(t)=14\,\mathrm{kW}$，室内機定格容量の比率は$C_{P1}:C_{P2}:C_{P3}=4\,\mathrm{kW}:8\,\mathrm{kW}:16\,\mathrm{kW}=1:2:4$である．よって，室内機冷房能力は$Q_{AC1}:Q_{AC2}:Q_{AC3}=1:2:4=2\,\mathrm{kW}:4\,\mathrm{kW}:8\,\mathrm{kW}$に分配されるとする．

このように，ビルマルチ空調機の電力制限指令$L(t)$に対する，空調電力$P(t)$の変化および，それに伴う各空調機への能力変化，各室温$T_{Ai}(t)$の変化，そして各設定温度に対するサーモオン/オフ動作を模擬するビルマルチ空調機の物理モデルが得られる．

7.2　オフィスビルの熱負荷シミュレーションモデル

7.2.1　日射の熱負荷モデル

前節では，ビルマルチ空調機側の物理モデルを示したが，本節では空調対象建物側の熱負荷の物理モデルを示す．オフィスビルの壁面や天井は日射により加熱され，室内の熱負荷となる．日射による外壁加熱を，あたかも外気温が上昇したかのように表した温度を相当外気温度SAT[7.5]といい，以下に示す手順により求める．まず，外表面において単位面積当たりに伝達される熱q〔kW/m²〕は次式のとおりである[7.5]．

$$q = aI_W + \alpha_O(T_{OUT} - T_{WALL}) \tag{7・24}$$

ここで，aは日射吸収率（$0.0 \sim 1.0$），I_Wは壁体に照射される日射〔kW/m²〕，α_Oは外表面熱伝達率〔kW/(m²·℃)〕，T_{WALL}は外壁の温度〔℃〕である．この式をα_Oでくくると，以下となる．

$$q = \alpha_O\left\{\left(\frac{a}{\alpha_O}I_W + T_{OUT}\right) - T_{WALL}\right\} \tag{7・25}$$

さらに，上式のうち，日射と外気温度に関する項をまとめてSATとする．

$$SAT = \frac{a}{\alpha_O}I_W + T_{OUT} \tag{7・26}$$

このとき，外壁の熱容量による熱の伝達遅れを考慮しない場合，外表面が受ける

7.2 オフィスビルの熱負荷シミュレーションモデル

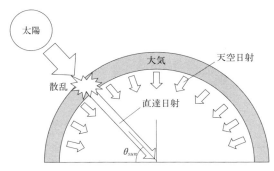

図 7.8 直達日射と天空日射

熱と室内に伝達される熱の間には，次式の関係が成立する．

$$q = \alpha_O(SAT - T_{WALL}) = K_W(SAT - T_{AIR}(t)) \tag{7・27}$$

ここで，K_W は壁体の熱貫流率〔kW/(m²·℃)〕である．

また，外壁面に到達する日射 I_W は，地平面での日射である**全天日射** I_h〔kW/m²〕をもとにして算出する．全天日射 I_h は，図7.8に示すように太陽からの指向性の強い日射である直達日射 I_s〔kW/m²〕と，大気中に散乱して空全体から到達する天空日射 I_v〔kW/m²〕の和によって構成される[7.6]．

$$I_h = I_s \sin\theta_{sun} + I_v \tag{7・28}$$

ここで，θ_{sun}〔deg〕は太陽高度と呼ばれ，当該建物地点の緯度，時刻によって決まる角度である．ある時刻のおおよその直達日射 I_s および天空日射 I_v は気象庁ホームページ[7.6]において公開されている近隣地点の日射データを用いることができる．気象庁から提供される日射データは特定の観測地点を除いて全天日射 I_h のみであり，直達日射 I_s と天空日射 I_v の割合は不明である．そこで，**直散分離**という手法で直達日射 I_s と天空日射 I_v を分離して計算を行う[7.7]．

直達日射の表現には，以下の**ブーゲの式**という理論式がよく知られている．ブーゲの式は，大気中における太陽光の波長によって異なる減衰率を，一括して大気透過率としてまとめている．また，地表上での影や天候の影響は含まれない．

$$I_s = I_O' \varepsilon_{AIR}{}^m \tag{7・29}$$

$$I_O' = \frac{I_O}{r^2} \tag{7・30}$$

$$m = \frac{1}{\sin\theta_{sun}} \quad (曲率を無視)$$

$$= \sqrt{(797 \sin \theta_{sun})^2 + 1595} - 797 \sin \theta_{sun} \quad (曲率を考慮) \tag{7・31}$$

ここで，I_0 は太陽定数（$1.37\,\mathrm{kW/m^2}$），ε_{AIR} は大気透過率（$0.0 \sim 1.0$），r は太陽動径〔無次元量〕である．m はエアマス（大気質量〔無次元量〕）といい，日射の散乱・吸収に関与する大気質量を，日射が大気層を垂直に透過する場合を 1 とした場合の相対値である[7.6]．一般的には大気質量 m は地球の曲率を無視した式を用いて計算する．

なお，ε_{AIR} は大気の汚れ具合や湿度によるが，わが国の代表地点（東京都清瀬市）におけるおおよその全天日射量は，以下に示す**木村・滝沢らの式**[7.5]により知ることができる．

$$\begin{cases} 7\,月：\varepsilon_{AIR} = 0.670 + 0.0040(\tau - 12)^2 & (7・32) \\ 10\,月：\varepsilon_{AIR} = 0.740 + 0.0045(\tau - 12)^2 & (7・33) \end{cases}$$

ここで，τ は 24 時間時刻〔h〕である．

天空日射量に関しては，以下の**ベルラーゲの式**により表されることが多いが，この式を用いて計算することが可能なのは晴天時のみである．曇天時や雨天時に関しては別の関係式を用いて計算を行う必要がある．

$$I_v = 0.5 \sin \theta_{sun} I_0' \frac{1 - \varepsilon_{AIR}{}^m}{1 - 1.4 \ln \varepsilon_{AIR}} \tag{7・34}$$

直散分離は式(7・34)の左辺に観測値を代入し，右辺は大気透過率 ε_{AIR} をさまざまに変えて，式(7・32)および式(7・33)により算出し，収束計算を行う．こうして求められた解を各式に代入することで直達日射 I_s と天空日射 I_v を算出することができる，なお，気象庁において公開されている日射データは，前 1 時間の積算全天日射量 J_h〔$\mathrm{MJ/m^2}$〕であるので，次式により単位を〔$\mathrm{kW/m^2}$〕に変換する．

$$I_h = \frac{J_h \cdot 10^3}{3600} \tag{7・35}$$

全天日射量 I_h は地平面に照射される日射量であるので，図 7.9 に示すように実際の建築物の垂直面に照射される日射 I_W〔$\mathrm{kW/m^2}$〕は日時や建築物の方角などによって異なり，以下のように表される．

$$I_W = I_s \cos \theta_{sun} \cos(\varphi_{sun} - \varphi_{WALL}) + \frac{I_v}{2} \tag{7・36}$$

ここで，φ_{sun} は太陽方位角〔deg〕，φ_{WALL} は建築物壁面方位角〔deg〕である．方位角は南向きを 0 として東回りを負〔$-$〕，西回りを正〔$+$〕として数値を代入する．また，太陽高度 θ_{sun} および太陽方位角 φ_{sun} は図 7.9 に示す関係があり，表 7.3 の

7.2 オフィスビルの熱負荷シミュレーションモデル

各パラメータを用いて以下の式から求められる[(7.7), (7.8)].

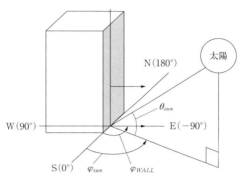

図 7.9 太陽高度と太陽方位

表 7.3 日射計算のためのパラメータ一覧

記号	単位	意味
γ	deg	建築物の緯度
δ	deg	太陽の視赤緯（太陽の赤道からの見かけ上の高さ）
t	deg	時角（子午線を基準に地球の赤道面と天球の交線沿いに東から西まで測った角距離）
τ	deg	真近点離角（あるときにおいて地球が太陽に最も接近する位置から公転方向に今の位置まで測った角度）
μ	deg	地球が公転軌道上で太陽に最も接近する位置と地球の北半球が冬至における位置との角度
δ_w	deg	北半球の冬至における日赤緯（≒23.44）
T	hour	計算対象の標準時
ε	deg	建築物の経度
E_t	min	均時差（天球上を定速で動くと考えた平均太陽と，視太陽との移動の差）
M	deg	地球が公転軌道上を同一角速度で動くと仮定した場合に地球が最接近する日から今の位置までの角度
T_{orbit}	day	地球が太陽に最接近する日を基準とした公転周期日数（365.2596）
D	day	1月1日を$D=1$とした計算対象日の年間通し日
Y	year	対象日の西暦年数

$$\begin{cases}
\theta_{sun} = \arcsin(\sin\gamma\sin\delta + \cos\gamma\cos\delta\cos t) \\[4pt]
\varphi_{sun} = \arccos\left(\dfrac{\sin\theta_{sun}\sin\gamma - \sin\delta}{\cos\theta_{sun}\cdot\cos\gamma}\right) \\[4pt]
\delta = \arcsin(\cos(\tau+\mu)\sin(\delta_w)) \\[4pt]
t = 15(T-12) + (\varepsilon - 135) + E_t \\[4pt]
\tau = M + 1.914\sin M + 0.02\sin 2M \\[4pt]
\mu = 12.3901 + 0.0172\left(n + \dfrac{M}{360}\right) \\[4pt]
E_t = E_{t1} - E_{t2} \\[4pt]
E_{t1} = M - \tau \\[4pt]
E_{t2} = \arctan\left(\dfrac{0.043\sin 2(\tau+\mu)}{1 - 0.043\cos 2(\tau+\mu)}\right) \\[4pt]
M = 360\,\dfrac{D-d_0}{T_{orbit}}\quad C_{Hi}\dfrac{dT_{AIRi}(t)}{dt} = Q_{Li}(t) - Q_{ACi}(t) \\[4pt]
d_0 = 3.71 + 0.2596n - INT\left[\dfrac{n+3}{4}\right] \\[4pt]
n = Y - 1968
\end{cases}$$

7.2.2 架空標準オフィスビルの熱負荷モデル

式 (7・21) で示したとおり，一般に部屋の熱容量 C_{Hi} 〔kJ/℃〕，部屋の熱負荷 $Q_{Li}(t)$ 〔kW〕，空調能力 $Q_{ACi}(t)$ 〔kW〕，および室温 $T_{AIRi}(t)$ 〔℃〕の間には，以下の熱収支関係が成立する．

$$C_{Hi}\frac{T_{Ai}(t)}{dt} = Q_{Li}(t) - Q_{ACi}(t) \tag{7・37}$$

すなわち，熱容量 C_{Hi} が相対的に大きい部屋では室温はゆるやかに応答し，小さい部屋では速やかに応答する．熱負荷 $Q_{Li}(t)$ が大きい部屋では，サーモオフ時（$Q_{ACi}(t)=0$）に室温が速やかに上昇し，$Q_{Li}(t)$ が小さい部屋では室温がゆるやかに上昇する．このように，室温の動特性は熱容量 C_{Hi} および熱負荷 $Q_{Li}(t)$ に依存して変化するため，これらを妥当に見積もる必要がある．

本項では，図 7.10 に示す架空のオフィスビルの室内機 1 台が担当する区画を，その区画における建築熱収支モデルを構築して C_{Hi} および $Q_{Li}(t)$ を明らかにする．$Q_{Li}(t)$ は，次式より構成されるものとする．

$$Q_{Li}(t) = Q_O(t) + Q_R(t) + Q_I(t) \tag{7・38}$$

7.2 オフィスビルの熱負荷シミュレーションモデル

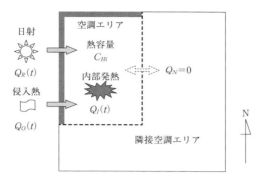

図 7.10 熱収支計算のための架空オフィスビル

ここで，$Q_O(t)$ は外壁・床・天井からの侵入熱負荷〔kW〕，$Q_R(t)$ は窓ガラスを透過する日射による負荷〔kW〕，$Q_I(t)$ は内部発熱負荷〔kW〕である．また，隣接する区画は空調されているものとし，区画内の熱の出入り Q_N はないものとする．

〔1〕 室内機空調区画の熱容量の算出

はじめに，各室内機の空調対象区画の熱容量 C_{Hi} を求める．空調機において冷房を稼働させた際は，部屋の空気だけでなく室内の壁や天井等の対象を同時に冷却している．そこで本書では，部屋の空気，床，外壁，窓ガラス，天井，および，間仕切りの熱容量を合計したものを，その区画の熱容量として用いる．

また，この架空オフィスビルは例として図 7.11 に示す部材から構成されているものとする．部屋の寸法は，縦 L_C〔m〕，横 S_C〔m〕，天井までの高さ H_C〔m〕とする．部屋の西側は外壁と窓ガラスから構成されており，北側は外壁のみ，南側は間仕切りと仮定した．

このとき，床の表面積 A_R〔m^2〕は，以下となる．

$$A_R = L_C \cdot S_C \tag{7・39}$$

次に，窓ガラスの面積 A_G〔m^2〕は，窓ガラスの高さを H_G〔m〕とすれば，以下となる．

$$A_G = L_C \cdot H_G \tag{7・40}$$

外壁は北側と西側に設置されており，その面積 A_W〔m^2〕は，以下となる．

$$A_W = L_C \cdot (H_C - H_G) + S_C \cdot H_C \tag{7・41}$$

同様に，間仕切りの面積 A_P〔m^2〕は，以下となる．

$$A_P = S_C \cdot H_C \tag{7・42}$$

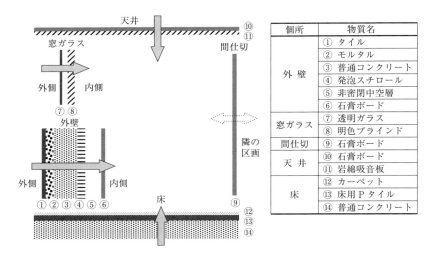

図7.11 架空オフィスビル建築部材の例

表7.4 オフィスビル建築材料の熱定数

物質名	記号	容積比熱 [kJ/m³·℃]
石膏ボード	C_{PO}	1000
透明ガラス	C_{PG}	1900
岩綿吸音板	C_{PC}	26.0
空気	C_{PA}	1.3
カーペット	C_{PF1}	320
床用Pタイル	C_{PF2}	16.00

また, 空気 C_A, 床 C_{NF}, 外壁 C_{OW}, 窓ガラス C_{WG}, 天井 C_{NC}, 間仕切 C_{PW} の各熱容量 [kJ/℃] は, 空気と壁の境界から厚さ H_T [m] までの建築部材を対象熱容量とすると, 表7.4に示す材料の熱定数を用いて, 以下のように表される.

$$C_A = C_{PA} \cdot A_R \cdot H_C \tag{7・43}$$

$$C_{NF} = C_{PF1} \cdot A_R \cdot H_{TC} + C_{PF2} \cdot A_R \cdot (H_T - H_{TC}) \tag{7・44}$$

$$C_{OW} = C_{PO} \cdot A_W \cdot H_T \tag{7・45}$$

$$C_{WG} = C_{PG} \cdot A_G \cdot H_T \tag{7・46}$$

$$C_{NC} = C_{PC} \cdot A_R \cdot H_T \tag{7・47}$$

$$C_{PW} = C_{PO} \cdot A_P \cdot H_T \tag{7・48}$$

H_{TC} はカーペットの厚さ〔m〕である．したがって，空調対象となる合計熱容量 C_{Hi} は，以下となる．

$$C_{Hi} = C_A + C_{NF} + C_{OW} + C_{WG} + C_{NC} + C_{PW} \tag{7・49}$$

〔2〕 **外部侵入熱負荷の算出** Q_O

部屋の外部からの侵入熱は次式により算出する．

$$Q_O(t) = Q_{OW}(t) + Q_{OC}(t) + Q_{OF}(t) + Q_{OG}(t) \tag{7・50}$$

ここで，$Q_{OW}(t)$ は外壁からの侵入熱〔kW〕，$Q_{OC}(t)$ は天井からの侵入熱〔kW〕，$Q_{OF}(t)$ は床面からの侵入熱〔kW〕，$Q_{OG}(t)$ は窓ガラスからの侵入熱〔kW〕である．

このとき，外壁からの侵入熱は外気温のみならず日射の影響を考慮する．日射は表面で吸収され，壁体を伝わって熱負荷となる．このような日射の影響を等価な温度に換算し，外気温度があたかも上昇したかのように表した温度を**相当外気温度** SAT（Sol Air Temperature）〔℃〕という[7.5]．

さらに，外壁からの侵入熱は壁体の熱容量により，時間遅れを伴って室内の熱負荷となるので，次式の実効温度差 ETD（Equivalent Temperature Difference）〔℃〕を用いる．

$$ETD(t) = \frac{\sum_{n=0}^{23} \varphi_n \cdot SAT_{h-n}}{K_W} - T_{AIRi}(t) \tag{7・51}$$

ここで，h は現在時刻（0〜23）〔h〕，φ_n は外壁の貫流熱応答係数〔W/(m²·℃)〕，K_W は熱貫流率〔W/(m²·℃)〕であり，以下の関係がある．

$$K_W = \sum_{n=0}^{23} \varphi_n \tag{7・52}$$

以上により，貫流熱負荷 $Q_{OW}(t)$〔kW〕は次式で求まる．

$$Q_{OW}(t) = K_W A_W ETD(t) \tag{7・53}$$

$$K_W = \frac{1}{\dfrac{1}{a_O} + \sum_{e=1}^{N_e} \dfrac{d_e}{\lambda_e} + \dfrac{1}{a_I}} \tag{7・54}$$

ここで，a_O は外表面熱伝達率〔W/(m²·℃)〕，N_e は外壁部材の構成数，d_e は部材番号 e の厚さ〔m〕，λ_e は部材 e の熱伝導率〔W/(m·℃)〕，a_I は内表面熱伝達率〔W/(m²·℃)〕である．

なお，$ETD(t)$ は貫流熱応答係数 φ_n を用いて計算せずに，代表地点の実効温度

差表[(7.8)] を用いて，次式により算出してもよい．

$$ETD(t) = ETD_T(h) + (T_O(t) - T_{OT}(h)) - (T_{Ai}(t) - T_{AT}) \qquad (7 \cdot 55)$$

ここで，$ETD_T(h)$ は実効温度差表から取得した時刻 h における実効温度差〔℃〕，$T_O(t)$ は外気温〔℃〕，$T_{OT}(h)$ は標準外気温〔℃〕，T_{AT} は基準温度（夏季26℃，中間期24℃）である．また，$T_{OT}(h)$ は実効温度差表の「壁タイプ0」の値 $ETD_{T0}(h)$〔℃〕に T_{AT} を加算した値である．すなわち，次のように表される．

$$T_{OT}(h) = ETD_{T0}(h) + T_{AT} \qquad (7 \cdot 56)$$

以上により，壁面からの侵入熱が求まる．

さらに，最上階の場合は天井からの侵入熱 $Q_{OC}(t)$〔kW〕を考慮する必要があり，この場合は次式により計算して熱負荷に加える．

$$Q_{OC}(t) = K_C \cdot A_R \cdot ETD_C(t) \qquad (7 \cdot 57)$$

ここで，K_C は天井の熱通過率〔W/(m²·℃)〕であり，式(7·54)と同様にして求める．また，ETD_C は天井の実効温度差であり，壁面とは別に求める．

対して，地上階の場合は床からの熱負荷 Q_{NF} を加算する．床は日射の影響がないが，代わりに温度差による貫流熱負荷がある．これは次式で表す．

$$Q_{NF}(t) = K_{IW} \cdot A_R \cdot (T_O(t) - T_{Ai}(t)) \cdot f_{IW} \qquad (7 \cdot 58)$$

ここで，K_{IW} は床の熱通過率〔kW/(m²·℃)〕，f_{IW} は内外温度差係数（0.0〜1.0）である．

窓ガラスからの侵入熱負荷は次式により求める．

$$Q_{OG} = K_G \cdot A_G \cdot (T_O(t) - T_A(t)) \qquad (7 \cdot 59)$$

ここで，K_G はガラスの熱通過率〔W/(m²·℃)〕である．上式は外気温と室温の差による熱伝達と熱伝導としての侵入熱であり，日射負荷は次の〔3〕で解説するように，別に算出する．

〔3〕 日射負荷の算出

窓ガラスを透過する日射による熱負荷 Q_{OR} は以下のようにして求められる．

$$Q_{OR}(t) = \frac{1}{1\,000} (I_G(h) SC A_G) \qquad (7 \cdot 60)$$

ここで，SC はガラスの遮蔽係数（0.0〜1.0）である．$I_G(h)$ はガラス窓標準日射取得〔W/m²〕であり，ガラス窓標準日射取得表[(7.5)] より時刻 h の値を用いる．ただし，この文献の表には代表地点における夏季・晴天の場合しか記載していないので，条件が異なる場合は値を補正する必要がある．

〔4〕 内部発熱負荷の算出 Q_I

本書では一般的なオフィスビルを仮定して，人，照明，OA 機器類の発熱を内部発熱負荷 Q_I とする．

$$Q_I(t) = Q_{IH}(t) + Q_{IL}(t) + Q_{IO}(t) \tag{7・61}$$

ここで，Q_{IH} は在室人員からの発熱負荷〔kW〕，Q_{IL} は照明による熱負荷〔kW〕，Q_{IO} は OA 機器の発熱負荷〔kW〕である．

まず，在室人員からの発熱負荷 Q_{IH} について求める．人の発熱には，体温と室温との温度差による**顕熱負荷**と，発汗や呼吸による**潜熱負荷**があり，以下の式により求める[7.5]．

$$Q_{IH} = (SH + LH) \cdot N_H(t) \tag{7・62}$$

ここで，SH は人の顕熱発熱量〔kW/人〕，LH は潜熱発熱量〔kW/人〕である．$N_H(t)$ は在室人員〔人〕である．

次に，照明による熱負荷を以下の式で求める．

$$Q_{IL}(t) = \varepsilon_L E_L A_R \varphi_L(t) \tag{7・63}$$

ここで，ε_L は照明 1 kW 当たりの発熱量〔kW/kW〕，E_L は照明の電力密度〔kW/m^2〕，A_R は式(7・39)の床表面積，$\varphi_L(t)$ は照明の稼働率（0.0〜1.0）である．

OA 機器の発熱としてはパソコンの発熱 $Q_{IP}(t)$〔kW〕，および，その他発熱を伴う室内機器の発熱 $Q_{IC}(t)$〔kW〕を検討し，それぞれの熱負荷を求める．

$$Q_{IO}(t) = Q_{IP}(t) + Q_{IC}(t) \tag{7・64}$$

$$Q_{IP}(t) = q_{IP} N_{IP} \varphi_{IP}(t) \tag{7・65}$$

$$Q_{IC}(t) = q_{IC} N_{IC} \varphi_{IC}(t) \tag{7・66}$$

ここで，$Q_{IP}(t)$ はパソコンからの熱負荷〔kW〕，q_{IP} はノートパソコン 1 台当たりの発熱量〔W/台〕，N_{IP} は台数であり，$\varphi_{IP}(t)$ はパソコンの稼働率（0.0〜1.0）である．同様に，$Q_{IC}(t)$ はその他発熱を伴う室内機器の発熱〔kW〕，N_{IC} はその台数，$\varphi_{IC}(t)$ は稼働率（0.0〜1.0）である．

このように，架空のオフィスビル建物構造と建築材料と外気・日射を仮定して，ビルマルチ空調熱負荷の物理モデルを得る例を示した．

7.3 仮想発電所の電力系統シミュレーション

7.3.1 電力系統の瞬時需給解析

これまでの節では，ビルマルチ空調電力制限とその建物熱負荷のモデル化を詳し

く述べた．本節では，電力系統への仮想発電所の性能をシミュレーションする．その際，ビル数百棟，空調機数千台としないと，系統需給バランス制御に効く規模とならない．前節の詳細モデルから簡易化して数千台の空調機シミュレーションを構成させる．

本節では，電力系統の需給調整解析モデルとして，電気学会標準モデルAGC30[7.9] をベースとした．この解析モデルは，一般社団法人 電気学会が開発した需給・周波数制御シミュレーションモデルであり，太陽光発電所や仮想発電所などの導入効果をシミュレーション検討する際，ベース系統動作を標準化する目的で開発されたものである．そのシミュレーションモデル構成を図 7.12 に示す．

AGC30 の仕様表を表 7.5 に示す．Matlab/Simulink 上で AGC30 モデルは，商用大型同期発電機の負荷周波数の動特性解析理論を基本に，わが国の中央給電指令所で使用される．LFC 制御および EDC 制御のモデル，一般電力需要変動モデルその他で構成されている．なお，商用大型火力発電機は燃料の種類ごとに需給調整制御に対する応動性が異なるため，種類ごとにモデル化されている．

以下では，ビルマルチ空調 FastADR を大量にアグリゲーションして 1 つの既存発電機が加速したかのように機能させる仮想発電所の仕組みをモデル化する．図 7.13 に広域に分布した多数台のビルマルチ空調機を用いた仮想発電所の概念図を

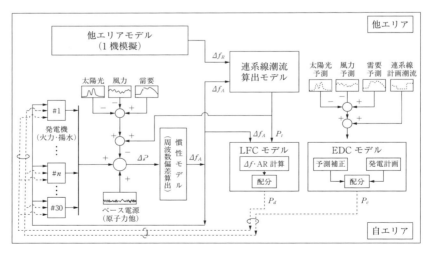

図 7.12 AGC30 モデルの構成

(電気学会技術報告第 1386 号：電力需給・周波数シミュレーションの標準解析モデル (2016)，p.23 より引用)

7.3 仮想発電所の電力系統シミュレーション

表7.5 AGC30 モデルの対象範囲
（電気学会 電力・エネルギー部門 Web ページ：電力系統の標準モデルより引用）

項 目		範 囲
解析対象時間		3時間程度
対象周波数範囲		基本周波数±0.2 Hz（異常時は含まず）
解析規模		2エリア（対象エリア30機，他エリア1機）
標情モデル	発電機	動特性モデル 火力機（汽力燃種別，コンバインドサイクル）…27機 揚水機（定速機，可変速機）…3機
	LFC	FFC，TBC の2方式を模擬 出力変化速度配分
	EDC	等λ法配分
	系統モデル	慣性モデル
	連系線モデル	同期化係数モデル
標準データ	需要	時系列データで模擬（24時間±2時間） 重負荷平日，軽負荷休日の2パターン
	分散電源出力	時系列データで模擬 太陽光発電　24時間±2時間　5パターン 風力発電　6時間±2時間　6パターン

示す．ここでは何らかの要因で系統全体の発電電力が急激に減少し，既存の需給調整火力発電機群だけでは出力増加が飽和している状況を想定した．そして，本来，需給調整対応の火力発電機に送出される中央給電指令所の発電力調整指令を仮想発電所に送るというシナリオを仮定した．

さて，中央給電指令所から仮想発電所システム全体を管理する仮想発電所アグリゲータ（アグリゲーションコーディネータ）へ火力発電機あてと同等の出力増加指令が発令されるとする．このとき，仮想発電所アグリゲータは，受信した指令を配下の設備アグリゲータ（リソースアグリゲータ）へ FastADR 制御指令 $L(t)$ として分配発令する．さらに，設備アグリゲータは配下のビル群に対し，個々のビルマルチ空調機ごとの FastADR 制限指令として分配する．

したがって，各設備アグリゲータ以下は1つのサブシステムとして機能している．そして，制御対象となるビルマルチ空調をもつ各ビルは ERC（Energy Resource Controller）と呼ばれる機器により，上位の設備アグリゲータと通信する．また，受信した指令により各空調機を制御する．本節では，各ビルにそれぞれ空調機 N_C 台，N_S 棟のビルをもつサブシステムを N_V とするシステムを想定する．

図7.14 に本節におけるビルマルチ空調群を付加した AGC30 の電力系統モデル

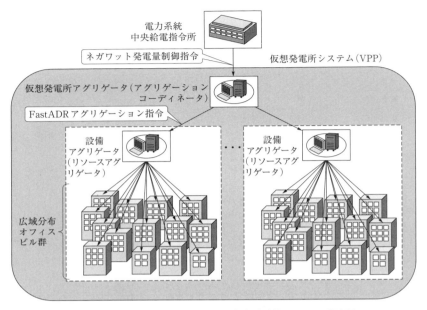

図7.13 ビルマルチ空調機群による仮想発電所システムの概念図

のブロック図を示す．系統全体規模は，四国電力や北陸電力の規模を想定して500万kW規模とした．この500万kW規模の一般需要（General Load）に対する既存発電機としては，石炭火力2基（Coal 1, 2），天然ガス火力2基（LNG 1, 2），ガスタービンコンバインドサイクル火力4基（GTCC1, 2, 3, 4），原発1基（Nuclear）という構成とした．

本節で用いる汽力プラントモデルについて述べる．汽力プラントは，プラント制御系，ボイラ系，ガバナ，タービン等の要素から構成される．構成図を図7.15に示す．汽力プラントモデルは出力指令（LFC，EDC指令）および周波数からタービン出力（発電機への機械的入力）を算出するモデルである．周波数制御では，汽力プラントの出力は出力指令の変更に対し，ボイラ系の影響により数十秒オーダーの遅れが生じる．また，比較的長い周波数変動に対して，出力は主蒸気圧力の変化や，プラント制御系による出力を指令値に一致するように制御する負荷設定制御の影響を受ける．そのため，タービン・ガバナだけでなく，図7.16に示すようにボイラ系およびプラント制御系を考慮したモデル化がされている．図7.17に汽力プラントモデルの全体ブロック図を示す．

7.3 仮想発電所の電力系統シミュレーション

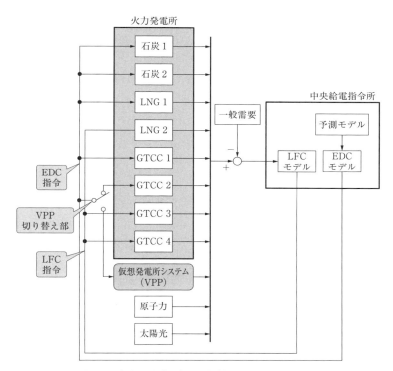

図 7.14 仮想発電所を含む電力系統モデルのブロック図

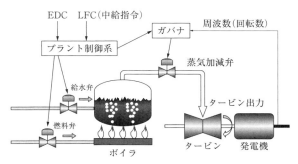

図 7.15 AGC30 汽力プラントモデルのブロック図
(電気学会技術報告第 1386 号:電力需給・周波数シミュレーションの標準解析モデル (2016), p.57 より引用)

また,一般需要(General Load)と太陽光発電所(PV)は,典型的な時間変動の時系列データモデルとして与えられる.

一般需要は，AGC30の軽負荷断面モデルとして，秋季休日を基にした系統容量が小さく発電機の並列台数が制限され，十分な周波数調整力の確保が難しい軽負荷期の需要変動の時系列データを用いた．一般需要の時系列データを図7.18のグラフに示す（この図は変動を拡大して示すため縦軸はゼロ始点でない）．

対して，太陽光発電所の出力時系列はAGC30の出力減少断面の時系列モデルを使用した．電力需要が多い時間帯11時から13時の間に太陽光発電の出力が大きく減少する場合をシミュレーション対象時間断面としたとき，総量約1 000 MWの太陽光発電所群を仮定して発電出力が一定の状態から，急激に1時間で約500 MWに減少していくとする．出力波形を図7.19のグラフに示す．

この太陽光発電出力の急変に対して，需給調整担当の火力発電所は中央給電指令所により対応すべく制御される．

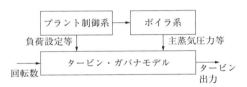

図7.16 汽力プラントモデルの概要図
（電気学会技術報告：電力需給・周波数シミュレーションの標準解析モデル（2016），p.57より引用）

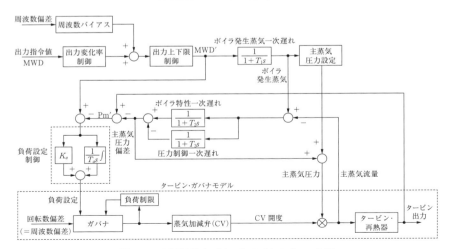

図7.17 AGC30汽力プラントモデルのブロック図
（電気学会技術報告第1386号：電力需給・周波数シミュレーションの標準解析モデル（2016），p.57より引用）

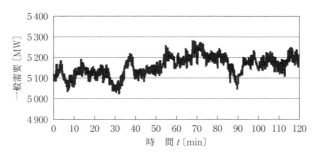

図 7.18 軽負荷断面での一般需要の時系列グラフ

つまり，中央給電指令所からは調整火力機群に対して図 7.14 に示したように LFC（Load Frequnecy Control）制御信号と，EDC（Economic Dispatch Control）信号が，それぞれ 10 秒ごと，5 分ごとに指令される．

以下では，EDC 担当火力 GTCC 2 とビルマルチ空調群仮想発電所を並列付加配置した．そして，当該火力調整出力が 150 MW で飽和するという切迫事象が発生したとして，仮想発電所システム（VPP）を並列するというシナリオをモデル化する．仮想発電所システムの中央給電指令は，本来 GTCC 2 向けであった 5 分刻みの EDC 信号を指令されるというモデルとする．

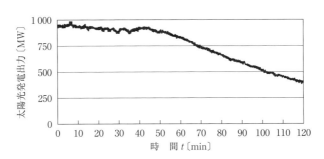

図 7.19 出力減少断面での太陽光発電出力の時系列グラフ

7.3.2 ビルマルチ空調の仮想発電所のシミュレーションモデル

ビルマルチ空調機の冷媒圧縮機インバータは定率で加減速されるため，制限指令に対する電力変化は定率増減特性をもつ．この変化率は加速と減速とで大幅に異なる非対称性がある．高速応動特性が鍵となる仮想発電所への適用可能性を評価するには，この非対称定率の増減特性をモデル化する必要がある．そこで，先行研究で

開発した非対称定率の増減特性モデル[7.10]を使用する．

FastADR 電力制限指令に対する電力と室温の応答変化を，以下の連立漸化式でモデル化されている．

$$\begin{cases} P_{s,c,a}(t+1) = P_{s,c,a}(t) + R_{s,c,a}(t) & (7\cdot67) \\ T_{As,c,a}(t+1) = T_{As,c,a}(t) - k_{ACs,c,a}P_{s,c,a}(t) \\ \qquad\qquad + k_{OAs,c,a}(T_O(t) - T_{As,c,a}(t)) + T_{AEs,c,a} & (7\cdot68) \end{cases}$$

ここで，t は離散時刻，$P_{s,c,a}(t)$ はアグリゲータ s の配下ビル c の空調機 a の電力値 [kW]，$R_{s,c,a}(t)$ は電力増減率 [kW/min]，$T_{As,c,a}(t)$ は室温 [℃]，$T_O(t)$ は外気温 [℃] である．室温の熱収支漸化式[7.10]における $k_{ACs,c,a}$，$k_{OAs,c,a}$，$T_{AEs,c,a}$ は，実機と合わせるための電力制限，外気温侵入熱，およびその他要因を調整するパラメータである．

上記モデルをリアルタイムでシミュレーション実行するソフトウェアをエアコンエミュレータ AE1 と呼ぶ．図 7.20 に AE1 の動作概念図を示す．t は 1 分ごとの離散時間，m は 5 分ごとの制御フレーム，$L_{s,c,a}(m)$ は電力制限指令値 [kW] である．また，電力増減率 $R_{s,c,a}(t)$ は加速時 $R_{UPs,c,a}(t)$ [kW/min]，減速時 $R_{DOWNs,c,a}(t)$ [kW/min] という非対称値をとる．電力制限値 $L_{s,c,a}(m)$ を 0 としても冷媒圧縮機の最低回転速度で動作するので最低値は $P_{s,c,a} = P_{MINs,c,a}$ [kW] とし，電力制限値および電力の最大値は定格電力 $P_{MAXs,c,a}$ [kW] とモデル化する．

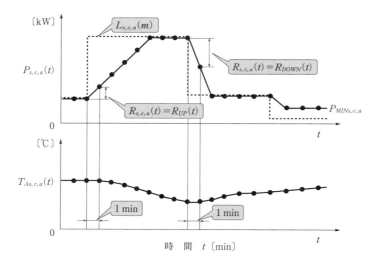

図 7.20　エアコンエミュレータ AE1 の動作概念図

さらに，空調の消費電力，室温変化をモデル化するため，実際のオフィスビルの空調の消費電力，室温の1分ごとの時系列データを測定し，パラメータフィッティングした．表7.6に測定を行った実際のオフィスビルの概要を示す．図7.21に当該ビルのビルマルチ空調のFastADR制限指令のステップ変化に対する電力応答について，実機に対してAE1モデルを比較する．おおむね応答特性，特に仮想発電所の特性に重要な電力の増加減少の変化率は十分に特性をモデル化できていることを確認した．

しかし，一部，図7.21(a)の実機時系列の時刻16:20から16:25にかけて本来ならば，最低回転速度で運転すべきところ，実機が大きく乖離しているのは，製品組込み制御であり，過渡的な例外運転なのでモデル化対象外とする．

表7.7に，ここで使用した5機種のAE1の各パラメータを示す．パラメータは

表7.6 実機測定対象のオフィスビル

建築形式	一般的なオフィスビル
寸　法	2階建て，延床面積 1 600 m^2
空調機台数	5台
定格冷房能力	45, 40, 68, 73, 45 kW

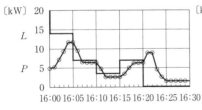

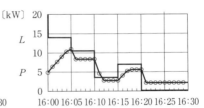

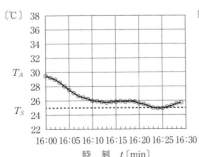

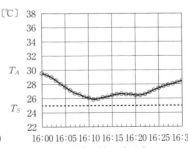

(a) オフィスビル実機試験　　(b) AE1モデルシミュレーション

図7.21 実機とAE1空調機モデルの動作比較

表 7.7 空調機モデルの機種バリエーション

Parameter	AC1	AC2	AC3	AC4	AC5
R_{UP}〔kW/min〕	2.4	1.3	1.8	2.4	1.3
R_{DOWN}〔kW/min〕	-3.8	-4.2	-5.4	-4.6	-4.5
P_{MAX}〔kW〕	21	19	25	20	21
P_{MIN}〔kW〕	2.9	2.2	3.5	4.0	2.9
k_{OA}〔deg/min〕	0.024	0.087	0.012	0.012	0.012
k_{AC}〔deg/(kW·min)〕	0.029	0.065	0.010	0.014	0.029
T_{AE}〔deg/min〕	0.060	-0.24	0.015	0.012	0.030

消費電力と室温の 1 分ごと実測値時系列データにフィッティングした値を用いる．ここで，当該建物には 5 種類のビルマルチ空調機が設置されていたため，それに対応させて 5 種類の異なる AE1 モデルを実機フィッティングしている．なお，大規模ビルマルチ空調機群の厳密モデル化にはさらに多くの機種を作成するのが理想だが，FastADR 応答加減速特性はおおむね共通であり，あとは空調機の定格容量で決まるスケーリングの問題であるので，5 種類を異なる台数分，各ビルへ設置することで応答スケールのビルごとの多様性をモデル化している．

次に，これまで説明した AE1 モデル群を筆者が開発したビルマルチ空調群FastADR 試験設備に実装することを述べる．また，この試験設備ではアグリゲータごとに別のコンピュータを用いることで，広域データ通信やネゴシエーションによる遅れを再現するために，OpenADR および IEEE1888 による仮想発電所データ伝送通信を実装している．

図 7.22 に実装した仮想発電所システムの通信シーケンスを示す．このシステムは仮想発電所アグリゲータ（アグリゲーションコーディネータ），設備アグリゲータ（リソースアグリゲータ），オフィスビル内の AE1 モデル群から構成される．仮想発電所アグリゲータが配下にもつ設備アグリゲータサブシステム数は N_V とし，各設備アグリゲータサブシステムの各配下ビル棟数は N_S としている．また，ビルごとに多様性をもたせるため，5 種類の AE1 モデルを異なる数 N_C 台もつものとし，1 つのサブシステム内に合計 325 台あると仮定する．

次に電力系統エミュレータ AGC30 と上記のビルマルチ空調群 FastADR 試験設備を図 7.23 に示すよう接続する．AGC30 の発電機群の中に，仮想発電所としてリアルタイム通信で接続するものとする．ここで，リアルタイム化のアルゴリズムについて述べる．図 7.24 に示す Interpreted Matlab Function ブロックは指定した

7.3 仮想発電所の電力系統シミュレーション

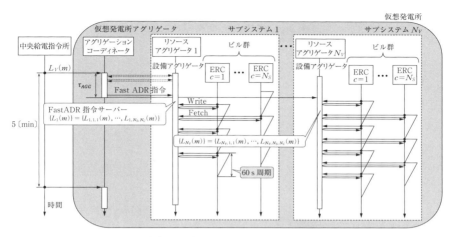

図7.22 仮想発電所システムのデータ伝送通信モデル化

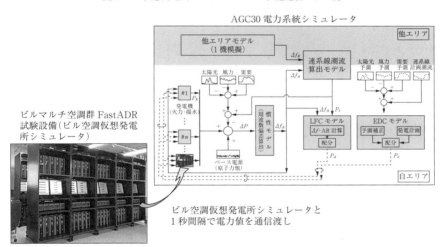

図7.23 AGC30とビルマルチ空調群FastADR試験設備(ビル空調仮想発電所シミュレータ)の接続

Matlab関数を実行するSimulinkブロックである．

実時間との同期実行タイミングチャートを図7.25に示す．Matlab関数内でシミュレーション開始と同時にシミュレーション時間t_{sim}〔s〕，PC内部時計による実経過時間t_{act}〔s〕の計測を開始する．AGC30モデルのシミュレーション刻み$dtload$〔s〕は0.1sである．そこで，t_{sim}が0.1の倍数であった場合における，t_{act_i}の値を取得し，その差分$delta$〔s〕を算出する．

図 7.24 リアルタイム通信用 Interpreted Matlab Function ブロック図

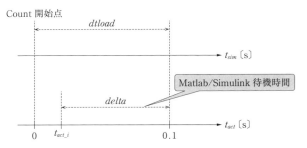

図 7.25 Matlab/Simulink 実時間実行タイミングチャート

$$delta = 0.1n - t_{act\_i} \quad (n=1, 2, \cdots) \tag{7・69}$$

$delta$ はシミュレーション時間と実経過時間のずれを示すため，$delta$ 秒 Matlab/Simulink に待機時間をもたせることによりシミュレーション時間と実時間を同期させる．

こうして，ビル空調仮想発電所シミュレータシステム全体で空調機 6500 台，定格消費電力 13 万 kW による FastADR リアルタイムシミュレーションを実施する．なお，系統からの FastADR 全電力制限指令 $L_V(m)$ [kW] を，仮想発電所アグリゲータ（アグリゲーションコーディネータ）から各設備アグリゲータ（リソースアグリゲータ）の空調へ電力制限指令 $L_{s,c,a}(m)$ [kW] として均等に分配するものとする．このアグリゲータ間の制限指令分配のための通信は，デマンドレスポンス専用の国際標準規格 OpenADR 通信を実際にシミュレータに実装して実時間で通信させる．また，通信遅れとは別に，制限指令の配分計算や，制限値の許容確認ネゴシエーションによる時間遅れは一律 τ_{AGG} を 60 s と仮定し，実装する．

なお，設備アグリゲータから各ビル内の FastADR で制御する ERC への通信は，ビル設備遠隔制御に特化した通信規格 IEEE1888 を実際に動作させるよう実装する．この設備アグリゲータは，自身の IEEE1888 サーバー（Storage）に，空調機ごとの電力制限指令集合 $\{L_{s,c,a}(m)\}$ をセットし，各 ERC は 60 s の定周期で Storage 上の $\{L_{s,c,a}(m)\}$ を読み出し（Fetch）ソフトウェアを実装動作させる．実運用では，各 ERC の定周期 Fetch タイミングは確率的に異なると仮定して 0～60 s の間

7.3 仮想発電所の電力系統シミュレーション　　　　　*179*

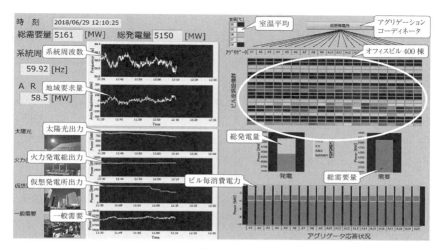

図 7.26　ビルマルチ空調機仮想発電所の Toy モニター画面

で一様にランダム分布させる．

　実際の電力系統では，中央給電指令所では系統の状態をモニターに表示している．シミュレーションにおいても，系統と仮想発電所の状態を随時把握することは有用であるので，図 7.26 に示す中央給電指令モニターを模した可視化ツールを用意した．

　その表示項目は中央給電指令所のモニターにならったが，本書ではビルマルチ空調群 FastADR による仮想発電所をシミュレーションの対象としているため，仮想発電所の状態に関しても表示項目の対象とすることにした．表示項目は総需要量，総発電量，周波数，AR（Area Requirement：地域要求量），太陽光発電の発電量および火力発電総発電量に加えて，FastADR，ビルごとの平均室温とアグリゲータ応答状況である．このモニターがあると，単に系統全体の需給調整結果のみならず，各ビルの FastADR アグリゲーション状況をリアルタイムで確認できる．

　画面右下に，実際に各サブシステムがどの程度電力を抑制したかをアグリゲータごとに表示した．棒グラフ上の四角の枠は 5 分ごとに発信されるサブシステム全体での抑制指令の合計である．つまり，設備アグリゲータ 1 社に属するビル群は，全体で目標量分抑制しようとするが，棒グラフの上側部分が実際に抑制した電力量となっている．これをサブシステムすべてで合計した値が，仮想発電所としての発電量として発電量棒グラフの最上部に表示される．

7.3.3 仮想発電所の性能シミュレーション例

図7.27に，太陽光発電の出力が急激に減少した場合，ビルマルチ空調群の仮想発電所は火力発電機と同等の出力制御応答性をもつかどうか，シミュレーションした実験結果を示す．シミュレーション開始から50分付近で太陽光発電の出力減少が開始，55分以降30分間5分周期で発令される中央給電指令所のEDC制御指令により仮想発電所を制御するシミュレーション実験を行っている．また，太陽光発電出力減少に対し，仮想発電所を用いずに，火力発電機群だけで対応したケースをケースA，火力発電機群の中でGTCC火力発電機1基の代替として，当該火力発電機が出力飽和した時点で仮想発電所（VPP）に切り替えて制御したケースをケースBとしている．

それぞれ，周波数，太陽光発電出力，GTCC発電出力，空調機群合計消費電力の応答を図7.27に示した．図上に制御期間30分間（$t=55〜85$ min）を破線で示す．ケースAを灰色線，ケースBを黒線で示した．表7.8にシミュレーションシステムの各パラメータを示す．

ビルマルチ空調群に仮想発電所の代替で需給調整が良好であるかどうかは周波数誤差を比較することで評価している．実際，図7.27の最上段グラフの周波数変動グラフを見ると，ケースA，Bでの周波数時系列グラフが一致しており，周波数ばらつきへの影響の差が見られない．

また，周波数への影響を定量的に比較するため，シミュレーション開始から55〜85分の仮想発電所制御期間30分間における周波数偏差の95パーセンタイル値$\Delta Hz_{95\%}$〔Hz〕を相互比較した．結果を図7.28に示す．火力発電機群だけのケースAの場合は$\Delta Hz_{95\%\_A}=0.09$ Hz，火力発電機群の中で当該GTCC発電機1基が不具合で飽和して仮想発電所に切り替えて代替したケースBの場合も$\Delta Hz_{95\%\_B}=0.09$ Hzとなり，違いは見られず，中央給電指令所からの5分ごとの出力変化制御指令に対する応動加速性能は同等という，シミュレーション実験結果の一例が得られた．

すなわち，このシミュレーションでは，ビルマルチ空調群仮想発電所はGTCC火力発電機1基と同等の加速応答性をもつという結果が得られた．しかし，以下のような，さらなる課題がある．

ここでは，仮想発電所全体監視のモニターによりビルごとの平均室温偏差をモニターしながらシミュレーション実験したが，FastADRの副作用である室温快適性

7.3 仮想発電所の電力系統シミュレーション

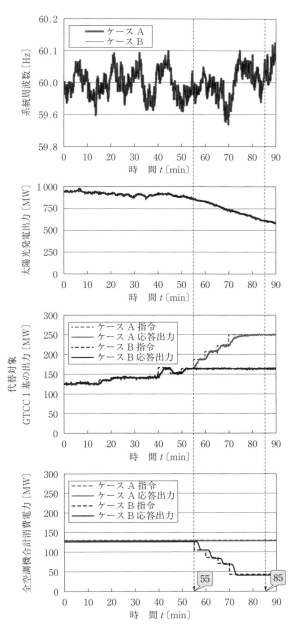

図 7.27 仮想発電所系統周波数制御シミュレーション結果

表7.8 電力系統シミュレーションモデルパラメータ

パラメータ	値
系統定数	10 %MW/Hz
負荷周波数特性	2 %MW/%Hz
合成慣性定数	49.0 s
LFC PI 制御比例ゲイン	1
LFC PI 制御積分ゲイン	0.003
LFC PI 制御周期	5 s
EDC サンプリング時間	300 s
基準周波数	60 Hz
GF 容量	3%
LFC 容量	2%
自エリア運転予備力	15%
連系線潮流計画値	0 MW
連系線潮流動揺周期	2.5 s
周波数制御方式	TBC
ネゴシエーション時間　τ_{AGG}	60 s
サブシステム数　N_V	20
サブシステム毎ビル数　N_S	20
ビル毎空調機台数　N_C	4〜20
サブシステム毎総空調機台数	325

維持のファクターを定量的に制御指令配分するまでの複雑な実験ではない.

また，ある火力発電機が中央給電指令所の加速指令に対して何らかの不具合で飽和加速できない事象で仮想発電所切り替え，代替したシナリオとして，予定どおりに出力が出ないため，負荷周波数制御が悪化するのでそれを補完できることの指標として周波数制御として評価したが，経済的効果は評価していない.

火力発電機を仮想発電所で代替する場合のメリットは，このような不具合発生時の緊急代替だけではない. 年間稼働頻度がきわめて低い，待機火力発電機の維持経済負担，また，即応火力の待機時 CO_2 排出といった事象を仮想発電所代替が改善できる可能性がある.

本節では，従来，ビルマルチ空調電力 FastADR で課題となっていた，大量に集積し仮想発電所とする場合の周波数制御性能への影響について，電力系統リアルタイムシミュレーション設備を用いてシミュレーションを行った. その結果，ビルマ

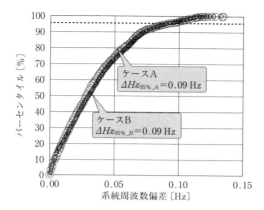

図 7.28 系統周波数偏差パーセンタイル

ルチ空調群による仮想発電所の出力増大指令に対する応動性は，火力発電機 1 基と同等であるという結果が得られた．

この成果は，ビル空調 FastADR を電力系統に導入する場合，従来の発電機と比較して，どの程度の制御性能を有するか検討する際に活用できる可能性がある．ただし，仮想発電所アグリゲータのネゴシエーション時間が，実際に実現可能な条件で，どの程度の制御性能を有するか，室温を考慮した場合，指令への応答率がどのように変化するかなどの課題は残っている．この課題については，以降の節で扱う．

7.4 仮想発電所の制御性能評価

7.4.1 米国の系統運用機関の評価基準例

米国では発電と送電の分離が進んでいる．1992 年エネルギー政策により，**独立発電事業者**（Independent Power Producer：**IPP**）が規定され，電気会社以外の事業者が卸目的で発電施設を所有，運転し，電力を販売することが可能となり，電力卸市場が自由化された．

続いて，1996 年に FERC（連邦エネルギー規制委員会）により，電力卸市場の競争をさらに促進するため，電力会社が自社の発電部門を優遇することへの懸念を一掃するため，各電力会社の発電部門と送電部門の機能を分離することとなった．こうして分離された送電部門は，電力会社から独立した組織 ISO（独立系統運用機関）となった．

ISOは，送電網の所有権は電力会社に残したまま，管内のIPPの電力供給計画を事前に集計し，電力需給のバランスを維持し，リアルタイムで周波数を維持している．また，電力卸市場の運営も行っている．また，ISOを州にまたがって広域化したものがRTO（地域送電機関：Regional Transmission Organization）である．

図7.29に米国の電力供給の体制を示す．電気小売市場の自由化は州によって異なる．現在50州のうち13州，およびワシントンDCで電気小売が完全に自由化されている．特に，テキサス州は，小売事業者間の自由競争が行いやすい環境が整えられており，小売市場が最も成功し，需要家のほぼすべてが新規事業者へと乗り換えている．

一方，カリフォルニア州では電力市場の自由化のため，電気会社は発電設備を売却し，送配電に徹底することとしたが，発電設備の売却で発電能力が不足することになり，さらに化石燃料の高騰により，電力の卸価格が爆発的に高くなってしまうという事態が発生した．電力会社は規制のため，需要家の電気代を値上げすることができず，需要家に電力を卸すことが難しくなり，ついに2000年の夏，猛暑による需要のひっ迫により，電力供給が不足し停電する事態に陥った．そのため，2001年9月にカリフォルニア州は小売自由化を取りやめた．

一方，現在では，非常に多数の発電事業者が接続された送電網を，ISO/RTOが

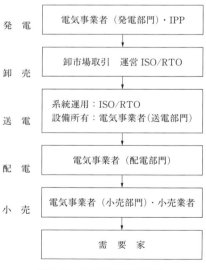

図7.29 米国電力供給体制図

管理している．図7.30にそれぞれの地域を示す．米国における大規模なISO/RTOとして，CAISO (California ISO)，ERCOT (Electric Reliability Council of Texas)，PJM Interconnection，Southwest Power Pool，NYISO (New York ISO)，ISO-NE (New England ISO)，MISO (Midcontinent ISO) がある．PJMは，ネガワット取引市場を開設しており，発電設備やネガワット設備をもった需要家に分刻みで**バランシング信号（周波数制御信号）**を発信し，ネガワット取引によって周波数制御を行っている．このようにネガワットにより電力系統の負荷周波数制御など，アンシラリーサービスを実現するには，系統側からのネガワットに対するバランシング信号に対し，緻密かつ分刻みで追従する需要家が必要である．

その中でも，米国東部に位置するPJMは最も優れたスマートグリッド技術をもつ．PJMは，ネガワット取引市場を開設しており，発電設備やネガワット設備をもった需要家に分刻みでバランシング信号（周波数制御信号）を発信し，ネガワット取引によって周波数制御を行っている．このように，ネガワットにより電力系統の負荷周波数制御などアンシラリーサービスを実現するには，系統側からのネガワットに対するバランシング信号に対し，緻密かつ分刻みで追従する需要家が必要である．

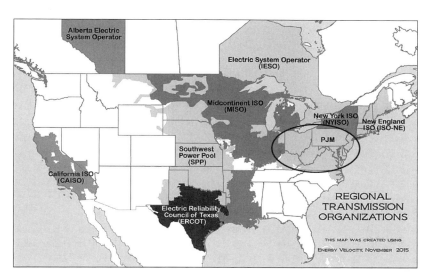

図7.30　米国ISO/RTO
(Federal Energy Regulatory Commission, Webページ：
Industry Activities RTO/ISO より引用)

7.4.2 ビルマルチ空調仮想発電の制御モデル

本書で想定するビルマルチ空調仮想発電所システムの概念図を図 7.31 に示す．電力系統運用機関から，バランシング信号を受け，仮想発電所アグリゲータ（アグリゲーションコーディネータ）および設備アグリゲータ群（リソースアグリゲータ群）がFastADR電力抑制値を分配し，N棟のビルマルチ空調設備からネガワット応答量を集約調整するシステムを評価対象とする．ただし，本項では，アグリゲータ階層構造を1階層に単純化する．

本項では，ビルマルチ空調群のFastADRアグリゲーションだけで仮想発電所制御性能を示すため，第6章で述べた電力用蓄電池と組み合わせた補償制御は含めない．蓄電池により系統からのバランシング信号に追従するようにシミュレーションを行うと，追従性評価が合格することは自明であるからである．

ここでは単純化されたアグリゲータは電力系統運用会社からのバランシング信号を受信するたびに，配下ビルにFastADR電力抑制指令Lを分配すると仮定する．その際，必要なネガワット応答量Pを確保しつつ，トレードオフの室温上昇E_{SA}を許容範囲に抑えられるか予測し，各FastADR電力抑制指令値Lを決定する必要がある[7.11],[7.12]．各ビルの室温上昇指標は，1分ごとの室温（各室内機吸込み空気

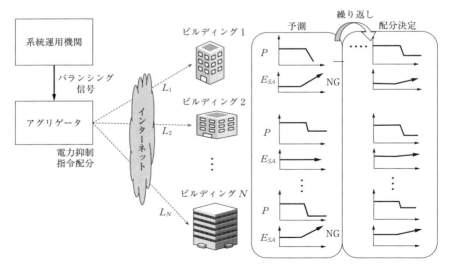

図7.31 ビル群のビルマルチ空調機へのFastADR電力抑制指令の配分

温度）と設定温度との偏差をビルごとに平均した代表値 E_{SA} とする.

例えば，図7.31のように1回目の配分ではいくつかのビルでトレードオフの室温上昇 E_{SA} がNGとなった場合，NGとなったビルへの指令値 L を修正して，応答結果 P とトレードオフの室温上昇 E_{SA} を再予測と再配分をイタレーションをする方式を想定する.

ビルマルチ空調は，中規模以下のオフィスビルで最も普及している空調設備であり，通常各室外機に数十台の室内機が配管接続され，数十個のマイコンで冷媒組込み制御されている．消費電力の約9割が室外機にある冷媒圧縮機であり，インバータにより組込み制御で緻密に電力調整されている.

現在のデマンドレスポンスのように，定格消費電力に基づいて，空調機単位で運転停止させる台数を決めるなどといった方法では緻密な応答特性モデルは必要とされなかった．しかし，インバータによる消費電力抑制を連続量として細かく1分ごとに制御するFastADRには応答動特性モデルが必要である．また，ネガワットにより，電力系統の負荷周波数制御などアンシラリーサービスを実現するためには，系統側からのネガワットに対するバランシング信号に対し，緻密かつ分刻みで追従することが必要となる.

優れたスマートグリッド技術をもつ米国送電会社PJMでは，発電設備やネガワット設備をもった需要家にバランシング信号を発信し，負荷周波数制御を行っている．この高速なサービス取引参入資格評価として，バランシング信号に対する応答電力の追従性定量評価基準が定められている[7.13]．PJMでは市場参入資格評価のバランシング信号プロファイルRegAとRegDが定義されており[7.14]，40分間のバランシング信号に対するネガワット生成，つまり電力抑制量の制御性能を以下のPerformance Score S_T として計算し評価している．本書では，バランシング信号としてRegAを対象とし，電力系統運用機関へ報告する電力の追従性を評価した．PJMバランシング信号はすでに実用化済みであり，参考文献(7.15)や(7.16)でもビル空調電力FastADRの追従性評価に採用されており，妥当な評価基準であるといえる.

PJMのバランシング信号追従性評価式は以下の式である[7.13].

$$S_T \triangleq \frac{1}{3} S_C + \frac{1}{3} S_D + \frac{1}{3} S_P \tag{7・70}$$

ここで，S_C は相関度を表すCorrelation Score，S_D は遅延度を表すDelay Score，S_P は精度を表すPrecision Scoreであり，S_T は10秒ごとのテスト時間40分間デー

タで計算される．今回用いたビルマルチ空調 FastADR 電力応答モデルは 1 分ごとにデータを出力するため，1 分間値をホールドするとして計算を行う．

S_C，S_D は以下の式により，5 分間ウィンドウごとのバランシング信号との相関関数を計算して，テスト時間 40 分にわたり平均で評価する．

$$S_C \triangleq \frac{\sum_{i=1}^{I}(P_A(i)-\overline{P_A}(i))(R_A(i)-\overline{R_A}(i))}{\sqrt{\left(\sum_{i=1}^{I}(P_A(i)-\overline{P_A}(i))^2\right)\left(\sum_{i=1}^{I}(R_A(i)-\overline{R_A}(i))^2\right)}} \tag{7・71}$$

上式で，$i=1, 2, \cdots, I$ は 5 分ウィンドウ内の 10 秒ごとのデータ数，$P_A(i)$〔kW〕はアグリゲータが各空調の電力を収集し PJM に報告する値，$\overline{P_A}(i)$〔kW〕は 5 分間平均空調電力報告値，$R_A(i)$〔kW〕は RegA バランシング信号値，$\overline{R_A}(i)$〔kW〕はその平均である．

$$S_D \triangleq \left| \frac{\delta-300}{300} \right| \tag{7・72}$$

ここで，δ は 5 分間ウィンドウ S_C 値が最大となるウィンドウ開始時刻である．

$$S_P \triangleq 1 - \frac{1}{J}\sum_{j=1}^{J} \left| \frac{P_A(j)-R_A(j)}{\overline{R_A}} \right| \tag{7・73}$$

また，$j=1, 2, \cdots, J$ は 40 分間のデータ数である．

PJM 規格は，式(7・70)の Performance Score S_T が 0.75 以上を参入資格が合格としている[7.13]．PJM は，上記の式(7・70)から式(7・73)を基にした Score の計算ツール[7.17]を配布しているが，実際に契約しないと得られないパラメータが計算に付加されているため，上記の式のみの計算とは 1 割ほど異なった Score となる．そのため，本書ではツールを用いずに，直接式(7・70)から式(7・73)で計算判定を行う．

図 7.32 に，シミュレーションにおけるアグリゲーション過程のモデルを示す．電力系統運用機関からアグリゲータへの RegA 信号は OpenADR[7.18]などの専用通信プロトコルで，アグリゲータから 1 分ごとに RegA を読み出して対応するものとした．また，シミュレーション条件は，表 7.9 に示す値としてアグリゲータをシミュレーションモデル化した．PJM バランシング評価対象の最小負荷規模に合わせるために，今回の例では $N=10$ 棟とした．ただし，本モデルは線形モデルであるので，以下の重ね合わせにおいてスケーラブルであり，任意の N 棟でシミュレーション可能である．

7.4 仮想発電所の制御性能評価

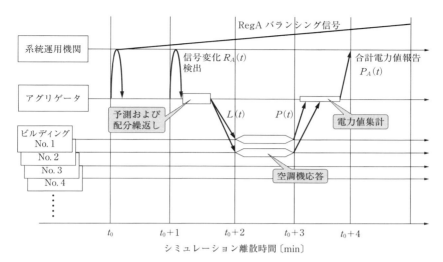

図 7.32 アグリゲーション処理タイムシーケンスの離散時刻シミュレーションモデル

表 7.9 シミュレーション条件

パラメータ	値
全ビル棟数 N	10
生成可能合計ネガワット	500 kW
各ビル当たり定格電力	150 kW
各ビル当たり抑制可能電力	50 kW
各ビル当たり室外機台数	3
各ビル当たり室内機台数	18
RegA 信号読出し周期 τ_R	0〜1 min
アグリゲーション指令遅延 τ_L	1 min
空調機応答遅れ τ_P	1 min
アグリゲーション報告遅延 τ_A	0〜1 min

ここで，$R_A(t)$ は 1 分ごとの RegA 信号の読み出し値 $L_A(t)$ 〔kW〕は，全ビル群への各電力抑制指令値 $L(t)=L_1(t),\cdots,L_n(t),\cdots,L_N(t)$ の合計

$$L_A(t) \triangleq \sum_{n=1}^{N} L_n(t) \tag{7・74}$$

$\Delta P_A(t)$〔kW〕は，全ビル群から電力系統運用機関への各ネガワット $\Delta P(t) = \Delta P_1(t),\cdots,\Delta P_n(t),\cdots,\Delta P_N(t)$ の集約報告値

$$\Delta P_A(t) \triangleq \sum_{n=1}^{N} \Delta P_n(t) \tag{7・75}$$

$E_{SAA}(t)$〔deg〕は，各ビルにおける代表室温偏差のことであり，$E_{SA}(t) = E_{SA\_1}(t), \cdots, E_{SA\_n}(t), \cdots, E_{SA\_N}(t)$ を全ビル群について平均した全体代表値

$$E_{SAA}(t) \triangleq \frac{1}{N} \sum_{n=1}^{N} E_{SA\_n}(t) \tag{7・76}$$

である．

　系統運用機関からの RegA のランプ変化が開始してから，アグリゲータが定周期で読み出して検出するまでの遅れを τ_R〔min〕とし，アグリゲータが各ビル空調への参加選択 OptIN/OUT[(7.18)] ネゴシエーションや，温度上昇トレードオフ制約などから電力抑制指令値 $L(t)$ を決定する．

　また，本来階層化されたアグリゲータ群処理時間を単純 1 階層化したアグリゲータにおける指令値配分処理とネゴシエーションによる遅れとして τ_L〔min〕とする．今回は 1 分ごとの離散型モデルなので，操作量 $u(t-1)=L(t-1)$ から 1 ステップ（1 分）遅れて状態量 $P(t)$ が応答し，この $L(t)$ に対する空調電力の応答の遅れを τ_P〔min〕とした．各ビルの空調電力の応答を，本来階層化されたアグリゲータ群が下流から上流に順次集約して定周期で系統側に連絡するとして，その遅れを τ_A〔min〕とする．

　Performance Score S_T の計算にあたっては，初期状態を $0.0\,\mathrm{kW}$ として RegA 信号の上げ下げ変化分 $\Delta R_A(t)$ に対するネガワット上げ下げ変化分 $\Delta P(t)$ の追従性を評価するものとした．また，トレードオフの快適性については，ビル群全体を代表する平均室温偏差 $E_{SAA}(t)$ が RegA 信号開始時点を基準 $0.0\,℃$ として，そこからの変化値 $\Delta E_{SAA}(t)$ で評価するものとした．トレードオフの快適性の許容限界については，先行研究[(7.11), (7.12)] を参考にして，初期状態から $\Delta E_{SAA}(t)$ が $\pm 0.5\,℃$ までの変化が許容限界の一例として設定する．

　シミュレーションに際しては，ビルマルチ装置そのものに加えて，空調運転条件も複数試行する必要がある．今回は，内部の活動状況による内部発熱負荷も外気温と室温差による侵入熱負荷も，熱需給から見た空調負荷として条件を与えることとした．熱需給条件は，FastADR を開始する直前の安定状態の初期値として，電力抑制指令の初期値 $L(0)$，実消費電力の初期値 $L(0)$，ビル内室温平均値の初期値 $T_{AA}(0)$ の組み合わせとした．高負荷条件（ⅰ）として（$L(0)=25\,\mathrm{kW}$，$P(0)=18\,\mathrm{kW}$，$T_{AA}(0)=24℃$），中負荷条件（ⅱ）として（$L(0)=20\,\mathrm{kW}$，$P(0)=14\,\mathrm{kW}$，

$T_{AA}(0) = 25℃$），低負荷条件（ⅲ）として（$L(0) = 15\,\mathrm{kW}$，$P(0) = 10\,\mathrm{kW}$，$T_{AA}(0)$ $= 26℃$）と複数の熱需給条件を設定する．

7.4.3　ビルマルチ空調仮想発電の評価例

　図 7.33 は，各処理時間遅れが $\tau_T = \tau_R + \tau_L + \tau_P + \tau_A = 4$ 分の場合の，PJM のバランシング信号に対するビルマルチ空調電力の FastADR ネガワット追従性シミュレーション結果である．

　図 7.33（a）は，バランシング信号の絶対値 $R_A(t)$ と単純化された 1 階層アグリゲータからビルへの全ビル電力抑制指令値の絶対値 $L_A(t)$ と全ビルネガワット集約報告値の絶対値 $P_A(t)$ の 1 分ごとの変化を示す．図 7.33（b）はテスト時間帯初期値からの変化分 $\Delta R_A(t)$，$\Delta L_A(t)$，$\Delta P_A(t)$ の 1 分ごとの推移を示す．仮に 1 分ごとにランプ変化分 $\Delta R_A(t)$ を全 N 棟のビル均等に $\Delta L_A(t)$ を N で除して配分した場合，空調機の特性モデル出力変化が $1/N$ 倍になり，微小すぎて応答精度が十分でない．そこで，今回の $N = 10$ という規模では，各 $\Delta L_A(t) = 10\,\mathrm{kW}$ 程度となるように，1 分ごとにビル 2 棟ずつ同時に電力抑制指令 $\Delta L_A(t)$ を追加していく方法とした．

　図 7.33（b）の丸印で到達値を示すように，ネガワット集約報告値の変化分 $\Delta P_A(t)$ は RegA の電力変化幅 $\Delta R_A(t)$ とほぼ一致した．しかし，信号追従性の遅れが改善できていないため，Performance Score $S_T = 0.69$ であり合格点 0.75 には到達せず，到達度 88% にとどまった．$\Delta L_A(t)$ をきわめて大きく変化させると，その結果トレードオフの代表平均室温偏差 $\Delta E_{SAA}(t)$ が許容範囲を逸脱することが懸念される．そのため，状態空間モデルより，各ビルの $\Delta E_{SA}(t)$ を予測計算して確認することが不可欠となる．

　また，図 7.33（c）に示すように，この例では平均室温偏差が 20 分近傍より許容変化 $+0.5\,\mathrm{deg}$ を逸脱してしまった．電力の変化幅 $\Delta P_A(t)$ を大きくするだけでは，Performance Score S_T は合格点には到達しないばかりか，トレードオフの室温上昇の副作用も過大となった．

　ネガワット変化レベル $\Delta P_A(t)$ の RegA 信号変化レベルに一致させるだけでは，Performance Score S_T は合格しなかったため，今度は遅延時間を短縮することで改善を試みた．

　図 7.34 は，全処理遅延時間を $\tau_T = \tau_R + \tau_P = 2$ 分と短縮できた場合を示す．これは，アグリゲータは指令配分を瞬時に行い，$\Delta L_A(t)$ を遅延なしで指令でき（$\tau_R = 0$），ネガワット集約報告を瞬時にできる（$\tau_A = 0$）と仮定した場合である．電

力抑制指令の振幅 ΔL は図 7.33 の例と同様に，$\Delta R_A(t)$ の 1.2 倍に割増しして指令した例である．

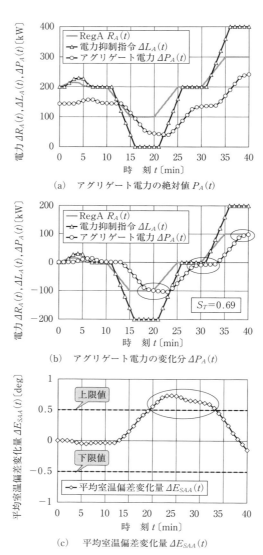

(a) アグリゲート電力の絶対値 $P_A(t)$

(b) アグリゲート電力の変化分 $\Delta P_A(t)$

(c) 平均室温偏差変化量 $\Delta E_{SAA}(t)$

図 7.33 RegA バランシング信号への追従特性（通信および処理遅延合計 $\tau_T=4$ 分の場合）

7.4 仮想発電所の制御性能評価

評価スコア S_T に関しては，図7.34(a)の(i)～(iii)に示すように，(i)高負荷熱需給条件では $S_T=0.76$，(ii)中負荷熱需給条件では $S_T=0.75$，(iii)低負荷熱需給条件では $S_T=0.76$ であった．ネガワット集約報告変化レベルとしては信号変化レベルに到達しないが，遅延が大幅に改善された結果，Performance Score S_T が複数の熱需給条件において 0.74～0.76 となり，おおむね PJM 合格点 0.75 に近いレベルになるといった定量的検討が可能となった．

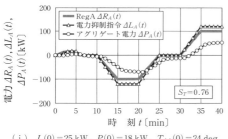

(i) $L(0)=25\,\mathrm{kW}$, $P(0)=18\,\mathrm{kW}$, $T_{AA}(0)=24\,\mathrm{deg}$

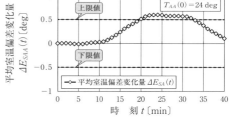

(i) $L(0)=25\,\mathrm{kW}$, $P(0)=18\,\mathrm{kW}$, $T_{AA}(0)=24\,\mathrm{deg}$

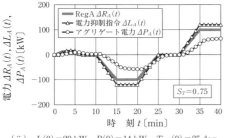

(ii) $L(0)=20\,\mathrm{kW}$, $P(0)=14\,\mathrm{kW}$, $T_{AA}(0)=25\,\mathrm{deg}$

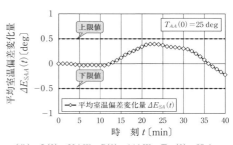

(ii) $L(0)=20\,\mathrm{kW}$, $P(0)=14\,\mathrm{kW}$, $T_{AA}(0)=25\,\mathrm{deg}$

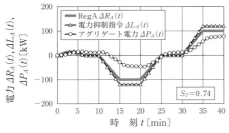

(iii) $L(0)=15\,\mathrm{kW}$, $P(0)=10\,\mathrm{kW}$, $T_{AA}(0)=26\,\mathrm{deg}$
(a) アグリゲート電力の変化分 $\Delta P_A(t)$

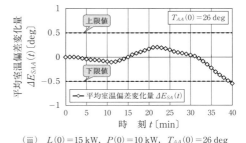

(iii) $L(0)=15\,\mathrm{kW}$, $P(0)=10\,\mathrm{kW}$, $T_{AA}(0)=26\,\mathrm{deg}$
(b) 平均室温偏差変化量 $\Delta E_{SAA}(t)$

図 7.34 RegA バランシング信号への追従特性（通信および処理遅延合計 $\tau_T=2$ 分の場合）

トレードオフの温度上昇に関しては，ΔL の幅を適切に選んだ結果，図 7.34（b）の（ⅰ）～（ⅲ）に示すように，（ⅰ）高出力熱需給条件では最低 $\Delta T_{AA}(t) = +0.58$ deg，（ⅱ）中出力熱需給条件では最低 $\Delta T_{AA}(t) = +0.40$ deg，（ⅲ）低出力熱需給条件では最低 $\Delta T_{AA}(t) = -0.55$ deg であった．$\Delta E_{SAA}(t)$ が全テスト時間を通じて $+0.58 \sim -0.55$ deg となり，目標 ± 0.5 deg からどの程度逸脱するかといった詳細な検討が可能となった．

PJM の RegA バラシング信号は 10 秒周期で変化するが，今回のモデルは現在の市場実績通信周期である 1 分周期で読み出したので，遅延が大きく，追従が困難であった．もう 1 つの遅延の理由は，1 分ごとの離散型状態空間表現モデルであり，操作量 $u(t-1) = \Delta P_L(t-1)$ から 1 ステップ 1 分遅れて状態量 $\Delta P(t)$ が応答したためであった．この遅延理由はモデルの制約ではあるが，実際の空調設備が BEMS から通信インタフェースを介してビルマルチ組込み制御が圧縮機インバータを加減速するまでの遅れとおおむね遅延時間が一致する．

また，各ビルへの電力抑制指令値の決定や各ビルの応答電力の集約に必要な時間を，さまざまな先行研究[7.19]～[7.22]により短縮することが市場参入資格を満たすために必要である．本書の状態空間モデルは電力抑制変化のみならず，室温変化応答も表現できるため，FastADR 制御の遅延特性が室温管理に与える影響も定量的に評価可能となった．今回の単純なフィードフォワード制御では，温度上昇をフィードバックせず，電力抑制値 $L(t)$ に対する電力と室温偏差の応答を確認した．今後は最適レギュレータなどで温度快適性も管理しつつ，消費電力を閉ループ制御することで改善が見込まれる．

現状では，FastADR 実施時間中，すなわち，ローテーション空調機の 1 台にとっては長くても 10 分程度の間に分刻みでフィードバック制御することは難しいと思われている．しかし，5G 次世代モバイル通信などが導入されれば，超高速かつ超廉価な通信インフラが使用可能となり，複雑な制御を実装できるクラウド上のリソースアグリゲータから分刻み，あるいは，数十秒刻みで電力抑制応答と室温変動応答をフィードバックしつつ最適な電力抑制と室温快適性を最適にトレードオフできるシステムも夢ではない．

7.5 ビルマルチ空調の FastADR と室温維持

7.5.1 ビルマルチ空調電力・室温の状態空間モデル

7.3節で述べた電力系統全体の周波数制御に対する仮想発電所シミュレーション性能評価では，個々のビルマルチ空調機は FastADR 指令による電力抑制を最優先する仮定であった．その場合，FastADR 電力抑制の結果，室温が変動して快適性が損なわれることを考慮した電力抑制制御ではなかった．

しかし，空調機は室温快適性を維持するための設備であるため，室温変動が影響することを考慮する必要がある．家庭の空調と異なりオフィスビルでは建物そのものが熱容量をもっており，数分であれば室温上昇が快適性を損なうまではいかない可能性が高い．この関係を定量的に表現する多変数の精密数式モデルとして現代制御理論の状態空間モデルが考えられる．

また，状態空間モデルが得られれば現代制御理論が適用可能となり，古典制御理論と違って，トレードオフの関係にある状態変数間の最適なバランスを取りつつフィードバック制御することの検討が可能となる．

しかし，ビルマルチ空調機の分単位の消費電力と建物熱負荷の物理モデルをシステム同定することは非常に困難である．そこで，これから述べる時系列実測データから自己回帰線形モデルを経由して状態空間表現としてシステム同定する方法を紹介する．この方式は，線形であるためニューラルネットワークのように非線形の表現能力はないが，現代制御理論を適用可能な状態空間表現として得られるメリットを優先するものである．

本節ではアグリゲータの電力抑制指令に対する空調組込み制御の数分間応答を扱う．したがって，静的な空調熱収支に関連する変数ではなくて，直前数分間とその1分後の応答としての消費電力と室温代表点変化のみをモデル化変数として使う．今回の自己回帰（AR）モデルは先行研究[7.11], [7.12], [7.23] で得られた以下の構造とする．

$$
\begin{bmatrix} P(t) \\ T_{SA}(t) \end{bmatrix} = \sum_{l=1}^{L} \begin{bmatrix} a_{11}(l) & a_{12}(l) & a_{13}(l) \\ a_{21}(l) & a_{22}(l) & a_{23}(l) \end{bmatrix} \begin{bmatrix} P(t-l) \\ T_{SA}(t-l) \\ L(t-l) \end{bmatrix} \tag{7·77}
$$

ここで，t〔min〕は1分単位の離散時刻，$P(t)$〔kW〕は各ビル空調全体電力，$T_{SA}(t)$〔deg〕は室温と設定温度偏差の各ビル平均値，$L(t)$〔kW〕はアグリゲータか

ら各ビルへの空調電力抑制指令であり，7.4 節で示した図 7.31 の $L_1, L_2, \cdots, L_N$ に対応する．$a_{11}(l), \cdots, a_{23}(l)$ は AR 係数行列要素であり，l は時系列ステップ整数でその最大値 L は AR モデル次数である．

この AR モデル式から離散型状態空間表現を得るために，式(7·77)を状態変数部と操作変数部に分けて以下の式とする．

$$\begin{bmatrix} P(t) \\ T_{SA}(t) \end{bmatrix} = \sum_{l=1}^{L} A_l \begin{bmatrix} P(t-l) \\ T_{SA}(t-l) \end{bmatrix} + \sum_{l=1}^{L} B_l L(t-l)$$

$$= \sum_{l=1}^{L} \begin{bmatrix} a_{11}(l) & a_{12}(l) \\ a_{21}(l) & a_{22}(l) \end{bmatrix} \begin{bmatrix} P(t-l) \\ T_{SA}(t-l) \end{bmatrix} + \sum_{l=1}^{L} \begin{bmatrix} a_{13}(l) \\ a_{23}(l) \end{bmatrix} L(t-l) \quad (7 \cdot 78)$$

上式において，A_l は状態変数係数行列，B_l は操作変数係数行列（ベクトル）であり，式(7·77)の AR 係数行列の各要素で構成される．ここまでのモデル構築は先行研究[(7.11), (7.12), (7.23)]による変数選択と標準的時系列解析法[(7.24)]によるものである．

次に，筆者が新規に提案する，AR モデルから状態空間表現を求めるためシフト状態変数ベクトルを定義する．すなわち，状態変数ベクトルを $x(t) \triangleq [P(t), T_{SA}(t)]^T$，操作変数（スカラー）を $u(t) \triangleq P_L(t)$ と定義する．ここで，式(7·78)を状態空間表現に変換するため，以下のように k ステップ移動させたシフト状態変数ベクトル $x_k(t)$ を導入する．

$$x_k(t) \triangleq \sum_{l=k+1}^{L} \{A_{l-1} x_k(t+k-l) + B_{l-1} u(t+k-l)\} \quad (7 \cdot 79)$$

今回の AR モデル同定では AR モデル次数は AIC 基準[(7.24)]により最尤次数 $L=3$ となったため，以下のように $k=0,1,2$ のシフト状態ベクトルが得られる．

$$x_0(t) = A_0 x_0(t-1) + x_1(t-1) + B_0 u(t-1) \quad (7 \cdot 80)$$

$$x_1(t) = A_1 x_0(t-1) + x_2(t-1) + B_1 u(t-1) \quad (7 \cdot 81)$$

$$x_2(t) = A_2 x_0(t-1) + B_2 u(t-1) \quad (7 \cdot 82)$$

よって，統合状態変数ベクトル $z(t) \triangleq [x_0(t), x_1(t), x_2(t)]^T$ を定義することで以下の式が得られる．

$$\begin{bmatrix} x_0(t) \\ x_1(t) \\ x_2(t) \end{bmatrix} = \begin{bmatrix} A_0 & I & 0 \\ A_1 & 0 & I \\ A_2 & 0 & 0 \end{bmatrix} \begin{bmatrix} x_0(t-1) \\ x_1(t-1) \\ x_2(t-1) \end{bmatrix} + \begin{bmatrix} B_0 \\ B_1 \\ B_2 \end{bmatrix} u(t-1) \quad (7 \cdot 83)$$

上式を状態方程式として $z(t)$ について書き換えると離散型状態空間表現が以下のように得られる．

$$z(t) = \Phi z(t-1) + \Gamma u(t-1) \quad (7 \cdot 84)$$

$$y(t) = Hz(t) \tag{7·85}$$

ここで，$\boldsymbol{\varPhi}$ は状態係数，$\boldsymbol{\varGamma}$ は入力係数，$\boldsymbol{H}$ は出力係数，$y(t)$ は出力変数に相当する．$\boldsymbol{\varPhi}$ および $\boldsymbol{\varGamma}$ は，AR モデル係数行列要素から以下のように得られる．

$$\boldsymbol{\varPhi} = \begin{bmatrix} \boldsymbol{A}_0 & \boldsymbol{I} & \boldsymbol{0} \\ \boldsymbol{A}_1 & \boldsymbol{0} & \boldsymbol{I} \\ \boldsymbol{A}_2 & \boldsymbol{0} & \boldsymbol{0} \end{bmatrix} = \begin{bmatrix} a_{11}(1) & a_{12}(1) & 1 & 0 & 0 & 0 \\ a_{21}(1) & a_{22}(1) & 0 & 1 & 0 & 0 \\ a_{11}(2) & a_{12}(2) & 0 & 0 & 1 & 0 \\ a_{21}(2) & a_{22}(2) & 0 & 0 & 0 & 1 \\ a_{11}(3) & a_{12}(3) & 0 & 0 & 0 & 0 \\ a_{21}(3) & a_{22}(3) & 0 & 0 & 0 & 0 \end{bmatrix} \tag{7·86}$$

$$\boldsymbol{\varGamma} = [\boldsymbol{B}_0, \boldsymbol{B}_1, \boldsymbol{B}_2]^T$$
$$= [a_{13}(1), a_{23}(1), a_{13}(2), a_{23}(2), a_{13}(3), a_{23}(3)]^T \tag{7·87}$$

このように，離散時刻時系列データから AR モデルの式(7·78)まで従来方式で構築した後，本書で提案するシフト状態変数ベクトルにより現代制御理論における離散型状態空間モデル表現の式(7·86)が得られた．

7.5.2 ビルマルチ空調の FastADR 最適レギュレータ

前項では，状態空間表現を用いて FastADR 電力抑制と室温変動の関係を状態空間表現モデルとして得られた．状態空間表現モデルが得られたことで，電力抑制と室温変動との間の相互作用をシミュレーションできた．それにより，室温を固定的に設定した許容範囲（例えば ±0.5℃）内に維持しながら，FastADR 継続時間中は一定で，かつ適切な電力抑制操作量を与えるというフィードフォワード制御のシミュレーションを評価した．

しかし，現実的にはこの室温快適性を維持できる一定の電力抑制値を事前に決定することは困難である．なぜならば，当然のことながら FastADR の要請により電力抑制して室温変動をどこまで受け入れるかは FastADR 実施の報酬インセンティブとの関係において変化する．したがって，報酬インセンティブをパラメータとして与えた電力抑制値と，室温変動値からなる評価関数を最良にするように FastADR 継続時間中，時々刻々フィードバック制御する方法を紹介する．

このような方式は種々ありうるが，本書では電力抑制指令，実電力，室温偏差からなる状態空間表現を得ているので，一番適している現代制御理論の最適レギュレータによる FastADR フィードバック最適制御を例として述べる．

以下に，前項で述べた状態空間表現モデルの式(7·77)を再度示す．

$$\begin{bmatrix} P(t) \\ T_{SA}(t) \end{bmatrix} = \sum_{l=1}^{L} \begin{bmatrix} a_{11}(l) & a_{12}(l) & a_{13}(l) \\ a_{21}(l) & a_{22}(l) & a_{23}(l) \end{bmatrix} \begin{bmatrix} P(t-l) \\ T_{SA}(t-l) \\ L(t-l) \end{bmatrix} + \boldsymbol{E}_{WN}(t) \qquad (7 \cdot 88)$$

ここで，t は 1 分単位の離散時刻，$P(t)$ は全館空調電力，$T_{SA}(t)$ は全館平均室温偏差，$a_{ij}(l)$ は AR モデル係数，l は遅れステップ数，L は AR モデル次数（今回 $L=3$），$\boldsymbol{E}_{WN}(t)$ はホワイトノイズ（以降ノイズ項は省略する）である．

AR モデルから状態空間表現モデルへの移行は前項で行ったため，省略する．

$$\begin{bmatrix} \boldsymbol{x}_0(t) \\ \boldsymbol{x}_1(t) \\ \boldsymbol{x}_2(t) \end{bmatrix} = \begin{bmatrix} \boldsymbol{A}_0 & \boldsymbol{I} & 0 \\ \boldsymbol{A}_1 & 0 & \boldsymbol{I} \\ \boldsymbol{A}_2 & 0 & 0 \end{bmatrix} \begin{bmatrix} \boldsymbol{x}_0(t-1) \\ \boldsymbol{x}_1(t-1) \\ \boldsymbol{x}_2(t-1) \end{bmatrix} + \begin{bmatrix} \boldsymbol{B}_0 \\ \boldsymbol{B}_1 \\ \boldsymbol{B}_2 \end{bmatrix} u(t-1) \qquad (7 \cdot 89)$$

ここで状態変数ベクトルを

$$\boldsymbol{z}(t) \triangleq \begin{bmatrix} \boldsymbol{x}_0(t) \\ \boldsymbol{x}_1(t) \\ \boldsymbol{x}_2(t) \end{bmatrix} \qquad (7 \cdot 90)$$

とまとめると，以下の離散型状態空間モデルとなる．

$$\begin{cases} \boldsymbol{z}(t) = \boldsymbol{\Phi}\boldsymbol{z}(t-1) + \boldsymbol{\Gamma}u(t-1) & (7 \cdot 91) \\ \boldsymbol{y}(t) = \boldsymbol{H}\boldsymbol{z}(t) & (7 \cdot 92) \end{cases}$$

ここで，$\boldsymbol{\Phi}$ は状態係数，$\boldsymbol{\Gamma}$ は入力係数，$\boldsymbol{H}$ は出力係数，$\boldsymbol{y}(t)$ は出力変数に相当する．$\boldsymbol{\Phi}$ および $\boldsymbol{\Gamma}$ は，AR モデル係数行列要素から以下のように得られる．

$$\boldsymbol{\Phi} = \begin{bmatrix} \boldsymbol{A}_0 & \boldsymbol{I} & \boldsymbol{0} \\ \boldsymbol{A}_1 & \boldsymbol{0} & \boldsymbol{I} \\ \boldsymbol{A}_2 & \boldsymbol{0} & \boldsymbol{0} \end{bmatrix} = \begin{bmatrix} a_{11}(1) & a_{12}(1) & 1 & 0 & 0 & 0 \\ a_{21}(1) & a_{22}(1) & 0 & 1 & 0 & 0 \\ a_{11}(2) & a_{12}(2) & 0 & 0 & 1 & 0 \\ a_{21}(2) & a_{22}(2) & 0 & 0 & 0 & 1 \\ a_{11}(3) & a_{12}(3) & 0 & 0 & 0 & 0 \\ a_{21}(3) & a_{22}(3) & 0 & 0 & 0 & 0 \end{bmatrix} \qquad (7 \cdot 93)$$

$$\boldsymbol{\Gamma} = \begin{bmatrix} \boldsymbol{B}_0 \\ \boldsymbol{B}_1 \\ \boldsymbol{B}_2 \end{bmatrix} = \begin{bmatrix} a_{13}(1) \\ a_{23}(1) \\ a_{13}(2) \\ a_{23}(2) \\ a_{13}(3) \\ a_{23}(3) \end{bmatrix} \qquad (7 \cdot 94)$$

電力 $P(t)$ と平均室温偏差 $T_{SA}(t)$ と電力制限操作量 $L(t)$ の離散型状態空間モデルが得られたので，$P(t)$ と $T_{SA}(t)$ と $L(t)$ の評価関数とする最適制御器が設計可

7.5 ビルマルチ空調の FastADR と室温維持

能となる.

離散時刻区間 $(t=1, \cdots, T_E)$ の最適レギュレータ評価関数 J_{TE} は，$\boldsymbol{Q}(t)$，$R(t)$ を評価重み係数として以下のように定義される.

$$J_{TE} = \sum_{t=1}^{T_E} (\boldsymbol{z}(t)^T \boldsymbol{Q}(t) \boldsymbol{z}(t) + u(t-1)R(t)u(t-1)) \tag{7.95}$$

ここで $\boldsymbol{z}(t)^T \boldsymbol{Q}(t) \boldsymbol{z}(t)$ は状態変数偏差ペナルティ，$u(t-1)R(t)u(t-1)$ は操作量過多ペナルティである.

評価重み係数 $\boldsymbol{Q}(t)$ を

$$\boldsymbol{Q}(t) = \begin{bmatrix} q_{11} & 0 & \cdots & 0 \\ 0 & q_{22} & \cdots & 0 \\ \vdots & \vdots & \ddots & \vdots \\ 0 & 0 & \cdots & 0 \end{bmatrix} \tag{7.96}$$

として，最新の状態変数のみ評価すればよいとする．評価関数の重み係数は q_{11}，q_{22}，R の3つとなり，評価関数 J_{TE} は以下のように定義される.

$$J_{TE} = \sum_{t=1}^{T_E} (q_{11}P(t)^2 + q_{22}E_{SA}(t)^2 + RL(t-1)^2) \tag{7.97}$$

評価区間において定常状態になると近似して，離散時刻型 Riccati 方程式の解行列 $\boldsymbol{P}$ が得られる.

$$\boldsymbol{P} = \boldsymbol{\Phi}^T \boldsymbol{P} \boldsymbol{\Phi} - \boldsymbol{\Phi}^T (\boldsymbol{P}\boldsymbol{\Gamma}(R + \boldsymbol{\Gamma}^T \boldsymbol{P}\boldsymbol{\Gamma})^{-1} \boldsymbol{\Gamma}^T \boldsymbol{P}) \boldsymbol{\Phi} + \boldsymbol{Q} \tag{7.98}$$

最適解行列 $\boldsymbol{P}$ から，最適制御状態フィードバックゲイン行列 $\boldsymbol{G}$ が得られ，以下のように最適な操作量 $u(t)$ が出力できる.

$$\boldsymbol{G} = -(R + \boldsymbol{\Gamma}^T \boldsymbol{P}\boldsymbol{\Gamma})^{-1} \boldsymbol{\Gamma}^T \boldsymbol{P}\boldsymbol{\Phi} \tag{7.99}$$

$$u(t) = \boldsymbol{G}\boldsymbol{z}(t) = [g_1, \cdots, g_6] \begin{bmatrix} \boldsymbol{x}_0(t) \\ \boldsymbol{x}_1(t) \\ \boldsymbol{x}_2(t) \end{bmatrix} = [g_1, \cdots, g_6] \begin{bmatrix} \boldsymbol{P}(t) \\ \boldsymbol{T}_{SA}(t) \\ \boldsymbol{x}_1(t) \\ \boldsymbol{x}_2(t) \end{bmatrix} \tag{7.100}$$

オフィスビル実測データをもとに，以下の評価関数 J_{TE} にて最適レギュレータで $T_E = 15$ 分間の FastADR 制御シミュレーションを試行した結果を図7.35に示す.

前節で述べたフィードフォワード固定制御のように FastADR 電力抑制指令値をそのまま操作量として空調機に印加するのではなくて，図7.35のシミュレーション結果のグラフでわかるように，室温偏差をフィードバックしながら評価関数が最小となるように操作量を時々刻々変化させていることがわかる．FastADR 開始直

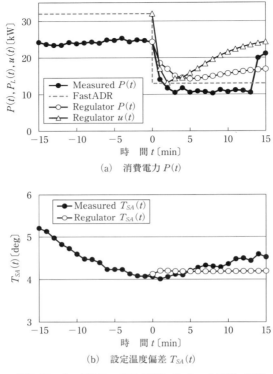

図 7.35 ビル空調 FastADR 最適レギュレータ予測の実測データ比較

後は電力制限指令に早く近づけるよう大きな指令値を出力している．この時点では，室温偏差はまだほとんど悪化していないので，大きな指令値を出すことが，結局 FastADR 全期間を通じ評価関数を最良にできるよう状態フィードバックされているからである．

　電力が急激に減少していき FastADR 抑制指令値に近づくと，今度は操作量を徐々に戻して電力抑制をゆるめていっていることがわかる．本来，従来のフィードフォワード固定制御なら室温偏差が徐々に上昇，悪化し始めるところである．しかし，最適レギュレータが操作量を徐々に戻して電力抑制をゆるめていっているので，室温偏差は FastADR 開始時点の室温を保持できている．この例は，評価関数のペナルティパラメータが室温重視となっているので電力抑制実績を FastADR 指令値から若干離れていっても，室温を保持するほうが評価関数が最適値となるよう

設定してあったからである．仮に，室温を悪化させても FastADR 電力抑制指令値に応答電力を近づけることを最優先としたいなら，そのように評価関数のペナルティパラメータを配分すればよい．

このように，FastADR 応答に応答精度に対するインセンティブ経済性と，当該空調空間の室温保持重要度とのトレードオフを調整することで，電力抑制重視か室温保持優先かを適切な割合にトレードオフする制御方式が実現できる．

7.6 仮想発電所の通信とトラフィック評価

7.6.1 FastADR の Web サービス通信解析

大規模な仮想発電所システムを実現する1つのポイントは，広域に分布する数百，数千もの需要家設備群をデータ通信により集約して需給調整することである．中央給電指令所からの経済的運用制御（Economic Dispatch Control：EDC）制御において，既存の火力発電所などと同等に制御するためには，数分の応動性をもつ必要がある．これを実現するには，通信面の性能でいうと，約1分といったオーダーで大量の分散電源リソースとの情報交換を集約できるかが課題となる．

仮想発電所システム全体のうち，電力会社の電力系統運用機関と仮想発電所最上位の仮想発電所アグリゲータ（アグリゲーションコーディネータ）間の OpenADR 通信部分は，相手も限られるので専用回線の採用などで性能確保は可能であろう．

例えば需要家100棟分をまとめた OpenADR の FastADR は平均約2秒で完了可能との報告もある[7.21]．また，OpenADR 2.0 規格では FastADR の時間の一例として4秒と記されている[7.18]ことからも，この上流部分は専用回線による高速通信による実装により確保されることで，通信遅延については大きな問題とはならないと思われる．

したがって，仮想発電所通信システム全体で問題となるのは，下流のリソースアグリゲータと需要家群のアグリゲーション部分である．この部分は何百，何千という膨大な数の需要家と低コストの通信インフラを使って情報交換する必要がある．近い将来では，通信インフラはインターネットベースの広域 Web サービス通信となると仮定するのが妥当であろう．

インターネットを利用する場合，各需要家のファイアウォールを改造したり，詳細を打合せせずに通過させるという問題や，リソースアグリゲータと各エネルギーリソースコントローラ（ERC）間の相互接続性問題から，HTTP プロトコルを使っ

た Web サービス通信ベースが現実的な 1 つの実現策であろう[(7.25), (7.26)].

　本節では，アグリゲーション Web サービス通信における通信フレームワークとして IEEE1888 規格[(7.19)] のデータ伝送特性を検討してみる．この通信フレームワーク規格は，第 3 章で紹介したように，インターネット設備監視に特化して開発され，IEEE/ISO 規格化されたフレームワークである．この規格は HTTP を使った Web サービス通信を前提としているので，多様な需要家に対し相互運用性に優れたシステムを構築できると思われる[(7.26), (7.27)]．ただし，注意を要する点は，TCP/IP 上の HTTP を使っているためインターネットデータ伝送時間が場合によっては数秒程度かかる場合があり，かつそのデータ伝送遅延が確率的に分布することである[(7.20)]．

　リソースアグリゲーション Web サービス通信の遅延時間の目標例として，業界の代表的プロバイダでは 1 分以内に各需要家と Web サービス通信完了を前提としている[(7.29)]．また，ビル設備側との応答時間のばらつきは，先行研究[(7.28)] の標準偏差が 9.5 秒という実測例から，最大値をその 3 倍の 30 秒と仮定した．つまり，最大遅延 1 分以内のためにはばらつき最大値 30 秒を考慮し，本節では遅延期待値を 30 秒以内にすることを検討した．

　また，データ伝送遅延のほかに，リソースアグリゲータは多くの需要家と対応するためサーバーの処理能力も考慮しなければならない．近年コンピュータは低価格のため，サーバー台数を増やして並列に処理することができる．しかし，リソースアグリゲータの目的は目標抑制量まで各需要家からの抑制量をかき集めて電力抑制を達成することにあり，一度に多数の需要家に抑制を要請して需要家が一斉に応答したとき，電力制御が振動的になる問題の可能性は回避しなければならない．そのため，リソースアグリゲーション Web サービス通信をしながら，各需要家からの抑制量を積み上げて目標抑制量まで順次需要家とネゴシエーションするような方法が適切な場面もあるだろう．

　本節では，リソースアグリゲーション Web サービス通信システムのスケーラビリティ検討にあたり，トラフィックに待ち行列理論を適用することを試みるため，各リソースアグリゲーションサーバーは IEEE1888 の Web サービス通信により電力抑制量を需要家に対し要求して回答を得てから，次の需要家に対し要求するという順次抑制量積み上げ方式を仮定した．そして，並列による高速化としては，リソースアグリゲータのサーバー単位で並列増設して対応することを前提に検討を行う（図 7.36）．

7.6 仮想発電所の通信とトラフィック評価

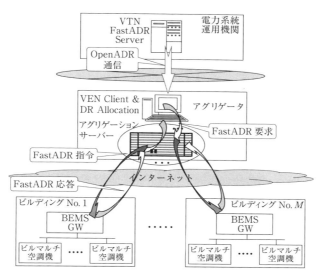

図7.36 仮想発電所におけるビルマルチ空調FastADRアグリゲーション通信システムのトラフィックを解析するためのモデル化

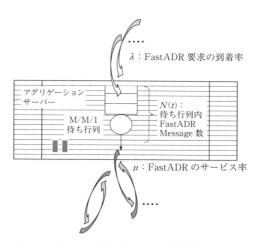

図7.37 リソースアグリゲータのアグリゲーションサーバーにおける送信バッファ内部のWebサービス通信の待ち行列モデル

図7.37は本節におけるリソースアグリゲータのシステムのうち対象とする部分（図7.36中丸で囲った部分）に待ち行列理論を適用させたものである．つまり，アグリゲータ内部のアグリゲーションサーバーに待ち室があると考え，BEMS単位のFastADR指令を待ち行列における客として扱うこととする．1回のサービス時間は，アグリゲーションサーバーからBEMSへの電力抑制要求からBEMSからアグリゲーションサーバーへの電力抑制可能回答までとする．

図7.38はアグリゲーションサーバーへのFastADR Message数の待ち行列到着モデルを示す．本節では1日に1回発生するかしないかというまれなイベントとしてのデマンドレスポンスを仮定する．FastADR発令は電力会社側サーバーVirtual Top Node（VTN）から専用回線でアグリゲータ側クライアントVirtual End Node（VEN）に通知される．VEN Client & Allocatorはトータル要求量を設備負荷群に割当てしてデマンドレスポンスAllocation Message群に分解する．そのMessage群はVEN Allocatorから秒単位という短時間にバースト的にアグリゲーションサーバーに最短時間で順次入力されるものとする．したがって，アグリゲーションサーバーへの到着トラフィックは孤立した短時間のバースト的なポアソン到着確率分布モデルとする．

本節では，M/M/1型待ち行列モデルを用いる．もっと複雑な到着確率分布，サービス処理確率分布，および待ち室構造をもつ待ち行列モデルも種々提案されているが，待ち行列長さの確率分布を過渡状態も含めて解析的に1つの数式で表せることを重視してM/M/1型による解析例を述べる．

M/M/1待ち行列モデルは，到着発生確率分布がポアソン分布，サービス時間確率分布が指数分布，待ち室の長さは無限大というモデルである．到着もサービスもMarkov的であることから，到着もサービスもMという記号で表される．最後の

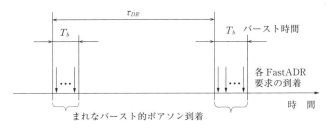

図7.38 アグリゲーションサーバーにバースト的に到着するFastADR電力抑制指令の到着時間間隔のモデル化

7.6 仮想発電所の通信とトラフィック評価 **205**

記号1は，同時に1つのサービスだけ処理されることを意味する．

当然，実際のFastADRアグリゲーションサーバーの通信処理は，もっと複雑な
プロセスである．それにもっと実際に近い待ち行列モデルも存在するが，解析的に
過渡現象を解けるモデルはM/M/1だけである．本節ではバースト的に一度に集中
してFastADR指令が上流から到着した際の処理能力を調べることに重点をおく．
したがって，過渡現象を記述できることを最優先としてM/M/1待ち行列モデルを
採用する．

M/M/1待ち行列はその状態方程式の過渡解を解析式で記述できる．時刻 t での
待ち行列内アグリゲーションWebサービス通信メッセージ数 $N(t)$ が $N(0)=j$，
$N(t)=r$ となる確率 $P_{j,r}(t)=P\{N(t)=r \mid N(0)=j\}$ に関する状態方程式は以下の
式である[(7.30), (7.31)]．

$$\frac{d}{dt}P_{j,r}(t)=\begin{cases} -\lambda P_{j,0}(t)+\mu P_{j,1}(t) & (r=0) \\ \lambda P_{j,r-1}(t)-(\lambda+\mu)P_{j,r}(t)+\mu P_{j,r+1}(t) & (r\geq 1) \end{cases} \tag{7・101}$$

上記状態方程式の過渡解は，すなわち，待ち行列内のメッセージ数 $N(t)$ が初期
状態で j，時刻 t で r である確率 $P_{j,r}(t)$ は以下の式で計算できる[(7.30), (7.31)]．

$$P_{j,r}(t)=\exp[-(1+\rho)\mu t]\cdot\rho^{\frac{r-j}{2}}\cdot\left\{J_{r-j}+\rho^{-\frac{1}{2}}\cdot J_{r+j+1}\right.$$

$$\left.+(1-\rho)\sum_{k=1}^{\infty}\left[\rho^{-\frac{k+1}{2}}\cdot J_{r+j+k+1}\right]\right\} \tag{7・102}$$

$$J_n=I_n(2\mu t\sqrt{\rho})=I_n(2t\sqrt{\mu\lambda}) \tag{7・103}$$

ここで，ρ は到着率 λ とサービス率 μ の積，$I_n(2t\sqrt{\mu\lambda})$ は n 次ベッセル関数であ
る．

したがって，時刻 t における待ち行列内メッセージ数の期待値 $E[N(t)]$ は，時
刻 t において r 個である確率を乗じて総和をとることで次のように与えられる．

$$E[N(t)]=\sum_{r=0}^{\infty}P_{0,r}(t)\cdot r \tag{7・104}$$

全体システムにおける送信先ビル棟数，つまり，宛先エネルギーリソースコント
ローラ（ERC）あるいはビルエネルギー管理システム（BEMS）といった，送信す
べき通信装置の総数を M とする．

図7.39にアグリゲーションサーバー内の送信バッファ内FastADR指令の送信
処理状況を概念的に示す．時刻 $t=0$ をWebサービス通信要求開始時刻とし，その
時点でのシステム内客数を $N(0)=0$ とする．FastADR抑制指令を送る頻度は少な

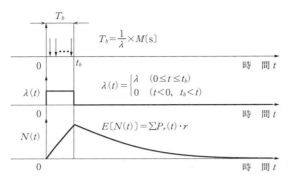

図 7.39 M/M/1 待ち行列モデルにおいて，バースト的にかつランダムに到着した FastADR 指令群の送信待ち指令数 $N(t)$ の過渡変化

く，十分な時間間隔をあけて FastADR のアグリゲーションが行われる．つまり，バースト的に通信パケットが待ち行列に到着すると仮定している．

本解析における FastADR Message 到着のバースト時間 T_b は $t=0$ から VTN より全 FastADR Message が到着した時刻 t_b までの時間とする．また，このバースト時間 T_b の到着率を λ とし，それ以外の時刻の到着率は 0 とおく．

理論解析には，バースト到着時間 T_b における到着率 λ とアグリゲーション Web サービス通信のサービス率 μ のパラメータ値が必要である．λ, μ は次項で説明する試験設備にダミーのインターネット環境と実際の Web サービス通信ソフトウェアを装備させて計測したものを使用する．本解析モデルは図 7.39 に示すようにステップ状に定常状態となる仮定なので 1000 回の実測平均値により定常状態値とした．λ については実験室 LAN 環境，μ については後述のダミーインターネット環境で実験的に求めるものとする．

7.6.2　FastADR の Web サービス通信シミュレーション

広域に分散する大規模な設備群を実際に用いて FastADR アグリゲーション Web サービス通信実験を行うことは難しい．そこで本項では，実機を用いないで，実際のアグリゲーション通信のデータ伝送通信トラフィックを評価する方法を述べる．具体的には，図 7.40 に示す実時間シミュレーション（エミュレーション）実験設備を例として示す．この実験設備は，電力系統需給とビルマルチ空調群仮想発電所をリアルタイムでシミュレーション実行させて結合させる実験設備である．

7.6 仮想発電所の通信とトラフィック評価

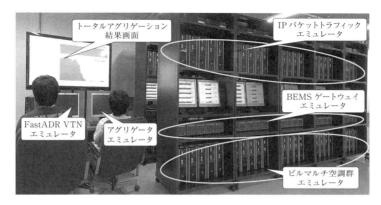

図 7.40 ビルマルチ空調 FastADR アグリゲーション通信の実時間シミュレーション（エミュレーション）実験設備の例

このシミュレーション実験設備では，総数約 100 台のコンピュータにより FastADR アグリゲーション Web サービス通信を実際に実装し構築したものである．この設備では実際のアグリゲーション Web サービス通信を忠実に実装しており，現実の遅延時間発生確率を再現し実験を行うことができる．

この設備ではインターネットの確率的な遅延や IP パケット伝送ミスの確率的発生を模擬するため，長距離インターネットの典型的な伝送条件を再現した．具体的には，広域ネットワーク環境を再現するための IP パケットトラフィックエミュレータとして定評がある Dummynet エミュレータ[7.32]を用いている．

本項の実験では，Dummynet のパケットロス発生確率は Gilbert-Elliot ロスモデル[7.33], [7.34]によって発生させる．Gilbert-Elliot ロスモデルはバースト的にパケットロスが発生するという実際のインターネット環境のパケットロスに近い挙動を模擬できる．長時間の平均としてのパケットロス発生率 PL は典型的なインターネット環境の値 2% を採用する[7.25], [7.28]．

実験ではアグリゲーションサーバーと BEMS 間が遅延小のケースと遅延大のケースの 2 つの場合を考え，各 100 回実験を行い，その平均と理論解析の期待値を比較する．

図 7.41 に本実験設備における FastADR アグリゲーション Web サービス通信シーケンスを示す．前述のようにアグリゲーションサーバーと各 BEMS 間のアグリゲーション Web サービス通信には IEEE1888 規格を用いて実装している．具体的には，デマンドレスポンス要求をサーバー側から通知する「サーバープッシュ」を

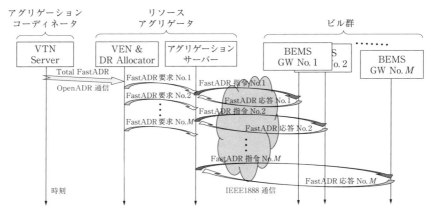

図7.41 ビルマルチ空調機の FastADR アグリゲーション通信システムの全体シーケンス概念図

可能とする IEEE1888 TRAP Web Service を使用している．これはクライアント側である BEMS が最初に希望条件をサーバー側であるアグリゲーションサーバーに登録しておき，条件成立時にサーバーからクライアントに通知可能とする広域遠隔制御に適した Web サービス通信である．

逆に，ビル側から電力抑制結果を報告するには，クライアントからサーバーへ書き込む通常の IEEE1888 WRITE Web Service を用いて実装している．なお，本項では対象外となる電力会社 VTN Server 側の OpenADR 通信部分は，リソースアグリゲータの上位側機能である VEN Client & DR Allocator がその機能も担う形で構成させている．

このように大規模な数の需要家群との FastADR アグリゲーションに拡張可能なように，現段階で使用可能な標準規格の広域監視制御 Web サービス通信方式を駆使して FastADR アグリゲーション Web サービス通信システムを実験室内に構築している．

本項では，FastADR の広域 Web サービス通信は一般的な商用インターネットで他の通信が同居している遅延条件を想定している．将来の通信技術発達を考慮して現状のインターネットフィールドテスト実験値を将来の最悪値と想定して検討した．実験条件として，典型的および長距離のインターネット環境条件として，ネットワークの IP パケット往復遅延時間は $RTT=10$ ms および 100 ms，IP パケットロス率は $PL=2\%$ を用いる．これら RTT と PL は，我々の遠隔ビル管理 Web サービス通信に関する先行研究[7.25]においてフィールドテストで実測された名古屋

~東京および名古屋~バンコクのインターネット RTT 実測データから，国内と海外の最小最大典型値と仮定している．

理論解析に使う平均到着率 λ と平均サービス率 μ の値は，図7.40に示した実験設備による実測から求める．上位の VEN & DR Allocator の PC からアグリゲーションサーバー PC に到着する FastADR メッセージ平均到着率は $\lambda=9.4$ messages/s であった．また，アグリゲーションサーバーのサービス率は定常状態1000回のWeb サービス通信時間の平均を計測したところ，$RTT=10$ ms の場合 $\mu=1.46$ services/s, $RTT=100$ ms の場合 $\mu=0.82$ services/s であった．これらのパラメータ値を使って処理待ちサービス数 $N(t)$ の時間変化について理論値と実験値の比較を行った．その結果，図7.42に一例を示すように，1回ごとは確率的な結果となるが，100回試行の平均をとってプロットすると，$N(t)$ の理論解析期待値と実験平均値のグラフがおおむね一致した．

実験と理論解析の比較に用いるパラメータの定義として，図7.43に示すアグリゲーションサーバー内の処理待ち FastADR Message 数 $N(t)$ のピーク値を N_{peak} と定義する．また，FastADR Message 到着開始後，$N(t)$ が10%以下に減少するまでの時間をアグリゲーション Web サービス通信完了時間を T_{AG} と定義する．厳

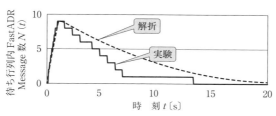

(a) 1回の実験値と解析値の比較

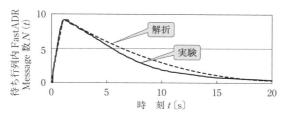

(b) 100回の実験平均値と解析値の比較

図7.42 FastADR 通信システム実時間シミュレータの繰返し実験の平均値と待ち行列解析値を比較

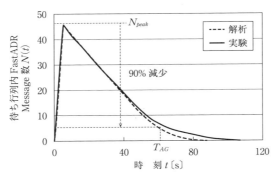

図 7.43 アグリゲーションサーバー内送信待ち FastADR 指令の過渡現象について待ち行列解析値とシミュレーション実験の比較

密には0%となる時間とすべきだが，理論解析では無限時間経過しないと$N(t)$が完全に0とはならないため10%となる時間を基準とする．現実的なシステム設計としてはこの10%期待値をもとに通信層タイムアウト処理しても応用層がリカバリさせることはシステム設計の定石なので，この定義でも十分に有意義である．

アグリゲータのアグリゲーションサーバーとエネルギーリソースコントローラまたはBEMS間のネットワーク環境としては，前述のケース1（高速インターネット：$RTT=10\,\mathrm{ms}$）とケース2（低速インターネット：$RTT=100\,\mathrm{ms}$）の2つのケースについて検討してみる．それぞれのケースでアグリゲーションサーバーが1台当たりの配下ビル数，つまり相手BEMS数Mを増加させていき，上記アグリゲーションWebサービス通信完了時間T_{AG}の実験と理論解析を比較するものとする．

これまで述べたアグリゲーションWebサービス通信のスケーラビリティ理論解析とWebサービス通信実験結果の比較を実施する．実験設備の規模としては，エネルギーリソースコントローラ，またはBEMS数Mが50台まで計測が可能であったので，この範囲で理論値と実験値を比較する．

まずアグリゲーションサーバー内待ち行列ピーク値N_{peak}については，すべての条件で数%以内の誤差で予測することができることが確認できる．次に，本項の重要なアグリゲーションWebサービス通信完了時間T_{AG}について図7.44(a),(b)に待ち行列モデル解析値とエミュレーション実験値の比較結果を示す．高速インターネットケース1，低速インターネットケース2ともに理論解析と実験結果がほぼ一致した．本項の理論解析は，アグリゲーションWebサービス通信時間のスケーラ

7.6 仮想発電所の通信とトラフィック評価 *211*

ビリティを検討する上で，ビル棟数 $M=100$ 程度までは定量的推定の一助として有用な情報が得られるレベルにあるといえる．

具体的なスケーラビリティの検討ケースとして，火力発電所相当の 100 MW 級 FastADR アグリゲーションシステムを考えてみた．この削減需要 100 MW とは，例えばオフィスビル空調でデマンドレスポンスをまかなうとすると，典型的な中規模オフィスビルの空調電力なら約 1 000 棟分となる．このような大規模なケースは実験を実施することが不可能なので，本節で開発した待ち行列の理論解析で検討してみる．

アグリゲーション Web サービス通信完了時間 T_{AG} を理論解析で予測すると，低速インターネット（$RTT=10$ ms），パケットロス率なし（$PL=0$%）の場合でさえ本解析モデルで $M=1000$ を計算すると $T_{AG}=761$ s も必要という結果となった．この Web サービス通信が届いてから各ビル需要側負荷が電力を抑制し始めるので，これでは発令後数分で応答する電力需要抑制サービスが目的の FastADR の要件である 1 分で電力需要を目標レベルまで抑制するという即応性を実現できない．

そこで，アグリゲータのアグリゲーションサーバーの並列実行などの改善が必要である．FastADR アグリゲーションシステムの並列化を調べてみると，担当する BEMS 数 $M=40$ とすると，図 7.44（a）に示すように，理論解析では 27 s となる．これは，例えば，1 000 棟のビルを 40 棟ずつ 25 システムに並列化することで，目標として設定したアグリゲーション Web サービス通信完了時間 30 s をほぼ満足できるというスケーラビリティ見積もりである．

ただし，ビル 40 棟ごとに 1 つのアグリゲーションシステムを設けるという構成は，その設備投資の検討も必要と思われる．今回は順次抑制積み上げ方式で IEEE1888 通信プロトコルを仮定したが，一斉に FastADR を要請して応諾返答を乱数遅延で分散させるなどの通信プロトコルの工夫も考えられる．その際も本項のようなスケーラビリティ解析は有用だと思われる．

機器が実際に電力を下げて，それを BEMS がアグリゲータに逐次電力時系列を報告するまでの遅れがある．我々の研究[7.35]では，実際のビルマルチ空調設備でデマンドレスポンス要求/回答 Web サービス通信で順次停止させた実測データをもとにモデル化してシミュレーション実験[7.35]した結果を示す．

図 7.45 はその先行研究シミュレーション実験の一例である．図中 t_0 から t_1 が本書で解析した FastADR アグリゲーション全通信時間 T_{AG} であり，その後の t_1 から t_2 の時間が 100 台の空調機すべての電力抑制動作が完了する時間が T_{BW} であ

212　　　　　　　　　　　第 7 章　仮想発電所の性能

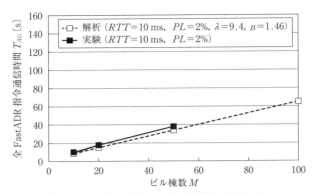

(a) Case 1：高速なインターネット環境，$RTT=10$ ms

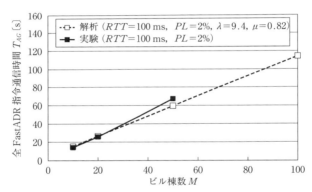

(b) Case 2：低速なインターネット環境，$RTT=100$ ms

図 7.44　アグリゲーションサーバーの全 FastADR 指令送信完了時間に関する全送信先数に対するスケーラビリティ解析

る．この例では，T_{AG} が 102 s，T_{BW} が 252 s かかっている．本理論解析では T_{AG} 部分だけを対象としており，図 7.44(b) において読み取ると $T_{AG}=117$ s に対応している．この例はビルマルチ空調設備の一例ではあるが，FastADR 全体時間は $T_{AG}+T_{BW}$ であり，本書が対象としている通信部分 T_{AG} は全体の $102/(102+252)$，つまり約 30％程度を占めるという知見が得られる．

　リソースアグリゲータからのデマンドレスポンス要求/回答 Web サービス通信による指令値が各需要家に行きわたってから，その後の電力削減過程は実際の設備次第でさまざまある．ここでは本節の目的である一般的な統一モデルによるスケーラビリティの理論解析には含めないことにする．実電力抑制過程の遅延はさまざま

7.6 仮想発電所の通信とトラフィック評価

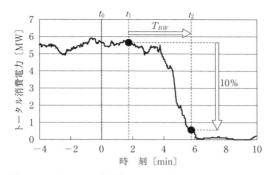

図 7.45 ビルマルチ空調機 100 台に対する FastADR アグリゲーション通信のシミュレーション実験結果の例

といっても重要な問題であるため，今後は統一負荷モデルとして標準化しやすいビルマルチ空調機の電力抑制モデルを本節のアグリゲーション遅延解析と合体して，意義あるスケーラビリティの解析にしていく必要がある．

第 **8** 章

仮想発電所の通信構築

第2部 構築技術編

8.1 OpenADR の通信規格

8.1.1 OpenADR 規格の通信方式

OpenADR におけるデマンドレスポンスイベント等のデータは，XML スキーマ定義言語（XSD）[8.1] で定義された XML 形式のメッセージでやり取りされる．そのメッセージの問合せ方式には PUSH 型と PULL 型の 2 つが用意されている．

PUSH 型と PULL 型の違いは，VTN から VEN にメッセージを伝達する場合の主体と対応する通信プロトコルにある．PULL 型の場合，VEN を主体とし，VTN に対し定期的にメッセージの通知を要求（ポーリング）し，その通信プロトコルには HTTP を利用する．PUSH 型の場合，VTN を主体とし，VEN に対しメッセージを直接通知し，通信プロトコルとして HTTP または **XMPP**（Extensible Messaging and Presence Protocol）[8.2] を利用する．

HTTP（Hypertext Transfer Protocol）は，HTML（Hypertext Markup Language）で記述された Web ページをやり取りするための通信プロトコルであるが，現在では Web ページに限らず，さまざまな分野でデータ交換のためのプロトコルとして使用されている．なお，HTTP にはセキュリティ機能は含まれないため，実際は TLS を組み合わせた **HTTPS**（Hypertext Transfer Protocol Secure）が使われることが多くなっている．

また，XMPP はリアルタイムに双方向通信ができる通信プロトコルである．もとは Jabber というインスタントメッセージアプリで使用されていた通信プロトコルに対し，セキュリティ機能等を追加して開発されている．

TLS（Transport Layer Security）は，インターネット上でセキュア（安全）な通信路をつくるために使用される部分的なプロトコルであり，別のプロトコルと組み合わせて使われる．このとき，暗号化に使われるアルゴリズムの組み合わせを**暗号スイート**と呼ぶ．

また，これらの問合せ方式としている理由は，自動デマンドレスポンスではデマンドレスポンスイベントのようないつ生じるかわからない情報を VTN から VEN に伝達する場面が存在するためである．PUSH 型であれば，そのような場面でも問題ないことはいうまでもないが，PULL 型であってもポーリングにより疑似的にリアルタイムで伝達できるようになっている．

また，これらの問合せ方式と通信プロトコルの組み合わせには OpenADR 通信

表 8.1　OpenADR における通信方式

通信方式	通信メッセージ	問合せ方式	通信プロトコル
Simple HTTP PULL	XSD で定義された XML	PULL 型	HTTP
Simple HTTP PUSH		PUSH 型	
XMPP			XMPP

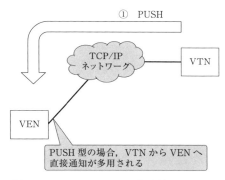

図 8.1　OpenADR の PUSH 型の通信シーケンス

方式として名前がついており，それを表 8.1 に示す．また，各問合せ方式における通信シーケンスの例を図 8.1，図 8.2 に示す．

これらのメッセージの保護のために，OpenADR では標準で TLS 1.2，および，暗号スイート ECC，RSA の実装を要求している．加えて，高度なセキュリティが必要な場合は，XML 署名を利用することになっている．

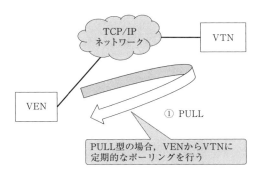

図 8.2　OpenADR の PULL 型の通信シーケンス

8.1.2 OpenADR 規格による通信サービス

OpenADR 2.0 は米国のエネルギー関連標準規格 EI 1.0（Energy Interoperation 1.0）[8.3] の一部のような形で策定されている．EI 1.0 では，OpenADR プロファイルとしてデマンドレスポンスを構成するさまざまな通信（サービス）を表 8.2 に示す 8 つに整理しているが，そのうち 4 つのサービスで OpenADR 2.0 はすでに実現されている．これは，策定時点ですでに提供されていたデマンドレスポンスサービスを実現することを目的としたためであり，現時点では残りの 4 つのサービスは将来の仕様に含めるとなっている．これを図にまとめると図 8.3 となる．

また，これらのサービスを実際に利用してデマンドレスポンスを実現した場合の例が図 8.4 である．この例では，通信方式として XMPP を使用した場合における VEN の登録，デマンドレスポンス対象設備のステータス報告，デマンドレスポンスイベントへの受信・応諾までを示した．OpenADR では各サービスを，いくつかの**ペイロード**（メッセージ内容）の決められた交換シーケンスに従い，やり取りする形にして実現している．

表 8.2　EI 1.0 OpenADR プロファイルに含まれるサービス

サービス	概　要
EiRegisterParty	VTN に対し，VEN 自身の情報を登録・更新・削除するためのサービス
EiEvent	VTN が VEN に対し，デマンドレスポンスイベントの通知・変更・キャンセルを行うサービス．このデマンドレスポンスイベントには開始終了時間やそのときの価格情報等が含まれる
EiReport	VEN が VTN に対し，デマンドレスポンス対象の設備のステータスを通知したり，それを VTN から VEN に要求したりするときのためのサービス
EiOpt	VEN が VTN に対し，デマンドレスポンスイベントへの短期的な参加可否の変更通知，およびデマンドレスポンスイベントの受諾/拒否の通知を行うときのためのサービス
EiEnroll*	VEN が VTN に対し，デマンドレスポンス対象の設備をデマンドレスポンスに参加させるためのサービス
EiAvail*	VEN が VTN に対し，デマンドレスポンスイベントへの長期的な参加可否を通知するためのサービス
EiMarketContext*	電力市場および，そのデマンドレスポンスプログラムに関する情報を提供するサービス
EiQuote*	電力価格情報を提供するサービス

（注）　サービス名に * がついているものは，現状の OpenADR 2.0 には含まれない

8.1 OpenADRの通信規格

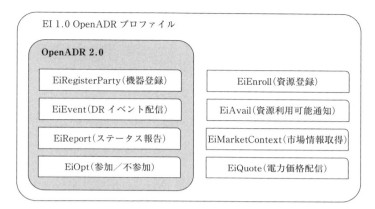

図 8.3 OpenADRを構成するサービス

次にOpenADRを構成する各サービスのうち，最も重要なEiEventサービスのペイロードと交換シーケンスについて述べる．**EiEventサービス**とは，VTNがVENに対し，デマンドレスポンスイベントの通知・変更・キャンセルを行うためのサービスである．このサービスを構成するペイロードは主にoadrDistributeEventとoadrCreatedEventの2つである．具体的には，デマンドレスポンスイベントの情報はoadrDistributeEventペイロードを使用して伝達される．そして，このペイロードでデマンドレスポンスイベントの参加可否の応答を要求する場合に使用されるのがoadrCreatedEventペイロードである．

各問合せ方式についてEiEventサービスにおける交換シーケンスを図にしたものが，図 8.5 である．oadrDistibuteEventペイロードは，PUSH型の場合にはVTNからVENに直接送信されるのに対し，PULL型の場合はVENがVTNに定期的に送信する通知要求（ポーリング）ペイロードの応答として送信されるほか，VENからoadrRequestEventペイロードをVTNに送信することで得ることも可能である．なお，oadrCreatedEventペイロードは，VTNから要求された場合に（PUSH/PULL型にかかわらず），非同期でVENからVTNに送信される．

また，oadrDistibuteEventペイロードに含まれている項目（XML要素）には，そのメッセージのID（requestID要素）と送信したVTNのID（vtnID要素），そして0以上のデマンドレスポンスイベント（oadrEvent要素）がある．そして個々のデマンドレスポンスイベントを示すoadrEvent要素にはそのイベントの詳細，つまり，いくつかのデマンドレスポンスシグナル（価格や使用量の変更要請等）の

220　第 8 章　仮想発電所の通信構築

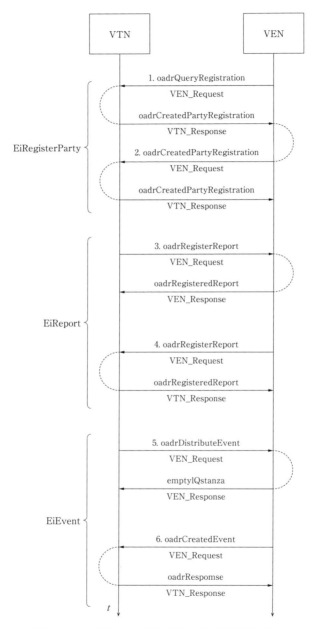

図 8.4　OpenADR デマンドレスポンスサービス通信の例

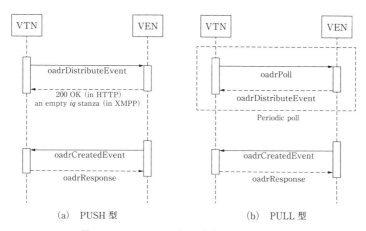

図 8.5 EiEvent サービスの交換シーケンスの例
(OpenADR Alliance：OpenADR 2.0b Profile Specification A Profile, Revision Number 1.0, (2015), pp. 23〜24 より一部改変).

値とそのシグナルの適用期間を含む eiEvent 要素と，VEN が oadrCreatedEvent ペイロードにより応答が必要かどうかを示す oadrResponseRequired 要素の 2 つが存在する．

eiEvent 要素の eiActivePeriod 要素では，デマンドレスポンスイベントの開始時刻や実施時間を定義する．また eiEvent 要素の eiEventSignals 要素では eiEventSignal 要素を複数もち，各 eiEventSignal 要素ではデマンドレスポンスイベント内で実施されるデマンドレスポンスシグナルの値や期間等を定義している．デマンドレスポンスイベントとデマンドレスポンスシグナルの関係性や時間的な流れを図に整理したものが図 8.6 である．

ここで，規定されているデマンドレスポンスシグナルの種類にはプロファイルにより違いがある．2.0a では eiEventSignal 要素について Simple level と呼ばれる 0〜3 までの 4 段階での単純なレベル制御のみが規定されている．2.0b では，2.0a の Simple Level に加え，価格や負荷削減量等を差分値や絶対値により指定するものも規定されている．

2.0b において，PULL 型の問合せ方式を採用するときのポーリングに用いるペイロードは oadrPoll という．この oadrPoll は VTN が通知する必要があるペイロード（oadrDistributeEvent を含む 7 つ）を受け取るために使用される．つまり，VEN が VTN に oadrPoll を送信すると，その時点で VTN が通知すべきペイロー

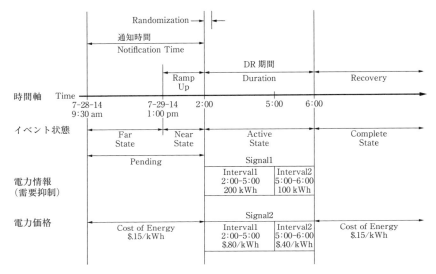

図8.6 OpenADRにおけるデマンドレスポンスイベントの流れ

ドのいずれか，あるいは，そういったものがない場合はoadrResponseペイロードが返信される．なお，2.0aにおいてはoadrPollペイロードの代わりにoadrRequestEventペイロードを用いてポーリングを実行する．

8.1.3 OpenADR規格のソフトウェア実装

ここまでOpenADRの概要やアーキテクチャについて述べてきたが，本項ではOpenADRの実装に関しての説明や，実際に動作を確かめることのできるソフトウェアの紹介などを行う．

〔1〕 OpenADR 2.0aと2.0bの違い

8.1.2項で説明したとおり，OpenADRには2.0aと2.0bの2つのプロファイルが存在する．この項ではこの違いについての詳細を述べる．

OpenADR 2.0aではシンプルな装置を対象としているため，通信サービスのうちEiEventのみ，それも先述のとおり0~3の4段階の制御のみ，対応となっているほか，制御対象の選択方法に制限をかけたり，一部項目がサポートされていなかったりしている．また，通信方式はSimple HTTPのみが必須であり，XMPPはオプションとなっており，そのエンドポイントアドレスにおいても2.0bと違いがある．

8.1 OpenADR の通信規格

対して，OpenADR 2.0b では，通信サービスは先に述べた4つのサービスすべての実装が必須となっている．もちろん EiEvent の制御に関する制限もない．また，通信方式については，VTN は Simple HTTP および XMPP の両方が必須，VEN はそのどちらか一方の実装が必須となっている．

一方，VTN，VEN の実装要件としては，VTN は 2.0a と 2.0b の両方の実装が，VEN はどちらか一方の実装が必要となっている．なお，OpenADR 2.0b が策定・公開されるまでは（当然だが）VTN も 2.0a のみの実装で許されていたので，VTN ソフトウェア等を選定する場合は 2.0b が実装されているのかに注意が必要である（VTN は両方を実装した場合に限り OpenADR 2.0b 準拠となる）．

表 8.3 は，OpenADR におけるサービス実装の規定をまとめたものである．

表 8.3 OpenADR におけるサービス実装の規定

	VTN	VEN		
	B	A	B	B (Energy Reporting only)
Services and Functions Support				
EiEvent				
Limited Profile (2.0a specification)	M	M	NA	NA
Full Profile	M	NA	M	NA
EiOpt				
Full Profile	M	NA	M	NA
EiReport				
Full Profile	M	NA	M*	M*
EiRegister Party				
Full Profile	M	NA	M	M
Transport Protocols				
Simple HTTP	M	M	O-1	O-1
XMPP	M	NA	O-1	O-1
Security Levels				
Standard	M	M	M	M
High	O	NA	O	O

M：Mandatory　　　　　　NA：Not available for profile
O：Optional　　　　　　　*：Optional features available
O-1：Optional, but at least one of them must be supported

〔2〕 OpenADR システムの取得

使う側として，単に OpenADR システムを構築することが目的である場合は，OpenADR の認証を受けた製品を利用することがまず考えられる．OpenADR アライアンスにおいてはそのような製品をデータベース化し，Web サイト（https://products.openadr.org/，2018 年 11 月現在）上で公開している．この Web サイトでは，プロファイルやトランスポートなどの条件や，フリーワードで検索が可能であるので，目的に応じて製品を選択すればよい．

一方，OpenADR システムにおける VTN/VEN を新規開発する場合，選択肢の1つとしてオープンソース実装を用いることが考えられる．これは一般に無償で使えることが多いため，取りあえず，OpenADR の仕組みについて勉強したいときにも有力な候補となるだろう．

OpenADR のオープンソース実装として有名なものを表 8.4 にまとめた．この表からわかるとおり，提供元によって大きく2つに分けることができる．そこで，各提供元による実装の詳細を続いて説明する．

〔3〕 EnerNoc, Inc. による OpenADR オープンソース実装

EnerNoc, Inc. は米国に本社をおくデマンドレスポンスの世界最大手の会社であり，イタリアの大手エネルギー会社である Enel Group の一員である．2013 年にはわが国の丸紅株式会社と合弁会社としてエナノック・ジャパン株式会社を設立し，経済産業省主催の実証実験や仮想発電所の商業運用などの事業を国内で行っている．

表 8.4 OpenADR の主要なオープンソース実装一覧

名　前	提供元	種　別	通　信		ライセンス	言語／フレームワーク
			Simple HTTP	XMPP		
EnerNOC OpenADR 2.0 VTN	EnerNoc	VTN	○	○	Apache License Version 2.0	Groovy, Grails
EnerNOC OpenADR 2.0 Reference Implementation		VEN	—	○	Apache License Version 2.0 （クラスパス例外付き GPLv2 のコードを一部含む）	Java
OpenADR Virtual Top Node	EPRI	VTN	○	○	BSD 3-Clause license	JRuby, Ruby on Rails
OpenADR Virtual End Node		VEN	○	—	BSD 3-Clause license	C#

8.1 OpenADR の通信規格 **225**

この EnerNoc が 2013〜2014 年にかけてリリースした OpenADR における VTN，VEN のオープンソース実装[8.4] が以下の 2 つである．

- EnerNOC OpenADR 2.0 VTN
- EnerNOC OpenADR 2.0 Reference Implementation

実装は Java と Groovy（JVM 上で動作する言語）を用いて行われており，ライセンスは Apache License Version 2.0 となっている．VEN についてはテストコードの形式でしか提供されていないため，実際の利用にあたって開発が必須である．また，VEN では，Simple HTTP は実装されていないが，XMPP は実装されており，その点が EPRI 側実装に対する優位点である．

〔4〕 EPRI による OpenADR オープンソース実装

EPRI（Electric Power Research Institute, Inc.）とは 1972 年に米国で設立された電力研究所（日本における一般財団法人電力中央研究所に相当）であり，公共の利益のためにエネルギーおよび環境について研究する独立非営利組織である．これに，米国だけでなくわが国を含め，世界各国の企業が会員として参加している．

EPRI が提供する OpenADR の VTN，VEN のオープンソース実装[8.5] は 2016〜2017 年にかけてリリースされたものであり，それを次に示す．

- OpenADR Virtual Top Node
- OpenADR Virtual End Node

VTN は JRuby（JVM で動作する Ruby）で実装されており，Ubuntu16.04 上で動作させることができる．対して，VEN は C# で実装がされており，Windows 7 以上で動作させることができる．ライセンスはどちらも BSD 3-Clause license となっている．

なお，EPRI が提供するものは OpenADR の認証を受けており，アライアンスの Web ページ上でも紹介がなされている．

〔5〕 OpenADR の認証手続き

OpenADR 対応の製品を開発・販売する場合，準拠した製品として認定を受けるには，OpenADR アライアンスの認証プログラムに基づき，次のような手順が必要となる．

① OpenADR アライアンスへの加盟
② プロトコル実装適合声明書（PICS）の記入
③ OpenADR アライアンスの認定を受けた試験機関による PICS に基づく認証試験の完了

④ OpenADR アライアンスに必要書類を提出
⑤ OpenADR アライアンスの承認

OpenADR の具体例として EiEvent サービスの例を示す．この例では 2019 年 5 月 1 日 3 時（UTC）から 15 分間，電力指令値 $P_L = 20.0\,\mathrm{kW}$ を設定している．

この例は XMPP 通信で送信されるペイロードであり，XMPP データ部分に OpenADR のメッセージが搭載されている．HTTP 通信の場合，XMPP ヘッダ部分が HTTP ヘッダに替わり，データ部の OpenADR のメッセージは共通である（図 8.7）．

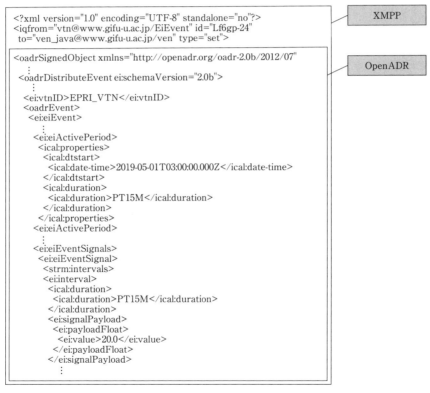

図 8.7　XMPP 通信方式による OpenADR のペイロード例

8.2 IEC61850の通信規格

8.2.1 IEC61850の論理ノード構成

第3章で述べたように IEC61850 通信規格の対象は電力設備の制御である．その制御アプリケーション（例えば，保護，制御，測定，監視など）に必要なすべての機能は，仕事の役割，開始基準，期待される出力，性能基準により識別される必要がある．これらの機能は，論理ノードに分解される．

IEC61850 シリーズの一般的なアプローチは，IEC61850-5 に記述されているように，アプリケーション機能を最小のエンティティに分解し，情報の交換に使用することである．粒度は，これらのエンティティを専用デバイス（IED）に合理的に分散配置することによって与えられる．このエンティティが論理ノードである．論理ノードの要件は，アプリケーションの観点から，IEC61850-5 で定義されている．

これらの論理ノードはそれらの機能に基づいて，データとデータ属性を含んでいる．データとデータ属性によって表される情報は，明確なルールと IEC61850-5 で要求されている機能に従って，専用のサービスによって交換される．

各論理デバイスには，1つまたは複数の論理ノードが含まれている．論理ノードは，いくつかの論理的に関連するデータと関連サービスの名前付きグループである．

IEC61850 の物理モデルは，物理デバイスから始まる．物理デバイスは，ネットワークに接続するデバイスである．物理デバイスは，通常，そのネットワークアドレスによって定義される．各物理デバイス内には，1つ以上の論理デバイスが存在する場合がある．IEC61850 の論理デバイスモデルでは，単一の物理デバイスを複数のデバイスのプロキシまたはゲートウェイとして機能させることができ，データコンセントレータの標準表現を提供する．

図8.8 に IEC61850 の概念とデータ構造を示す．

論理ノードは，表8.5 の左項で示す論理ノードグループに従ってグループ化される．論理ノードの名前は，論理ノードが属するグループを表す識別子頭文字で始まる．フェーズごとのモデリング（例えば，回路ブレーカ）は，機能的にはスイッチであるので，表8.5 の論理ノードのグループの中から「Switchgear」に分類される．したがって，グループ識別子は［X］となる．したがって，回路ブレーカは，グループ識別子の X と，名前は Short Circuit Breaker の短縮形となり，XCBR と命名され，定義されている．

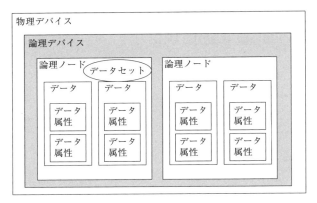

図 8.8 IEC61850 の概念とデータ構造

表 8.5 論理ノードのグループ
(IEC61850-7-4 (2003), p.15 より引用)

Group Indicator	Logical node groups
A	Automatic Control
C	Supervisory Control
G	Generic Function References
I	Interfacing and Archiving
L	System Logical Nodes
M	Metering and Measurement
P	Protection Functions
R	Protection Related Functions
S[a]	Sensors, Monitoring
T[a]	Instrument Transformer
X[a]	Switchgear
Y[a]	Power Transformer and Related Functions
Z[a]	Further (power system) Equipment

　論理ノードに定義する場合は，表 8.6 のようにフェーズごとに 1 つのインスタンスを作成する必要がある．

　各論理ノードには，1 つまたは複数のデータ要素が含まれている．データの各要素には一意の名前がある．これらのデータ名は IEC61850-7-4, IEC61850-7-3 の規格によって決定され，機能的に電力システムの目的で関連付けられる（表 8.7，表

8.2 IEC61850 の通信規格

表8.6 論理ノードの名付け例

Logical Nodes Class Name：XCBR（回路ブレーカ：circuit breaker）	
論理ノードの名前	意　味
XCBR 1	Short Circuit Breaker unit 1
XCBR 2	Short Circuit Breaker unit 2
XCBR 3	Short Circuit Breaker unit 3

表8.7 XCBR 論理ノード
（IEC61850-7-4（2003），p.18 より引用）

XCBR class					
Attribute Name	Attr. Type	Explanation		T	M/O
LNName		Shall be inherited from Logical-Node Class (see IEC61850-7-2)			M
Data					
Common Logical Node Information					
		LN shall inherit all Mandatory Data from Common Logical Node Class			M
Loc	SPS	Local operation (local means without substation automation communication, hardwired direct control)			M
EEHealth	INS	External equipment health			O
EEName	DPL	External equipment name plate			O
OpCnt	INS	Operation counter			M
Controls					
Pos	DPC	Swith position			M
BlkOpn	SPC	Block opening			M
BlkCls	SPC	Block closing			M
ChaMotEna	SPC	Charger motor enabled			O
Metered Values					
SumSwARs	BCR	Sum of Switched Amperes, resetable			O
Status Information					
CBOpCap	INS	Circult breaker operating capability			M
POWCap	INS	Point On Wave switching capability			O
MaxOpCap	INS	Cricuit breaker operating capability when fully charged			O

表8.8 DPC（Controllable double point）共通データクラス
（IEC61850-7-3（2003），p.38 より引用）

DPC class					
Attribute Name	Attribute Type	FC	TrgOp	Value/Value Range	M/O/C
DataName	Inherited from Data Class（see IEC61850-7-2）				
DataAttribute					
control and status					
ctlVal	BOOLEAN	CO		off（FALSE）| on（TRUE）	AC_CO_M
operTm	TimeStamp	CO			AC_CO_O
origin	Originator	CO, ST			AC_CO_O
ctlNum	INT8U	CO, ST		0..255	AC_CO_O
stVal	CODED ENUM	ST	dchg	intermediate-state | off | on | bad-state	M
q	Quality	ST	gchg		M
t	TimeStamp	ST			M
stSeld	BOOLEAN	ST	dchg		AC_CO_O
substitution					
subEna	BOOLEAN	SV			PICS_SUBST
subVal	CODED ENUM	SV		intermediate-state | off | on | bad-state	PICS_SUBST
subQ	Quality	SV			PICS_SUBST
subID	VISIBLE STRING64	SV			PICS_SUBST
configuration, description and extension					
pulse Config	PulseConfig	CF			AC_CO_O
ctlModel	CtlModels	CF			M
sboTimeout	INT32U	CF			AC_CO_O
sboClass	SboClasses	CF			AC_CO_O
d	VISIBLE STRING255	DC		Text	O
dU	UNICODE STRING255	DC			O
cdcNs	VISIBLE STRING255	EX			AC_DLNDA_M
cdcName	VISIBLE STRING255	EX			AC_DLNDA_M
dataNs	VISIBLE STRING255	EX			AC_DLN_M
Services					
As defined in Table 31					

8.8).例えば,回路ブレーカは,XCBR 論理ノードとしてモデル化されているが,この論理ノードには,操作がリモートまたはローカルかどうかを判断するためのLoc,操作カウントのための OpCnt,位置の Pos,BlkOpn ブロックブレーカオープンコマンド,BlkCls ブロックブレーカクローズコマンド,およびサーキットブレーカの動作能力の CBOpCap が含まれる.

共通データクラスは,データクラスを定義するために使用される.論理ノード内の各データ要素は,共通データクラス(CDC)の仕様に準拠している.各 CDC は,論理ノード内のデータのタイプと構造を記述する.例えば,データクラス Pos(DPC を継承した派生クラス)は,対応する共通データクラス DPC のすべてのデータ属性を継承する.すなわち,データクラス(IEC61850-7-4 で定義されている)は,ctlVal, origin, ctlNum などである.クラス Pos の意味は,IEC61850-7-4 の最後に定義されている.

蓄電池システムは,一般的に図 8.9 のような構成になっている.蓄電池システムの構成は,蓄電池を収納するための蓄電池ラック,直流交流変換のパワーコンディショナ PCS(Power Conditioning System),蓄電池制御システムである.蓄電池システムは,系統接続遮断器を通して施設内電力系統に接続されるが,施設内の電力系統の電圧の区分により,昇圧トランスが用いられている.

次に電力用蓄電池システムに,上述の IEC61850 の情報モデルを当てはめてみる.

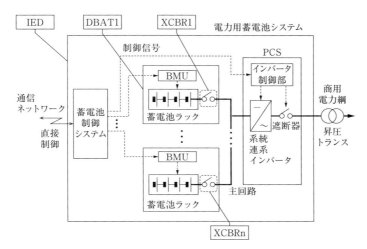

図 8.9 電力用蓄電池システム(電力貯蔵装置)の一般的な構成

電力用蓄電池システム全体が物理デバイスであり，ネットワークにつながる単体の論理デバイスということができるので，IEDと定義することができる．回路ブレーカは，PCSの中に1つ，蓄電池ラックの中に各1つずつ存在する．それぞれを論理ノード XCBR1, …, XCBRn と定義することができる．インバータ，インバータ制御部，蓄電池制御システム，蓄電池，BMU などの機器もアプリケーション機能の最小のエンティティ，すなわち論理ノードと考えることができる．それらのエンティティは，IEC61850-7-4に論理ノードとして定義される．

8.2.2 IEC61850規格のソフトウェア実装

IEC61850を使った電力用蓄電池システムの実装を検討していく．

IEC61850は当初，変電所自動化システムの知的な電子機器（IED）間の情報交換を目的に標準化されたが，現在は電力公益事業の自動化のための通信ネットワークおよびシステムに関する広範で包括的な規格となり，将来に向けてスマートグリッドのための拡張がなされようとしている．したがって規格文書の中には変電所という記述が散見されるがそういう経緯なので，変電所を電力用蓄電池システムと読み替えて問題ない．

第3章で説明したとおり，IEC61850シリーズは図8.10のような階層構造になっている．階層の上位から情報を交換するための「論理ノード」という情報モデル，情報の交換方法を定義する「サービスインタフェース」，情報を実際に伝達する「通信プロファイル」とからなり，大きく分けて3つの機能から構成されている．また，これらを XML の記述によって「コンフィグレーション」が可能なように SCL（Substation Configuration description Language）[8.6] が定義されている．IEC61850シリーズは膨大な数の規格文書から構成されており，各規格がそれぞれの範囲を詳細に解説する形態になっている．そのため，規格同士の関係がわかりにくい．筆者が選択した電力用蓄電池システムに関連する主要な規格文書は表8.9である．

規格文書を簡単に紹介すると，IEC61850の利用に関して，システム設計をするなどの技術的な視点に向けた概要がパート7-1で説明されている．

図8.10の左上の情報モデルの核となる論理ノード（Logical Node）は，パート7-3とパート7-4で定義されており，パート7-3では電気設備の制御や計測のための共通データクラスという基本情報モデル，パート7-4では情報の交換のためのモデルが規定されている．

左中の情報の交換モデルとなるサービスインタフェース（ACSI：Abstract

8.2 IEC61850の通信規格

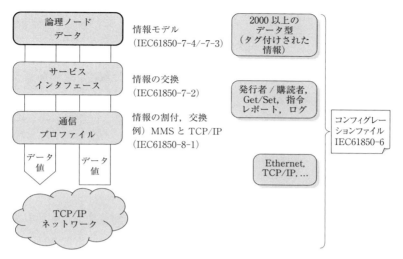

図 8.10　IEC 61850 シリーズの概念の概要
(IEC61850-7-1(2003), p. 24 より引用)

表 8.9　電力用蓄電池システムに関連する IEC61850 シリーズの規格文書

IEC61850-6	IED に関する通信用コンフィギュレーション記述言語
IEC61850-7-1	基本的な通信構造-原則とモデル
IEC61850-7-2	基本的な通信構造-抽象通信サービスインタフェース（ACSI）
IEC61850-7-3	基本的な通信構造-共通データクラス
IEC61850-7-4	基本的な通信構造-互換論理ノードクラスとデータオブジェクトクラス
IEC61850-7-420	基本的な通信構造-分散型エネルギー資源論理ノード
IEC61850-7-500	基本的な情報と通信構造-変電所自動化システム論理ノード
IEC61850-7-520	分散電源論理ノード
IEC61850-8-1	特定通信サービスマッピング（SCSM）-MMS（ISO 9506-1 および ISO 9506-2）と ISO/IEC 8802-3 へのマッピング
IEC61850-9-2	特定通信サービスマッピング（SCSM）-ISO/IEC 8802-3 でサンプリングされた値
IEC61850-90-9	蓄電池システムのための IEC 61850

Communication Service Interface)[8.7] はパート 7-2 で定義されている．このサービスモデルは抽象的な形式であり，通信プロトコルや通信サービスとは分離されている．

左下の情報の交換モデルとなる通信プロファイルは特定通信サービスマッピング（SCSM：Specific Communication Service Mapping)[8.8] ごとに文書を分けて定義

されており，パート 8-1 では MMS（ISO 9506-1 と ISO 9506-2）および ISO/IEC 8802-3 へのマッピングについて，パート 9-2 では SV（Sampled Value）および ISO/IEC 8802-3 へのマッピングについて規定されている．

IED のコンフィグレーション記述言語である SCL は，パート 6 で規定されている．

「論理ノード」は，電気設備の自動化に関連する機器および機能に関係するデータのコンテナといえる．IEC61850 では，電気設備自動化の情報モデルを構築するために，図 8.11 にある階層型クラスによる基本概念モデルを規定している．このモデルの右 3 番目に論理ノードは位置し，IED 間の通信のための互換性のために規定され，情報モデルの中心的役割を担っている．

右上のサーバークラスは，デバイスの外部から見える動作を表す．他のすべての ACSI モデルはサーバーの配下として存在する．サーバーは 2 つの役割をもっており，クライアントと通信することと，同等機器に例えばセンサからサンプリングした値を配信する．論理デバイスクラスは，ドメイン固有のアプリケーション機能の

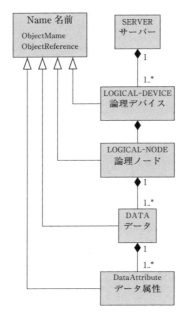

図 8.11 IEC：ACSI の基本概念モデル
（IEC61850-7-2(2003)，p. 16 より一部改変）

集合である．論理ノードクラスは，アプリケーション機能を提供する関数を定義する．例えば過電圧保護や回路ブレーカなどドメイン固有のアプリケーション機能の情報である．データクラスは，型指定された情報，例えば論理ノードに含まれる品質情報とタイムスタンプをもつスイッチの位置を定義する手段を提供する．データ属性クラスは，データで使用される型と値を定義する．名前クラスは，統一的な名前付け規則を提供する．このクラスの機能は内外から各インスタンスを識別するために利用される．

電力用蓄電池システムを実装する手順は，この基本概念モデルに図8.12の電力用蓄電池システムを当てはめていく．ここでは例として電力用蓄電池システム全体を1つの電気設備としてIED，回路ブレーカの1つをXCBR，電力用蓄電池の1つをDBATという論理ノードとして定義する．論理ノードのXCBRはパート7-4，DBATはパート90-9で規定されている．それぞれ表8.8と表8.10のクラスであり，アプリケーション機能を提供する論理ノードとして定義されている．

基本概念モデルに電力用蓄電池システムを当てはめ，XCBR論理ノードのインスタンスをXCBR1，DBAT論理ノードのインスタンスをDBAT1とすると，電力用蓄電池システムのクラスは図8.13のようになる．

サーバークラスは対象の電気設備の外部から見える動作を表す．したがってサーバークラスの配下に電力用蓄電池システム1基を論理デバイスのIEDクラスとして定義する．

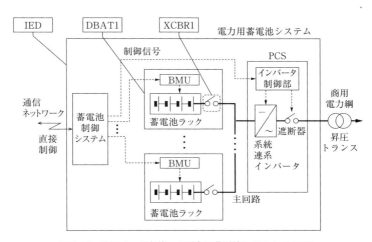

図 8.12 論理ノードを使った電力用蓄電池システムのモデル

表 8.10 IEC：DBAT 蓄電池システムの論理ノード
（IEC61850-90-9（2018），p.54 より一部改変）

DBAT				
データオブジェクト名	共通データクラス	過渡データ	解　説	条件 非派生統計/派生統計
説明				
EE Name	DPL		ControlEquipmentInterface LN 継承	オプション/禁止
NamPlt	LPL		DomainLN を継承	MONamPlt/MONamPlt
ステータス情報				
BatSt	ENS （ENSBatteryState）		蓄電池のステータス	必須/禁止
ChaSt	SPS		真：蓄電池充電中	オプション/禁止
ExtTmpLoAlm	SPS		真：蓄電池外部の温度が低温閾値に達した	必須/禁止
⋮	⋮		⋮	⋮
測定値と計量値				
Amp	MV		蓄電池の放電 DC 電流	オプション/オプション
Watt	MV		蓄電池の直流電力	オプション/オプション
ChaAmpLim	MV		充電時の瞬時 DC 電流制限	オプション/オプション
ChaVolLim	MV		充電時の瞬時電圧制限	オプション/オプション
DschAmpLim	MV		放電時の瞬時 DC 電流制限	オプション/オプション
IntnTmp	MV		内部蓄電池温度〔℃〕	オプション/オプション
ExtTmp	MV		外部蓄電池温度〔℃〕	オプション/オプション
ExtVol	MV		外部蓄電池の DC 電圧	オプション/オプション
IntnVol	MV		内部蓄電池の DC 電圧	オプション/オプション
CelStgCnt	MV		現接続セルの文字列数	オプション/オプション
VolChgRte	MV		蓄電池電圧の時間変化率	オプション/オプション
DschVolLin	MV		放電時の瞬時電圧制限	オプション/オプション
SocPct	MV		蓄電池の SoC〔%〕	オプション/オプション

　論理デバイス IED クラスの配下にはアプリケーション機能となる論理ノードを配置する．回路ブレーカ XCBR クラスのインスタンス XCBR1，蓄電池 DBAT クラスのインスタンス DBAT1 を定義する．

　論理ノード DBAT1 の配下には，表 8.10 の DBAT 論理ノードのデータオブジェクト名と共通データクラスの項を参照してデータを配置する．データクラスには論

8.2 IEC61850の通信規格

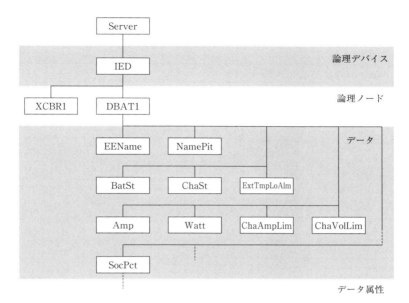

図 8.13 IEC61850による電力用蓄電池システムのクラス構造

理ノードによって必須，オプション，条件によるなどがあるので，必要なデータを選択して定義する．データクラスの配下にはデータ属性クラスを定義する．

例えば，電力用蓄電池の充電状態を表す SoC の値は，DBAT1 の配下にある SocPct データクラスのインスタンスが SoC のパーセントを表す値を，データ属性クラスの整数型もしくは小数点型で保持するというように規定されている．

「サービスインタフェース」は特定のプロトコルスタック，実装，オペレーションシステムに依存しないように，クラスおよびサービスの抽象的な定義を提供している．IEC61850 は，電気設備間の相互運用性を提供することを目的とし，IED 間の通信は，基本概念モデルの階層型クラスモデル（論理デバイス，論理ノード，データ，データセット，レポート制御，ログなど）と，これらのクラスによって提供されるサービス（get, set, report など）によって実現される．

IEC61850 は，IED のリアルタイムの協調を必要とするドメインで使用するための抽象通信サービスインタフェース（ACSI：Abstract Communication Service Interface）を定義している．ACSI は，基礎となる通信システムから独立して定義されている．さらに特定通信サービスマッピング（SCSM）をパート 8 とパート 9 で規定し，通信ネットワークを介してアクセスできるすべての情報の階層クラスモデ

238　　　　　　　　　　　　　第 8 章　仮想発電所の通信構築

表 8.11　IEC：ACSI サービス
（IEC61850-7-2（2003），p.19 より一部改変）

ACSI サービス	
サーバー（Server）	
GetServerDirectory	参照されたサーバー（Server）が所有する，すべての論理デバイス（Logical Device）またはファイルの名前のリストを取得する
論理デバイス（Logical Device）	
GetLogicalDeviceDirectory	参照された論理デバイス（Logical Device）が所有する，すべての論理ノード（Logical Node）の ObjectReferences のリストを取得する
論理ノード（Logical Node）	
GetLogicalNodeDirectory	参照された論理ノード（Logical Node）が所有する，すべてのデータ（Data）のインスタンスの ObjectReferences のリストを取得する
GetAllDataValues	要求された論理ノード（Logical Node）が所有する，すべてのデータ（Data）のデータ属性の値（同じ FunctionalConstraint をもつ）を取得する
データ（Data）	
GetDataValues	参照されたデータ（Data）のデータ属性の値を取得する
SetDataValues	参照されたデータ（Data）のデータ属性の値を設定する
GetDataDirectory	参照されたデータ（Data）が所有する，すべてのデータ属性の名前のリストを取得する
GetDataDefintion	参照されたデータ（Data）が所有する，すべてのデータ属性の定義のリストを取得する
データセット（DataSet）	
GetDataSetValues	参照されたデータセット（DataSet）によって参照された，すべてのデータ属性の値を取得する
SetDataSetValues	参照されたデータセット（DataSet）によって参照された，すべてのデータ属性の値を設定する
CreateDataSet	データ（FCD）またはデータ属性（FCDA）で定義されたメンバのリストでデータセット（DataSet）を作成するようにサーバーに要求する
DeleteDataSet	参照されたデータセット（DataSet）を削除するようにサーバーに要求する
GetDataSetDirectory	データセット（DataSet）によって参照された，すべてのデータセットメンバの ObjectReferences のリストを取得し，要求したクライアントからアクセス可能にする

ル，これらのクラスで動作するサービス，各サービスに関連するパラメータを規定している．

　図 8.11 の基本概念モデルのクラスがもっているサービスは表 8.11 になる．例えば，サーバークラスの GetServerDirectory サービスはアクセスしてきたクライアントに対して，サーバーの配下のすべての論理デバイスまたはファイルのインスタ

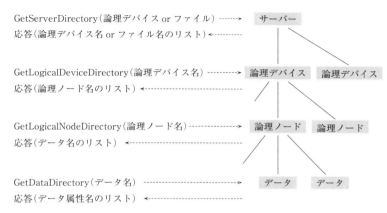

図 8.14 IEC：各クラスの GetServerDirectory サービス
（IEC61850-7-2(2003)，p. 27 より一部改変）

ンスを探索し，すべての名前のリストを取得する機能を提供する（図 8.14）．データクラスの GetDataValues サービスは参照したデータの指定したデータ属性の値を取得する機能，SetDataValues サービスは同様にデータ属性の値を設定する機能を提供する．データセットのクラスは，データとデータ属性のグループ化を定義する．直接アクセスおよびレポートクラスとログクラスで使用される．

基本概念モデルの階層型クラスモデル（論理デバイス，論理ノード，データ，データ属性）の各クラスは共通した名前クラスを継承し，この名前クラスを利用して各クラスのインスタンスを一意に識別しアクセスを可能にする．名前クラスにある ObjectName データ属性クラスは ACSI 共通データクラスによって 32 文字までの文字列型と定義されており，同じ親クラスが所有するクラスのインスタンスの中で，一意のインスタンス名を特定する機能を提供する．また ObjectReference データ属性クラスは 255 文字までの文字列型と定義されており，階層情報クラスの一意のインスタンス名を連結した完全パスの機能を提供する．階層を表すパスは，「/」により論理デバイス名と論理ノード名が区別され，それ以降の階層は「.」によって次のように区切られる．[ ] はオプションであることを示す．

> **論理デバイス名/論理ノード名[. データ名[. データ属性名[. ...]]]**

「通信プロファイル」は，「サービスインタフェース」と特定通信サービスマッピング（SCSM）を介し，特定の通信媒体と通信プロトコルによってデータを送受信

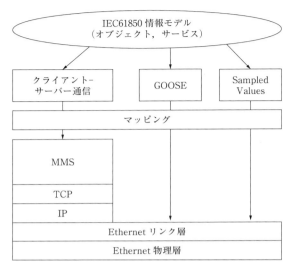

図 8.15　IEC：IEC 61850 通信モデルの概要
（IEC 61850-8-1(2004), p.19 より一部改変）

する方法を規定している．図 8.15 は IEC61850 の基本的な通信モデルである．図の上に IEC61850 の情報モデルがあり，下に向う 3 本の矢印が，クライアント-サーバー通信，GOOSE，Sampled Values という通信方法の選択を表している．

　クライアント-サーバー通信は，イーサネットと TCP/IP を使ったクライアントとサーバーの通信モデルである．世の中に広く普及している TCP/IP を利用するため LAN やインターネットなど，ネットワーク形態によらずに利用可能である．IEC61850 の場合，IED は大抵サーバー側になり，クライアントからデータの読み書き，装置の制御，イベント発生時のレポートなどの要求に対する応答を行う．クライアント-サーバー通信では，情報モデルのデータをマッピング層で MMS（Manufacturing Message Specification）によるデータ表現へ変換，ASN.1（Abstract Syntax Notation One）による符号化と構造化を行った後，TCP/IP のパケットのペイロード（データ）部に搭載し伝送する．IEC61850 のクライアント-サーバー通信の方法は MMS と ASN.1 を利用することを規定しており，クライアント-サーバー通信より特徴を表しているためか，規格文書の中でもこの通信方法を MMS と表示している箇所が多い．

　GOOSE（Generic Object Oriented Substation Event）は，電気設備内の IED が

イベントをブロードキャストするために使用する．TCP/IP は使用せず，直接イーサネットのフレームのデータ部にデータを搭載しマルチキャストを使用する．IED 間であらゆる種類のプロセスデータを送信できる．マルチキャストは，publish/subscribe（出版/購読型）モデルで行う．

Sampled Values（SV または SMV：Sampled Measured Values）は，電気設備内で IED 同士がセンサなどから得た生の測定値をストリーミングでブロードキャストするために使用する．例えば，サンプリングレート 4 kHz のイーサネットマルチキャストメッセージのように．測定した標本値には時刻が付加され，IED 同士で通信時間が変化しても同期サンプリングが可能となっている．

さて，クライアント-サーバー通信で使用する MMS[8.9] は ISO 9506，ASN.1[8.10] は X.208（改訂版は X.680）で規格化されている仕様である．IEC61850 は通信に係る仕様を独自に規定せず既存の規格を利用するという方針であるため，このような通信仕様の階層になっており，下位層に TCP/IP を利用する場合は表 8.12 になる．イーサネットを利用する TCP/IP はトランスポート層，ネットワーク層，リンク層，物理層まで，MMS はアプリケーション層，プレゼンテーション層，セッション層である．トランスポート層の RFC1006 がトランスポート層のパケットを TPKT という個別の単位にカプセル化し，TPKT 層は TCP 上にある接続指向トランスポートプロトコル（COTP）を提供することで，MMS と TCP/IP をつなぐ役

表 8.12 IEC：OSI 7 層による IEC61850 MMS 通信スタック（TCP/IP）
（IEC61850-8-1（2004），p. 23〜24 より一部改変）

アプリケーション層	Association Control Service Element（ACSE）-ISO 8649/8650
プレゼンテーション層	Connection Oriented Presentation-ISO 8822/8823 Abstract Syntax Notation（ASN）-ISO 8824/8825
セッション層	Connection Oriented Session-ISO 8326/8327
トランスポート層	ISO transport over TCP-RFC 1006 ISO Transport Services on Top of the TCP（TPKT）-RFC 983 Connection Oriented Transport Protocol（COTP）-ISO 8073 Transmission Control Protocol（TCP）-RFC 793
ネットワーク層	Internet Control Message Protocol（ICMP）-RFC 792 Internet Protocol（IP）-RFC 791 Address Resolution Protocol（ARP）-RFC 826
リンク層	IP datagrams over Ethernet-RFC 894 MAC-ISO 8802-3 [Ethernet]
物理層	Ethernet

割を担っている．

したがって，図8.16のようにTCP/IPを利用したMMS通信は，MMS通信のシーケンス以前に下位層のシーケンス（COTP）が発生する．

クライアントから蓄電池システムのIEDに蓄電池充電状態SoCの読み出し要求をする場合，MMSによって規定されている要求メッセージの構文は図8.17である．この図の「MMS：確認あり読み出し要求シーケンス」では，この要求メッセー

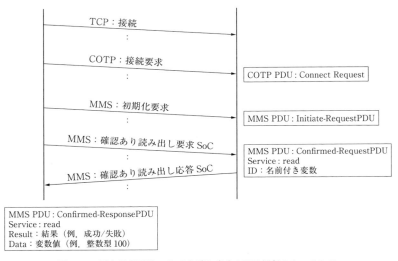

図8.16 電力用蓄電池のSoCを読み出すMMS通信のシーケンス

```
Confirmed-RequestPDU ::= SEQUENCE {

        invokeID Unsigned32,
        listOfModifiers SEQUENCE OF Modifier OPTIONAL,
        service ConfirmedServiceRequest,
        ...,
        service-ext [79] Request-Detail OPTIONAL

            -- shall not be transmitted if value is the value
            -- of a tagged type derived from NULL

        }
```

図8.17 MMSによる確認あり読み出し要求コードのイメージ
「Confirmed-RequestPDU」の構文
(ISO 9506-2(2003), p.17 より引用)

ジに論理ノードを識別するパスが設定され，ASN.1 によって構造化されたデータが送信される．

8.3 IEEE1888 の通信規格

8.3.1 IEEE1888 規格の通信方式

第 3 章で述べたように，IEEE1888 のシステムアーキテクチャは図 8.18 に示す 4 つの要素から構成される．

① GW（ゲートウェイ）：照明や空調などの物理装置を TCP/IP ネットワークに接続し，IEEE1888 プロトコルによって，Storage や APP との間でセンサ取得値・指令値等の情報を送受信する．

② Storage（ストレージ）：APP や GW から送信された IEEE1888 データを時系列タイムスタンプ付データベースとして保持する．

③ APP（アプリケーション）：Storage に保存されたデータの集計やグラフ化等を行う．また，処理結果を Storage に配置したり，指令値を GW に送付したりする．

④ Registry（レジストリ）：IEEE1888 システムの構成を保持し，GW, Storage, Application からの問い合わせに応じる．

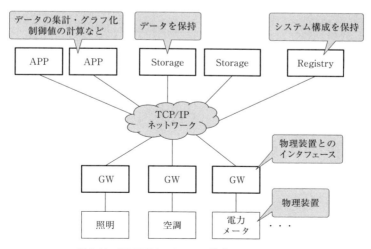

図 8.18 IEEE1888 のシステム構成アーキテクチャ

また，GW，Storage，APP の 3 つを**コンポーネント**という．Registry はコンポーネントとは性質が異なるため，通信方式も異なったものが定義されている．なお，コンポーネントの数が少なく，Storage も 1 台しか設置していない小規模なシステムにおいては，Registry は必須ではない．逆に，大量のコンポーネントが存在し，複数の Storage にデータが分散する大規模なシステムでは，Registry はシステム管理上，重要な役割を担う．

IEEE1888 では，物理装置のセンサ計測値など監視制御対象は**ポイント**と呼ばれる概念で管理する．図 8.19 にポイントの概念図を示す．図は，ある GW が Storage に物理装置が計測した値を書き込んだとき（WRITE）の例である．ポイントは，値と時刻をセットとして扱う．また，値は整数値，小数値，文字列値，および画像を保持できる．なお，ポイントの名前は，URL（Uniform Resource Locator）形式で名づけられるが，あくまで IEEE1888 システムの中で用いられる名前を意味するものであって，実際の Web ページのアドレスではないことに注意が必要である．Storage は各ポイントの時系列データを保持でき，他の APP や GW から参照する仕組みがもともと備わっている．

IEEE1888 では，HTTP を用いて各コンポーネントおよびレジストリが通信する．GW と APP は Web サーバーか Web クライアント，あるいはその両方の機能を有する．一方，Storage と Registry は性質上，Web サーバーである．

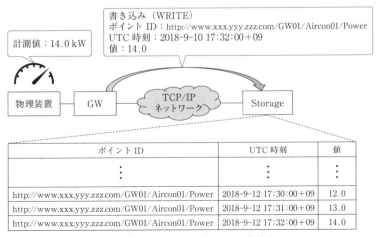

図 8.19　IEEE1888 における監視制御対象（ポイント）の概念図

8.3 IEEE1888の通信規格

さて，HTTPでは，まずWebクライアントがWebサーバーに対してHTTPリクエストを送付する．このHTTPリクエストは，ヘッダ，ボディから構成される．次に，WebサーバーはWebクライアントから送付されたHTTPリクエストを解釈して，HTTPレスポンスをWebクライアントに返す．このHTTPレスポンスは，ヘッダ，ボディから構成される．

IEEE1888では，HTTPリクエストおよびHTTPレスポンスのボディをXML (Extensible Markup Language) 形式で記述した，**SOAP**と呼ばれるプロトコルで通信を行う．図8.20にSOAPの概念図を示す．SOAPは異なるOS間でネットワークを介して処理の呼び出しやデータのやり取りを行うために開発されたプロトコルであり，Webサービスを実現する手段として広く使われており，IEEE1888にも応用されている．

各コンポーネントはクエリおよびデータというメソッド（関数）をもち，メソッドに渡すデータ（引数）とともにこれらをボディに記述することで，情報の受け渡しや通信シーケンスの制御が行われる．レジストリにもレジストレーションおよびルックアップというメソッドが存在し，同様にボディに記述することで利用する．このように，端末の処理を遠隔から呼び出す仕組みを**遠隔手続き呼び出し**（Re-

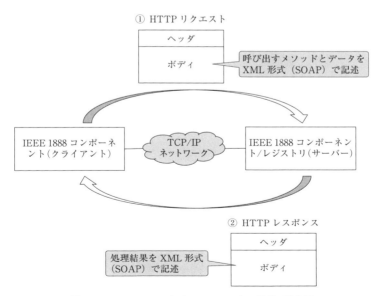

図 8.20 IEEE1888におけるSOAPによる通信の概念図

mote Procedure Call：**RPC**）といい，SOAP はその一種である．

メソッドおよびデータの形式は，WSDL（Web Services Description Language）という言語で記述され，各コンポーネントおよびレジストリが公開されることで，それぞれがどのようなインタフェースを保有するのかを相互に把握することができるようになっている．この WSDL は IEEE1888 を利用するソフトウェア開発にも有用であり，具体的にいうと，IDE（Integrated Development Environment）に WSDL を読み込ませることで，Web サービスのインタフェースを記述したソースコードを自動生成し，ソフトウェア部品としてすぐさま利用できる．

IEEE1888 では，data, query, registration, lookup の各メソッドによって，以下の通信を実現している．

① WRITE：他のコンポーネントに対して，ポイントのデータを送付する．
② FETCH：他のコンポーネントから，指定したポイントのデータを取得する．
③ TRAP：あらかじめ指定したポイントに変化があったときに，登録したコンポーネントに変更を通知（WRITE）する．
④ REGISTRATION：Registry に対してコンポーネントの名前，Web アドレス，サポートする通信方式，有効期間などを登録する．また，コンポーネントが扱うポイントの ID，入出力区別，期間などを登録する．
⑤ LOOKUP：Registry に対してポイント ID，期間などを指定して，そのポイントを保有するコンポーネントを検索する．

コンポーネント間の通信は，例えば図 8.21 に示すように，GW がセンサ情報などを Storage に WRITE し，APP が Storage にあるセンサ情報を定期的に FETCH してグラフ化するなどのシステムが考えられる．このとき，GW から

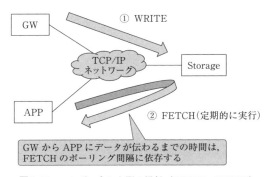

図 8.21　コンポーネント間の通信（WRITE, FETCH）

APP に情報が伝達される時間間隔は，FETCH のポーリング間隔に依存する．

一方，図 8.22 に示すように，APP が Storage にトラップをしかけておくと，Storage から APP に変更を通知することができる．

また，コンポーネントとレジストリ間の通信は，ポイント登録/検索と，コンポーネント登録/検索の 2 種類に大別される．

ポイント登録/検索については，例えば図 8.23 に示すシステムについては，新たにシステムに接続した GW は，Registry に自身が扱うポイントの属性（部屋番号，値の種類など）を登録（REGISTRATION）する．このとき，Registry はポイント表を保持し，ポイント ID とその属性を保持する．そして，APP は Registry に LOOKUP することで，属性の情報からポイント名を取得することができる．

対して，コンポーネント登録/検索については，例えば図 8.24 に示すように，新

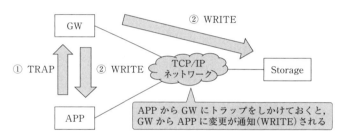

図 8.22 コンポーネント間の通信（TRAP，WRITE）

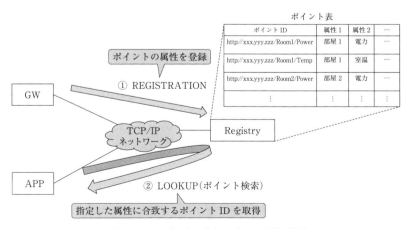

図 8.23 コンポーネントとレジストリ間の通信
（ポイント登録/検索）

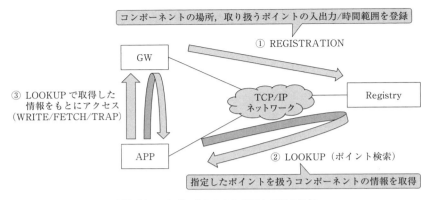

図 8.24 コンポーネントとレジストリ間の通信
（コンポーネント登録/検索）

たにシステムに接続した GW はコンポーネントの場所（URI），サポートする操作（WRITE/FETCH/TRAP），取り扱うポイント名，入出力，時間範囲等を Registry に登録（REGISTRATION）する．そして，APP は，Registry にポイント名を指定して LOOKUP すると，そのポイントを扱うコンポーネントの各種情報を取得することができる．

8.3.2　IEEE1888 規格のソフトウェア実装

IEEE1888 の実装においては，要は，SOAP による通信が行えればよいので，ハードウェアやオペレーティングシステムを選ばない．さらに，開発言語も，Java，C#，PHP などの Web 開発でよく用いられる言語が使用可能で，SOAP を利用するライブラリも整備されており，かつリファレンスも豊富にあるので開発に向くであろう．なお，C 言語についても，IEEE1888 のプロトコルスタック（通信用ソフトウェアの部品）が GUTP から公開されており，組込み系の開発に適用できる．

また，APP，GW のサンプルコード（PHP 言語）は，GUTP が公開している IEEE1888 SDK[8.11] に含まれている．この IEEE1888SDK は GUTP の Web ページから無償でダウンロードできる．

IEEE1888SDK は ova（Open Visualization format Archive）形式の仮想マシンで提供されているので，別途 VMWare Workstation Player 等の仮想環境をインストールして利用する．VMWare Workstation Player は，個人利用であれば無償で利用できる．なお，IEEE1888SDK にプロトコルスタックは含まれないので，APP，

8.3 IEEE1888の通信規格

GWの実装時に用意しなくともよい．

また，Storageは同じくGUTPが開発したFIAP Storageという実装が無償で利用でき，上記のSDKにはデフォルトでインストールされているが，単体でも提供されており，自前で環境を構築することも可能である．ただし，インストール手順がやや煩雑であるため，APPおよびGWの開発に際してはIEEE1888SDKのStorageを用いることをおすすめする．

Registryについては，2018年10月現在，一般に公開されている実装は存在しないようである．

忘れてはいけないこととして，GUTPが提供するソフトウェアはBSDライセンスなので，商用利用する際は著作権表示等の取り扱いに注意が必要である．

次に，以降ではビルマルチ空調機による仮想発電所の構築を想定し，ビルマルチ空調機とリソースアグリゲータ間の通信をIEEE1888で実装する場合の通信内容（ペイロード）とサンプルプログラムを紹介する．想定するシステムの構成図を図8.25に示す．図において，ビルマルチ空調機は室外機ACnnと室内機IUmm（nnとmmは任意の識別番号）の組から構成されている．ビルマルチ空調機はメーカ独自の通信プロトコルにより室内機と室外機が通信を行っている．IEEE1888のGWはビルごとにERC内部に実装され，ビル内の空調データをIEEE1888プロトコルに変換する役割を担う．リソースアグリゲータはIEEE1888のStorageとして

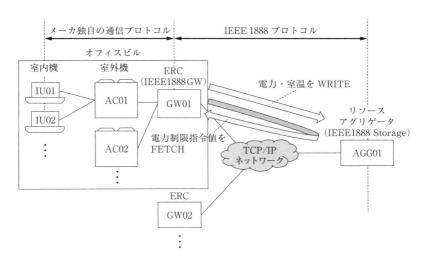

図8.25 IEEE1888通信を用いたビルマルチ空調仮想発電所のシステム構成

表 8.13 ビルマルチ空調機のポイント名

ポイント名	意 味	GW の動作
http://www.gifu-u.ac.jp/nlab/AGG01/GW01/AC01/P	電力	WRITE
http://www.gifu-u.ac.jp/nlab/AGG01/GW01/AC01/IU01/Ta	室温	WRITE
http://www.gifu-u.ac.jp/nlab/AGG01/GW01/AC01/L	電力制限指令値	FETCH
⋮	⋮	⋮

機能し，GW は表 8.13 に示すポイントをアグリゲータに WRITE/FETCH する．ポイント名は以下の構成とした．

http://主組織名/副組織名/アグリゲータ名/ゲートウェイ名/エアコン名/室内機名/値

図 8.25 において，GW はアグリゲータ（Storage）にビルマルチ空調機の消費電力と，各室内機の計測室温を WRITE し，電力制限指令値を FETCH する．

WRITE のペイロード例を図 8.26 に示す．ペイロードは，まず HTTP 通信の構成要素であるリクエストライン，ヘッダ，メッセージボディの 3 つに大きく分かれ

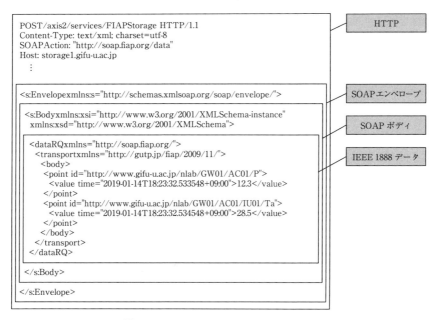

図 8.26　IEEE1888 WRITE のペイロード例

る．メッセージボディは XML 形式で記述されており，s:Envelope タグから s:Body タグまでは，SOAP 通信の記述である．

さらに dataRQ タグより内側に，IEEE1888 通信に関わるデータが格納されている．

dataRQ は data メソッドの呼び出しを指定しており，例えばこの部分が queryRQ の場合は query メソッドが呼び出される．transport タグより内側には，処理要求や処理結果に関わるデータが格納される．transport は header と body から構成され，header には FETCH する際のポイント検索条件や処理の成否などが格納され，body には処理対象のデータあるいは返答データが格納される．

WRITE の場合，header は存在せず，body に WRITE するポイントの情報が格納される．point タグの id 属性にポイント名が格納され，value タグの time 属性に ISO 8601 形式の時刻が格納される．value タグで囲まれた値がポイントの値であり，この例では電力（http://www.gifu-u.ac.jp/nlab/GW01/AC01/P）が 12.3 kW，室温（http://www.gifu-u.ac.jp/nlab/GW01/AC01/IU01/Ta）が 28.5℃を格納している．

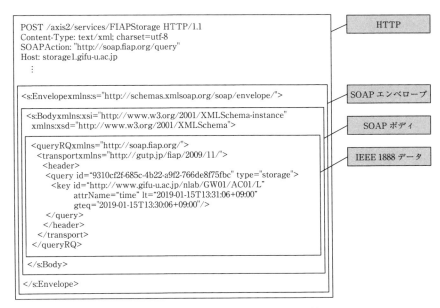

図 8.27 IEEE 1888 FETCH のペイロード例

続いて，FETCH のペイロード例を図 8.27 に示す．基本的な構造は WRITE メッセージと同じである．メッセージボディの queryRQ より内側に IEEE1888 に関わるデータが格納されている．WRITE とは異なり header タグが存在し，その中に query タグが含まれている．query は検索処理の基本単位であり，query ごとに Storage が検索処理を実行する．query の id 属性には，GUID（Globally Unique Identifier）を記述し，この値によって Storage がポイントの検索処理を一意に識別する．

query の中には，検索条件を保持する key タグがある．key の id 属性には検索対象のポイント名，attrName 属性には検索対象の項目（time あるいは value）を指定する．time を指定した場合には時間の範囲を指定して検索が行われ，value を指定した場合には，ポイントの値による検索が行われる．次に，時間や値の大小を指定する検索条件を指定する．条件によって内容は異なり，gt（greater than：よ

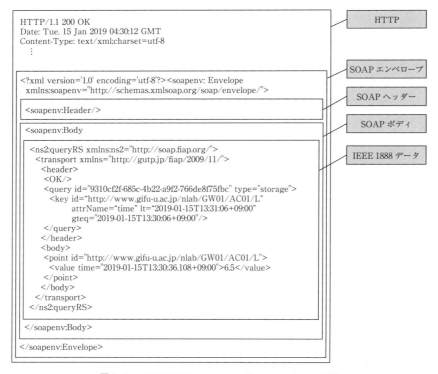

図 8.28　IEEE 1888 FETCH レスポンスのペイロード例

り大きい），gteq（greater than or equal to：以上），lt（less than：未満），lteq（less than or equal to：以下）などが指定できる．

　次に，GW からの FETCH 要求に対して，Storage から返送されるレスポンスの例を図 8.28 に示す．メッセージボディ内の ns:queryRS 以降に FETCH のレスポンスが格納される．transport 内の header には，正常終了を示す「OK」と，Server に送付した query の内容が記載される．body には，query に該当したポイントの情報（ポイント名，時間，値）が格納される．

第 9 章

仮想発電所の展望

第2部 構築技術編

9.1 潜在的リソース

9.1.1 ビルマルチ空調設備の潜在能力

第1章で述べたように，日本冷凍空調工業会の国内出荷台数統計[1.4]と法定耐用年数から推計したわが国のビルマルチ空調機の設置台数は，室外機数で152万台と推定できる．ここで，ビルマルチ空調機とは業務用空調機全体ではなくて，オフィスビルなどによく見られる屋上の室外機に複数の室内機が配管接続されるパッケージエアコンの中の一部機種をいう．ビルマルチ空調機の室外機1台当たり5〜10台程度の室内機があるので室内機換算では1000万台のオーダーと思われる．室外機は種々の空調能力が異なる機種があるが，代表機種である10馬力クラス，つまり，定格冷房能力が28 kW程度とすると，1台当たりの定格消費電力が10 kW程度といえるので，150万台の全体設備電力は1500万 kW程度といえる．むろん，日常的には部分負荷運転されており，平均的な消費電力は定格値より少ないので，その何割かしかネガワットリソースとして利用できないのはいうまでもない．しかしながら，設備容量としては利用価値がある負荷種別であることは間違いない．

それでは，それらビルマルチ空調機が設置されている需要家ビルの数を推定してみる．ビルマルチ空調機は主に，オフィスビル，商業施設，学校，病院など，業務用建物のうち中小規模のものに使われる．わが国の非住宅建物の棟数や延床面積の統計として，公的なものの1つに国土交通省の法人土地・建物基本調査がある．これは，5年ごとに実施されている大規模統計調査であり，最新版は平成27年12月に発行された平成25年のデータである[9.1]．

ここでは，ビルマルチ空調機が設置される中小規模の建物であり，かつFast ADR仮想発電所システムの対象となりうるシステム対応可能な中規模ビルと仮定する．同統計の分類にあてはめると，延床面積2000 m²から10000 m²のビルが該当すると思われる．図9.1に示すように，全国の中規模ビルの合計棟数は14万棟，合計延床面積は5.8億 m²，全国総延床面積に占める中規模ビルの割合は，表9.1に示すように，実に31%という大きい数字が示されている．このように，ビルマルチ空調機が設置対象とする建物は非常に大きいことがわかる．

当然のことながら，これら法人の業務用建物の中でも，FastADRの対象となりうる，つまり，電力を一時的に抑制可能である需要家は全体の何割でしかない．空調条件が厳しく，電力抑制を取り入れる余地がない建物を除外して，建物の中には

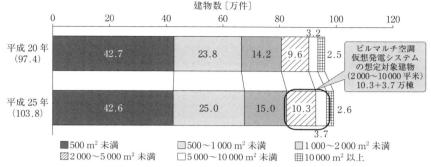

図 9.1 全国の非住宅法人建物数を延床面積で分類した国土交通省統計
(国土交通省:平成 25 年法人土地建物基本調査確報集計結果の概要 (2015), p.34, 図 3-16 より引用)

室温維持が絶対でない区画があり,電気料金への経済性が重視される建物にしか適用できない.また,これらは全国の総数であり,ある程度の集積が見られる都市部に限定して検討してみる必要があろう.

そこで,次に東京 23 区,かつ,オフィスビルに限定して推計してみる.このような統計は国土交通省には見当たらない.不動産商業統計資料[9.2]によると,2016 年時点において東京 23 区全体のオフィスビル合計棟数は 7803 棟,合計延床面積は 1195 万坪(3944 万 m^2)とのデータが発表されている.この統計では「中小規模オフィスビル」の定義は延床面積 300〜5000 坪,すなわち 990〜16500 m^2 とされている.それらの中小オフィスビルの合計棟数は 7071 棟,合計延床面積は 551 万坪(1818 万 m^2)というデータが示されている.平均してみると 1 棟当たり約 2600 m^2,つまり,25 m 四方として 4 階建てのオフィスビルとなる.

これら,平均 4 階建のオフィスビルが約 7000 棟,合計延床面積約 1800 万 m^2 に設置されているビルマルチ空調機合計消費電力を推計してみる.床面積〔m^2〕当たり定格冷房能力 0.2 kW/m^2[9.3],COP 効率を 3.0 とすると,概略合計定格消費電力は 120 万 kW 程度と計算できる.もちろん,これは定格消費電力であり,通常は部分負荷状態であるから,仮想発電所として抑制可能電力,つまり,ネガワット発電電力はその半分以下とみるのが妥当である.

上記の仮定のもとではあるが,東京 23 区のオフィスビルだけに限定しても,ビルマルチ空調 FastADR の設備容量は,電力会社の大型ガスタービン火力発電機何

表 9.1 全国の非住宅法人建物の延床面積を規模で分類した国土交通省統計
（国土交通省：平成 25 年法人土地建物基本調査確報集計結果の概要 (2015), p.84（付表 3-7-3）より引用）

建物の延床面積別建物延床面積（平成 20～25 年）

（単位）面積：千 m²，割合：%

	建物延床面積			増　減	増減率
	平成 20 年	平成 25 年		20～25 年	20～25 年
			住宅を含まない		
総数　1)	1 714 796	1 978 592	1 848 929	134 133	7.8
500 m² 未満	140 096	158 022	139 402	△ 694	△ 0.5
500～1 000 m²	168 801	197 263	177 853	9 052	5.4
1 000～2 000 m²	198 554	243 479	209 105	10 551	5.3
2 000～5 000 m²	298 120	353 589	322 556	24 436	8.2
5 000～10 000 m²	224 055	266 538	255 007	30 952	13.8
10 000～20 000 m²	201 676	224 630	217 900	16 224	8.0
20 000～50 000 m²	217 246	235 782	231 143	13 897	6.4
50 000～100 000 m²	120 457	129 583	127 541	7 084	5.9
100 000 m² 以上	145 793	169 707	168 422	22 629	15.5

注）　平成 20 年調査では，「住宅」は調査対象外.
1 ）　延床面積「不詳」を含む.

建物の延床面積別建物延床面積（平成 20～25 年）（つづき）

（単位）面積：千 m²，割合：%

	建物延床面積			増　減	増減率
	平成 20 年	平成 25 年		20～25 年	20～25 年
			住宅を含まない		
総数	100.0	100.0	100.0	…	…
500 m² 未満	8.2	8.0	7.5	△ 0.6	…
500～1 000 m²	9.8	10.0	9.6	△ 0.2	…
1 000～2 000 m²	11.6	12.3	11.3	△ 0.3	…
2 000～5 000 m²	17.4	17.9	17.4	0.1	…
5 000～10 000 m²	13.1	13.5	13.8	0.7	…
10 000～20 000 m²	11.8	11.4	11.8	0.0	…
20 000～50 000 m²	12.7	11.9	12.5	△ 0.2	…
50 000～100 000 m²	7.0	6.5	6.9	△ 0.1	…
100 000 m² 以上	8.5	8.6	9.1	0.6	…

基分かのネガワット発電潜在能力があると思われる．これに，オフィスビル以外のビルマルチ空調機需要家，例えば，工場，学校，ショッピングセンター，官公庁などを集合させれば，さらなる規模の潜在仮想発電リソースとなるのは想像に難くない.

9.1.2 空調負荷は高速デマンドレスポンスに適する

　時間粒度を短くすることで，室温変化副作用を管理可能，電力抑制量を精密制御，応答可否の不確実性を低減することで，対象負荷ローテーションが可能になり可制御性と確実性が向上する．旧来の大規模火力発電所や巨大ダムの水力発電所の制御確実性，すなわち，中央給電指令所からの制御指令に対する応動確実性に比べて，個々の空調機の電力抑制応答は不確実であるといわれている．

　何百，何千，何万台という空調機を短時間ローテーションで電力消費量を短時間抑制することにより，ならし効果として一定の電力抑制量を確実に確保できるということが著者の基本的な考えである．もとより，集中型1台における繰返し確実性も絶対に100%とはいえないのではないか．米国のローレンスバークレー国立研究所の研究によれば，多数の空調機による電力抑制ネガワット発電は，集中型大規模発電所の応動成功率に劣ることはないとの報告がある[9.4]~[9.6]．さらに，地震や津波などの大規模自然災害が発生した際，集中型と分散型の組み合わせのほうが，長期間の壊滅的な状況を回避できるかもしれない．

　「翌日の気温などで1時間単位程度の空調負荷を予測して，熱負荷が小さい状況であれば，空調デマンドレスポンス可能量が多く期待できる」といった議論がある．蓄熱層を備えた空調装置のような設備であれば，蓄熱層から冷却している間は熱負荷が小さければ他の空調機を停止させて空調消費電力を削減できるという議論であろう．

　しかし，本書が想定している広汎に普及している一般ビルのビルマルチ空調設備では，そのような高価な蓄熱装置を装備していることはまずない．蓄熱装置をもっていない場合は，そもそも，熱負荷が小さい気象条件時間帯においては，ベースラインの空調消費電力が小さいので，もともと電力を使っていないところから抑制する量も少ないことが多いと思われる．翌日の気象条件が厳しいと予想されるようなケースでは，その時間帯の何時間かは空調消費電力が通常より大きくなる．そういう条件こそ逆に電力抑制可能量も大きくなるので，空調能力を発揮することが望まれる．このトレードオフは経済的インセンティブの関係において最適調整することになる．

　本書で述べてきたように，仮想発電所として，ビルマルチ空調機群から発電所と同等の制御性を確保するため，ならし効果による確実性向上を狙って何百何千棟もの，ごく普通の中小ビル群を想定している．そのような需要家に設置されているビ

ルマルチ空調機は，ごく一般的な標準量産品であり，蓄熱槽などを付属していない．
したがって，そのような一般的なビルマルチ空調設備では何時間もの空調電力を抑
制するような遅いデマンドレスポンスは適していない．

　本書で述べてきたように，各ビルマルチ空調機が担当する空調区画の状況によ
り，5分間とか10分間とか短時間でFastADRを素早く終了解放して，他のビル
マルチ空調機にローテーション交替していくといった方式がよりよい．そのような
方式には，従来のような時間単位の人的発動によるデマンドレスポンスではなく，
分単位のM2M化されたFastADRこそが空調デマンドレスポンスの主役である．

9.2　実用化の制度設計

9.2.1　需給調整市場の制度設計

　わが国の電力システム改革は，当初，図9.2の資源エネルギー庁資料に示された
ように2020年に完了する目標で推進されてきた．2016年には電力小売りの全面自
由化が達成されたが，2020年に導入をめざしたリアルタイム電力市場を実現する
需給調整市場は商品区分により，2021年から数年かけて開設されるよう詳細な計
画実現化を推進している．

　発送電分離については，ここ数年急激に進展してきている．本書で紹介した日本

	2014年	2015年	2016年	2017年	2018年	2019年	2020年
	システム改革前〜第1段階		第2段階		第3段階		
電力 システム 改革		広域機関設立	小売全面自由化		料金規制の撤廃		
			計画値同時同量 1時間前市場創設		送配電部門の法的分離		
					リアルタイム事場の創設		
			供給力確保義務		容量メカニズムの導入（時期未定）		
小売部門 （事業者） のニーズ	○：小売部門は相対取引によってネガワット取引が可能 ×：JEPXではネガワットの取扱なし		○：小売部門の供給力として，あるいは他社との差別化ツールとして，ネガワット取引の活用が進む可能性あり		◎：容量市場が創設されれば，ネガワット取引の本格普及が進む可能性あり		
系統部門 （事業者） のニーズ	×：系統部門は電源調達によって実同時同量を保っており，ネガワット取引のニーズなし		○：送配電事業者が公募などにより公正・透明に調整力（ネガワット含む）の調達を行うことが期待される		◎：リアルタイム市場の創設により，調整力としてネガワットが取引される環境が整備される． ◎：容量市場が創設されれば，ネガワット取引の本格普及が進む可能性あり		

図9.2　当初の電力系統システム改革のロードマップ
（資源エネルギー庁：平成27年度エネルギーに関する年次報告（エネルギー白書2016），HTML版，
第1部第3章第2節より引用）

卸電力取引所 JEPX では，翌日渡しスポット市場および当日時間前市場が活況を呈してきた．ちなみに，本書を執筆している 2019 年 2 月段階では，わが国全体の1 日の全電力量約 25〜30 億 kWh の内，4 分の 1 程度の 5〜8 億 kWh は JEPX 卸電力市場を経由して調達されていること[9.7] は 10 年位前からすると驚くべきことである．

　卸市場のみならず，各電力系統エリアに年間を通した調達公募制度も運用されているが，これは発送電分離に伴いエリアをまたぐ広域にわたるため，リアルタイムで需給調整電力（ΔkW）と電力容量（kW）と電力量（kWh）の需給調整市場制度を開発中である．

　その計画を推進中の「電力広域的運営推進機関」（OCCTO）の公表資料によると，本書を執筆している 2019 年 2 月段階では，表 9.2 に示すように需給調整商品がおおよそ見えてきたようである．それによると，主に系統からの調整指令に対する応動速度によって市場商品が一次調整力，二次調整力，…と区分されている．

　需給調整商品の中には，通常の発電機が生成する電力（ポジワット）のみならず，デマンドレスポンス（DR）が電力抑制することで生成するネガワットも掲げられている．新聞などでデマンドレスポンス実施と報道されているのは，時間単位の粒度で人的にネゴシエーションして実施するようなスローデマンドレスポンスであり，本書で述べている FastADR とは一線を画すべきものと思われる．

　需給調整市場は，当初 2020 年度の開設を目指したが現状では，図 9.3 に示すように，2021 年度から商品ごとに順次広域調達と運用が商用実施される見込みとのことである．

　本書が想定している仮想発電所システムは，大量のビルマルチ空調機群と電力蓄電池群の FastADR の集約を前提としている．それは，ビルマルチ空調の応動特性を蓄電池の高速応動が助け，数分で応動する高速で自動化されたデマンドレスポンスである．また，ビルマルチ空調機のデマンドレスポンスには，短時間のデマンドレスポンス継続時間を大量にローテーションする方式が適している旨を前節で述べた．何時間にもわたるデマンドレスポンスは室温副作用のため，ローテーションしても連続的に何時間も電力抑制し続けることはできない．

　したがって，筆者の考えでは，図 9.3 の 5 分で応動すべき二次調整力②（EDC-H），もしくは 15 分で応動すべき三次調整力①（EDC-L）と呼ばれる商品カテゴリーが最も適合しやすいと思われる．この筆者の考えは一般的に広く受け入れられているとはいえない．現状，多くの関係者は空調のデマンドレスポンスは応動性が

表 9.2 需給調整市場の商品カテゴリ別要件の検討案

（電力広域的運営推進機関 OCCTO：商品要件の見直しについて（2018 年 10 月 9 日小委員会公開資料），p. 32 より引用）

	一次調整力	二次調整力①	二次調整力②	三次調整力①	三次調整力②
英呼称	Frequencey Containment Reserve（FCR）	Synchronized Frequency Restoration Reserve（S-FRR）	Frequency Restoration Reserve（FRR）	Replacement Reserve（RR）	Replacement Reserve-for FIT（RR-FIT）
指令・制御	オフライン（自端制御）	オンライン（LFC 信号）	オンライン（EDC 信号）	オンライン（EDC 信号）	オンライン
監視	オンライン（一部オフラインも可※2）	オンライン	オンライン	オンライン	専用記：オンライン簡易指令システム：オフライン※2,5
回線	専用線※1（監視がオフラインの場合は不要）	専用線※1	専用線※1	専用線※1	専用線または簡易指令システム
応動時間	10 秒以内	5 分以内	5 分以内	15 分以内※3	45 以内
継続時間	5 分以上※3	30 分以上	30 分以上	商品ブロック時間（3 時間）	45 分以内
並列要否	必須	必須	任意	任意	任意
指令間隔	—（自端制御）	0.5～数十秒※4	1～数分※4	1～数分※4	30 分
監視間隔	1～数秒※2	1～5 秒程度※4	1～5 秒程度※4	1～5 秒程度※4	未定※2,5
供出可能量（入札量上限）	10 秒以内に出力変化可能な量（機器性能上の GF 幅を上限）	5 分以内に出力変化可能な量（機器性能上の LFC 幅を上限）	5 分以内に出力変化可能な量（オンラインで調整可能な幅を上限）	15 分以内に出力変化可能な量（オンラインで調整可能な幅を上限）	45 分以内に出力変化可能な量（オンライン（簡易指令システムも含む）で調整可能な幅を上限）
最低入札量	5 MW（監視がオフラインの場合は 1 MW）	5 MW※1,4	5 MW※1,4	5 MW※1,4	専用線：5 MW簡易指令システム：1 MW
刻み幅（入札単位）	1 kW	1 kW	1 kW	1 kW	1 kW
上げ下げ区分	上げ/下げ	上げ/下げ	上げ/下げ	上げ/下げ	上げ/下げ

※1 簡易指令システムと中給システムの接続可否について，サイバーセキュリティの観点から国で検討中のため，これを踏まえて改めて検討

※2 事後に数値データを提供する必要有り（データの取得方法，提供方法等については今後検討）

※3 沖縄エリアはエリア固有事情を踏まえて個別に設定

※4 中給システムと簡易指令システムの接続が可能となった場合においても，監視の通信プロトコルや監視間隔等については，別途検討が必要

※5 簡易指令システムには上り情報を送受信する機能は実装されていない．現時点では DR の参入がその大半を占めることが想定され，エリア需要値の算定に影響は生じないが，今後，VPP 等の発電系が接続することでエリア需要の算定精度が低下することが考えられるため，上り情報が不要な接続容量の上限を設ける等の対応策を検討

遅くて不確実と考えている．しかし，本書は ICT システム技術による通信制御の高速化と，高速化された 5 分程度という短時間しか継続しないことで室温悪化を防ぎ，何百何千もの空調機群においてアグリゲーションにより，ならし効果を得て，さらに電力蓄電池で最終的に補償するという方式こそ，高速かつ確実なネガワット生成をできる仮想発電所の解であることを示した．

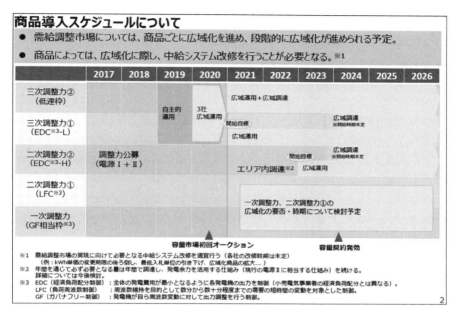

図 9.3 わが国の広域需給調整市場開設の準備と運用開始スケジュール案
(電力広域的運営推進機関 OCCTO：需給調整市場に係る検討の今後の進め方（2018年7月31日小委員会公開資料），p.5 より引用)

9.3 社会制度の鍵

9.3.1 仮想発電所サービスの対価精算

仮想発電所を実現するイノベーション技術が整っても，その価値を経済取引する制度が整わなければ社会実装できない．特に，「ネガワット」というこれまでの概念になかった「仮想電力商品」を売買するには，これまでの時代とは格段に違った課題を解決する必要がある．中でも，電力の売買に特に深く関係する計量法を「ネガワット売買」においてどうするかは大きな問題となろう．

本書では，ビルマルチ空調機群と電力蓄電池群のアグリゲーションによる仮想発電所について述べてきた．その特徴は地域に広がる多数の需要家群の中から，ビルマルチ空調機群の消費電力と電力蓄電池群の充放電電力を，そのほかの需要家負荷の消費電力と区別し，ネガワット量を特定してその経済価値を対価として精算する仕組み制度が必要になる．

現状では，需要家ごとに電力会社が検定計量器として認定された取引メータを設置して検針精算している．これは，近年のスマートメータになろうが，需要家ごとの計量精算であることに変わりはない．現状ではスマートメータといっても，30分電力量という長い時間粒度の精算単位であろう．将来は，15分あるいは数分と時間単位が短くなっていく可能性があると思われる．また，30分といった時間枠ごとの電力量〔kWh〕のみならず，それより短い時間間隔で電力〔kW〕を計量することもありうるのではないか．しかし，いずれにしても現状の制度法規の枠組みでは需要家全体で1つの取引メータである限り，空調負荷電力分や電力蓄電池充放電分は需要家電力あるいは電力量に含まれて顕在化しない．

わかりやすくいえば，1つの電力料金契約単位であるオフィスビル内で，ビルマルチ空調がFastADRにより空調消費電力を抑制しても，仮にビル内のその他の設備機器がそれ以上に電力を消費すれば，ビル1棟に対し1つの電力取引メータでは，空調分だけの電力抑制分が計量できない．これまで述べてきたような，複数のビル群に分布する特定設備群に対して，FastADRを集約するリソースアグリゲータでは，需要家に対して空調電力抑制によるネガワット生成分の対価としてインセンティブを支払うという大前提に立っている．したがって，アグリゲータと需要家がFastADRと特定した設備群，つまり本書の場合ビルマルチ空調設備や電力蓄電池設備の電力分だけを分離計測して，アグリゲータと需要家の間で精算する必要がある．これは確かに非常にむずかしい制度上の問題である．

1つの解決策として，FastADR対象設備電力だけを個別の電力メータを設置し，計測して，そのデータを需要家からリソースアグリゲータに伝送通信してネガワット量を分離特定する方法が考えられる．しかしながら，もともとデマンドレスポンスはベースライン推定値に対する抑制量を推定しなければならない．第4章で明らかにしたように，ベースラインを正確に推定すること自体が，データサイエンス上非常に難易度が高いのである．現状では，過去の平均値といった制度として計算方法を決める代替の数値としてベースラインを設定している．したがって，検定されて精度が保証された電力計でデマンドレスポンス時の電力を精密に計測したとしても，ベースライン推定そのものが正確ではないため，デマンドレスポンスで生成した抑制電力，すなわちネガワットの計量が正確になるわけではない．

また，ビルマルチ空調機群のFastADRのような超分散型リソース群においては，個々の設備機器に電力計を設置することはコスト増となり，初期投資の額によってはFastADRの推進に水をさしかねない．さらに，ビルマルチ空調機は冷媒圧

9.3 社会制度の鍵

縮機のためのインバータが必ず装備されており,組込みマイコン制御装置が過負荷保護のため消費電流または消費電力の実効値を常時ミリ秒単位で計測する機能をもともと備えている.

この機能を使って空調機組込み通信により ERC (エネルギーリソースコントローラ) もしくは BEMS (ビルエネルギー管理システム) が毎分,あるいは数十秒という時間間隔で,消費電力をリソースアグリゲータに,IEEE1888 や IEC61850 によりデータ伝送することは,コストをほとんどかけず実施可能な方法である.また,当然のことながら,電力用蓄電池システム自体が充放電する電力を常時正確に計量できることはいうまでもない.

図 9.4 に示すように,ビルマルチ空調機群と電力蓄電池群をアグリゲーションする仮想発電所の生成ネガワットを ΣW として集約し,インセンティブ ΣY を各需要家に分配するシステムが望ましい.電力小売り会社と電力料金には需要家ごとの1つの取引スマートメータによることになろうが,仮想発電所システムの FastADR ネガワット生成量については,上述のような機器組込みマイコン制御装置のデータ W_D をリソースアグリゲータにデータ伝送して集約する.仮想発電所全体のインセ

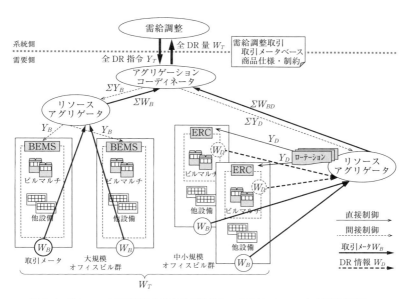

図 9.4 ビルマルチ空調機群と電力蓄電池群をアグリゲーションする仮想発電所のネガワット計量とインセンティブ配分の概念図

ンティブ Y_T をこの W_B にあるいは W_{BD} より分配するという方式が望ましいと思われる.

このようにすることで, 1件の需要家ビル内において, ビルマルチ空調電力をFastADRで電力抑制しても, 他の設備で消費電力が増えたため, 需要家取引スマートメータ W_B の計量値は増加してしまいネガワットが計量できないという事象を回避できる. FastADR対象設備そのものの消費電力 W_D だけをデータ伝送することで, ネガワット計量し, 貢献によりインセンティブ Y_D を各需要家に配分可能となる.

計量法という壁を解決する必要があるのはいうまでもないが, 100年に一度といっても過言ではない電力系統システム改革にあたっては, 未来のイノベーションを阻害することなく, ICTに適した計量精算方式の制度開発が望まれる.

9.3.2 仮想発電所のクリーン価値

太陽光発電, 風力発電, 水力発電は発電時に CO_2 排出がないということから, 地球環境にやさしく, かつ, 原子力のような放射能の心配がない安心な発電方式といわれている. たしかに, 太陽光発電, 風力発電, 水力発電は, 設備が完成して運用されているときは, CO_2 を排出せず放射能の心配もない. これらの自然エネルギー発電は, 運用時においては, 石炭, 石油や天然ガスといった化石燃料を燃焼させる発電とは比べ物にならないほど地球環境にやさしい.

しかし, これらの自然エネルギー発電も厳しく見れば, 水力発電ダムを建設する際の国土自然への影響や, 太陽光発電や風力発電が設置される地域の環境や災害への配慮が必要である. さらに, 運用中は自然にやさしいといっても, 新規に発電装置を製造するときの地球資源や, 老朽して設備を廃却するときの廃棄物も考慮する必要があるといえるであろう.

この点, 本書のテーマであるFastADRによるビルマルチ空調仮想発電所は, 本来電力消費していたであろうベースラインから電力消費を制御しつつ削減するので, 根本的にエネルギー消費を減らすだけといえる. つまり, 地球資源を使うわけでもなく, CO_2 を排出するわけでもなく, 放射能はおろか廃棄物も全く出さない発電方式である. もちろん, 本書で述べたように注意点は多々ある. FastADRはローテーションをするにしても短時間一時的であること, また, FastADR終了後に電力消費リバウンドがあることなどである.

また, 仮想発電所の構成要素である電力蓄電池システムは物理的設備であるた

め，太陽光や風力発電機のように地球資源を使うため，廃却時に環境に負荷を与えかねない．電力蓄電池システムは瞬時に確実に電力充放電を制御できるため，仮想発電所のポジワット/ネガワット出力を制御する上でこれに頼りがちであろう．しかし，FastADR こそが全くクリーンかつ安全な需給調整発電であるから，なるべく，FastADR が使えるよう技術的な困難を克服していく必要がある．そして，仮想発電所内部において，FastADR ネガワットと電力蓄電池ポジワットが適正に分担されることに注意すべきである．

当然のことながら，需給バランス上「ネガワット」という発電は，一時的に効力を生み出すものであり，ベースロードに足りえないことはいうまでもない．ベースロードとは連続的にエネルギーを生み出し続ける電力量，いわゆる kWh 価値である．一方，電力系統の発電電力と需要電力の需給調整においては，瞬時電力のバランスを取ることを意味しており，電力を変化制御させる価値，つまり Δ kW 価値である．この2つの価値を区別する必要がある．

FastADR を集約制御して仮想発電所が生み出す「ネガワット」ほど地球にやさしい需給調整はない．この技術が将来，実用化されて活躍する時代を期待して筆をおきたい．

参 考 文 献

第 1 章文献

(1.1) California System Independent Operator（CAISO）：http://www.caiso.com/Documents/Briefing_DuckCurve_CurrentSystemConditions-ISOPresentation-July2015.pdf#search=duck%20curve

(1.2) 電気新聞：「出力制御へ準備進む：九州エリアの大型連休中の電力需給実績（午後1時）」，2018 年 6 月 6 日 1 面

(1.3) 資源エネルギー庁：http://www.enecho.meti.go.jp/about/whitepaper/2015html/3-2-2.html

(1.4) 日本冷凍空調工業会，空調機国内出荷台数統計：http://www.jraia.or.jp/cgi-bin/stat/detail.cgi?ca=1&ca2=3

(1.5) 蜷川忠三：「ビルマルチ空調機群 FastADR アグリゲーションの動的平衡リバウンド抑制法」，電気学会スマートファシリティ研究会，SMF-19-016，2019 年

第 2 章文献

(2.1) P. Kundur, "Power System Stability and Control", McGraw-Hill, Inc., 1994

(2.2) 電気事業講座編集委員会 7：「電力系統」，エネルギーフォーラム，2007 年

(2.3) 長谷川淳，大山力，三谷康範，斎藤浩海，北裕幸：「電力系統工学」，電気学会，2002 年

(2.4) 石亀篤司：「電力システム工学」，オーム社，2013 年

(2.5) 柳父悟，加藤政一：「電力系統工学」，東京電機大学出版局，2006 年

(2.6) 電気学会技術報告：「電力系統における常時及び緊急時の負荷周波数制御」，第869 号，2002 年

(2.7) 電気学会技術報告：「電力需給・周波数シミュレーションの標準解析モデル」，第1386 号，2016 年

第 3 章文献

(3.1) 電気学会技術報告：「電力需給・周波数シミュレーションの標準解析モデル」，第1386 号，2016 年

(3.2) 蜷川忠三，安積英駿，高浜盛雄：「ビルマルチ空調設備群 FastADR 閉ループ制御のための非対称定率増減伝達関数モデル」，電気学会論文誌 B，Vol. 137，No. 8，pp. 566-572，2017 年

(3.3) 鈴木啓太，蜷川忠三，森川純次：「実機計測に基づくビルマルチ空調 DR 過渡応答大量アグリゲーション均し効果の推定」，電気学会論文誌 B，Vol. 138，No. 7，pp. 582-590，2018 年

(3.4) OpenADR Alliance ホームページ：http://www.openadr.org/

(3.5) M. Piette, et al., "Open Automated Demand Response Communications Specification（Version 1.0）", LBNL Report 1779E, 2009.

(3.6) OASIS Standard, "Energy Interoperation Version 1.0", OASIS Committee Specification Draft 01, 2010：http://docs.oasis-open.org/energyinterop/ei/v1.0/os/energy-interop-v1.0-os.html

(3.7) 経済産業省：「デマンドレスポンス・インタフェース仕様書1.0版」，JSCA スマートハウス・ビル標準・事業促進検討会，2013 年：http://www.meti.go.jp/committee/kenkyukai/shoujo/smart_house/pdf/003_s06_00.pdf

(3.8) 経済産業省：「OpenADR 機器別実装ガイドライン 第1.0版」，エネルギー・ビジネス・リソース・アグリゲーション・ビジネス検討会，2017 年：http://www.meti.go.jp/committee/kenkyukai/energy_environment/energy_resource/pdf/005_10_00.pdf

(3.9) IEC standard, "Reference Architecture for Electric Power Systems", IEC61850, 2011.

(3.10) IEEE standard, "Ubiquitous Green Community Control Network Protocol", IEEE1888, 2011.

(3.11) Open System for Energy Services（OS4ES）：http://www.os4es.eu/

(3.12) IEC Standard, "Specific Communication Service Mapping（SCSM）-Mappings to MMS（ISO 9506-1 and ISO 9506-2）and to ISO/IEC 8802-3", IEC61805-8-1, 2004

(3.13) ISO Standard, "Industrial automation systems -- Manufacturing Message Specification", ISO 9506：2003, 2003.

(3.14) IEC standard, "Communication networks and systems for power utility automation-Part 6: Configuration description language for communication in electrical substations related to IEDs", IEC61850-6, 2009.

(3.15) IEEE standard, "Ubiquitous Green Community Control Network Protocol", IEEE1888-2011, 2011

(3.16) 東大グリーン ICT プロジェクトクト（Green University of Tokyo Project）：http://www.gutp.jp/

(3.17) C. Ninagawa, H. Yoshida, S. Kondo, and H. Otake, "Data transmission of IEEE1888 communication for wide-area real-time smart grid applications", International Renewal and Sustainable Energy Conference IRSEC' 13, pp. 1-6, 2013.

(3.18) C. Ninagawa, T. Iwahara, K. Suzuki, "Enhancement of OpenADR Communication for Flexible Fast ADR Aggregation Using TRAP Mechanism of IEEE1888 Protocol", IEEE International Conference on Industrial Technologies, ICIT 2015, Seville, Spain, 2015.

(3.19) 岩原貴大，山田倫久，蜷川忠三：「IEEE1888TRAP による柔軟なサーバ Push が可能なスマートグリッド OpenADR 通信」，電気学会スマートファシリティ研究会，SMF-15-014，富山，2015 年

第4章文献

(4.1) 電気学会 電気規格調査会テクニカルレポート：「蓄電池システムによるエネルギーサービスに関する標準仕様 JEC-TR-59002」，2018 年

(4.2) 中部電力 電力小売託送サービス：「接続供給契約」：http://www.chuden.co.jp/corporate/study/free/takuso_etc/etc_setsuzoku/index.html

(4.3) 経済産業省 資源エネルギー庁：「需給調整市場について」：http://www.meti.go.jp/shingikai/enecho/denryoku_gas/denryoku_gas/seido_kento/pdf/024_04_01.pdf

(4.4) 経済産業省 電力・ガス取引監視等委員会：「第 25 回 制度設計専門会合 事務局提出資料～自主的取組・競争状態のモニタリングについて～（平成 29 年 7 月～9 月期）」

(4.5) 日本卸電力取引所：「取引ガイド」：http://www.jepx.org/outline/pdf/Guide_2.00.pdf

(4.6) 気象データ 気象庁 HP 各種データ：http://www.jma.go.jp/jma/menu/report.html

(4.7) 時間前市場取引データ JEPX HP 取引データ：http://www.jepx.org/market/index.html

(4.8) 電気学会・スマートグリッドに関する電気事業者・需要家間サービス基盤技術調査専門委員会：「国際基準に基づくエネルギーサービス構築の必須知識」，第 1 版第 1 刷，オーム社，2016 年

(4.9) 資源エネルギー庁：「ネガワット取引に関するガイドライン」，平成 28 年 9 月 1 日改定

(4.10) 総合資源エネルギー調査会 基本政策分科会 電力システム改革小委員会：「第 9 回制度設計ワーキンググループ事務局提出資料～ネガワット取引の活用について～」，平成 26 年 10 月 30 日，2014 年

(4.11) 次世代送配電ネットワーク研究会：「低炭素社会実現のための次世代送配電ネットワークの構築に向けて」，平成 22 年 4 月，2010 年

(4.12) 蜷川忠三：「自然エネルギー発電とスマートグリッド」，十六銀行 経済月報，2012 年 10 月，pp. 3-6，2012 年

(4.13) J. Eto, "Demand responce spinning reserve demonstration", Lawrence Berkeley National Laboratory, May, 2007.

(4.14) OpenADR Alliance, "OpenADR 2.0 Profile Specifications", 2013：http://www.openadr.org/specification-download

(4.15) IEEE standard "Ubiquitous Green Community Control Network Protocol", IEEE 1888, 2011.：http://standards.ieee.org/standard/1888-2011.html

(4.16) K. Ma, G. Hu and C. Spanos, "Distributed Energy Consumption Control via Real-Time Pricing Feedback in Smart Grid", IEEE Trans. on Control System Technology, Vol. 22, No. 5, pp. 1907-1914, 2014.

(4.17) J. Morikawa, T. Yamaguchi and C. Ninagawa, "Smart Grid Real-Time Pricing OptimizationManagement on Power Consumption of Building Multi-type Air-

Conditioners, IEEJTrans. on Electrical and Electronic Engineering, Vol. 11, pp. 823-825, 2016.

(4.18) 森川純次, 蜷川忠三：「ビル用マルチ空調設備の電力抑制と室温維持を時系列調整する高速リアルタイム電力料金最適制御」, 電気学会論文誌 B, Vol. 136, pp. 817-823, 2016 年

(4.19) 青木佳史, 伊藤大道, 蜷川忠三, 森川純次, 稲葉隆, 近藤成治：「リアルタイム電力料金に適応するビルマルチ空調の全館電力制限と優先部分室温の複合調整制御」, 電気学会論文誌 D, Vol. 138, No. 10, 2018 年

(4.20) 蜷川忠三, 青木佳史, 森川純次, 稲葉隆, 近藤成治, 大嶽宏之：「リアルタイム電気料金に適応するビルマルチ空調機群の優先エリア複合制御」, 空気調和・衛生工学会論文集, No. 260, pp. 23-30, 2018 年

(4.21) Y. M. Wi, J. H. Kim, S. K. Joo, J. B. Park and J. C. Oh, "Customer baseline load (CBL) Calculation using exponential smoothing model with weather adjustment", In Transmission and Distribution Conference and Exposition : Asia and Pacific, T and D Asia 2009, 2009.

(4.22) Y. Weng and R. Rajagopal, "Probabilistic Baseline Estimation via Gaussian Process", 2015 IEEE Power & Energy Society General Meeting, pp. 1-5, 2015.

(4.23) F. Wang, K. Ki, C. Kiu, Z. Mi and M. Shafie-khah, "Synchronous Pattern Matching Principle Based Residential Demand Responce Baseline Estimation : Mechanism Analysis and APproach Description", IEEE Trans. on Smart Grid, pp. 1-13, 2018.

(4.24) T. K. Wijaya, M. Vasiriani and K. Aberer, "When Bias Matters : An Economic Assessment of Demand Response Baselines for Residential Customers", IEEE Trans. on Smart Grid, Vol. 5, No. 4, pp. 1755-1763, 2014.

(4.25) K. Coughlin, M. A. Piette, C. Goldman and S. Liliccote, "Statistical analysis of baseline load models for non-residentital buildings", Enery and Buildings, Vol. 41, No. 4, pp. 374.281, 2009.

(4.26) PJM, "PJM Empirical Analysys of Demand Response Baseline Methods Results", May, 2011.

(4.27) P. Antunes, P. Faria and Z. Vale, "Consumers Performance Evaluation of the Participation in Demand Response Programs Using Baseline Methods, 2013 IEEE Grenoble Conference, pp. 1-6, 2013.

(4.28) J. L. Mathiew, P. N. Price, S. Kiliccote and M. A. Piette, "Quantifying Changes in Building Electricity Use, With Application to Demand Response, IEEE Trans. on Smart Grid, Vol. 2, No. 3, pp. 507-518, 2011.

(4.29) S. Mohajeryami, M. Doostan, A. Asadinejad and P. Schwarz, "Error Analysis of Customer Baseline Load (CBL) Calculation Methods for Residential Customers, IEEE Trans, on Industry Application, Vol. 53, No. 1, pp. 5-14, 2017.

(4.30) S. Park, S. Ryu, Y. Choi and H. Kim, "A Framework for Baseline Load Estimation in Demand Response : Data Mining Approach", 2014 IEEE Int. Conf. on Smart

Grid Communications, pp. 638-64.2, 2014.

(4.31) M. Behl, A. Jain and R. Mangharam, "Data-Driven Modeling, Control and Tools for Cyber-Physical Energy Systems, ACM/IEEE 7th Int. Conf. on Cyber-Physical Systems (ICCP), pp. 1-10, 2016.

第 5 章文献

(5.1) 福島敏：「電力系統における蓄電池利用・制御技術の最新動向」，電気学会論文誌 B，Vol. 137，No. 10，pp. 644-647，2017 年

(5.2) 田中晃司，猿田健一，玉越富夫，森啓一，伊庭健二：「デマンドレスポンスに対する既設 NAS 電池の適用」，電気学会論文誌 B，Vol. 138，No. 7，pp. 605-611，2018 年

(5.3) 日本卸電力取引所：「取引ガイド」http://www.jepx.org/outline/pdf/Guide_2.00.pdf

(5.4) 電気学会 電気規格調査会テクニカルレポート：「蓄電池システムによるエネルギーサービスに関する標準仕様 JEC-TR-59002」，2018 年

(5.5) OpenADR Alliance, "OpenADR 2.0 Profile Specifications", 2013： http://www.openadr.org/specification-download

(5.6) ISO standard, "Industrial automation systems -- Manufacturing Message Specification-Part 1 : Service definition", ISO 9506-1, 2000.

(5.7) D. Mills, "Simple Network Time Protocol (SNTP) Version 4 for IPv4, IPv6 and OSI", RFC4330, 2006.

(5.8) IEC Standard, "Power systems management and associated information exchange-Data and communications security", IEC62351, 2018

第 6 章文献

(6.1) E. Mangalova and E. Agfonov, "Time Series Forecasting using Ensamble of AR models with Time-varying Sttucture", IEEE Conf. on Evolving and Adaptive Intelligent Systems EAIS2012, pp. 198-203, 2012.

(6.2) 岩田侑士，斎藤健太郎，蜷川忠三，森川純次，近藤成治：「ADR 電力抑制操作に対するビル設備電力応答特性の時系列コンバインド予測モデル」，平成 26 年電気学会産業応用部門大会，pp. v265-v266，2014 年

(6.3) 奈良村拓，森川純次，蜷川忠三：「ビル用マルチ空調群の高速デマンドレスポンス電力抑制による室温副作用の応答特性」，電気学会 B 部門大会，2015 年

(6.4) 近藤眞示，森川純次，蜷川忠三：「ビル用マルチ空調群の高速デマンドレスポンス電力抑制応答の予測期待値均し効果」，電気学会 B 部門大会，2015 年

(6.5) T. Fukazawa, Y. Iwata, J. Morikawa, C. Ninagawa, "Stabilization of Neural Network by Combination with AR Model in FastADR Control of Building Air-conditioner Facilities", IEEJ Trans. on Electrical and Electronic Engineering, Vol. 11, No. 1, pp. 124-125, 2016.

(6.6) 奈良村拓，森川純次，蜷川忠三：「ビル用マルチ空調設備群の FastADR における電力制限量配分のための室温副作用予測モデル」，電気学会論文誌，Vol. 136，No. 4，pp. 432-438，2016 年

(6.7) S. Kondo, J. Morikawa, C. Ninagawa, "Averaging Effect on Stochastic Response Prediction in FastADR Aggregation for Building Air-Conditioning Facilities", IEEJ Trans. on Electrical and Electronic Engineering, Vol. 11, No. 6, pp820-822, 2016.

(6.8) 永田雄介，奈良村拓，森川純次，蜷川忠三：「ビルマルチ空調電力の高速デマンドレスポンスにおける室温副作用の短時間予測モデル」，電気学会全国大会，Vol. 4，pp. 388-389，2016 年

(6.9) 中村惇志，蜷川忠三，森川純次：「ビルマルチ空調電力の高速デマンドレスポンス応答特性モデルの時系列データマイニング」，電気学会全国大会，Vol. 4，pp. 392-393，2016 年

(6.10) 鈴木啓太，蜷川忠三，森川純次，稲葉隆，近藤成治：「実機計測に基づくビルマルチ空調群 DR 過渡応答大量アグリゲーション均し効果の推定」，電気学会論文誌 B，Vol. 138，No. 7，pp. 582-590，2018 年

(6.11) A. Kiyota, M. Takahama, C. Ninagawa, "Wide Area Network Discrete Feedback Control on Fast ADR of a Cluster of Building Air-conditioning Facilities", IEEJ Trans. on Electrical and Electronic Engineering, Vol. 11, No. 6, pp. 826-828, 2015.

(6.12) H. Asaka, M. Takahama, C. Ninagawa, "Mitigation of Saturated LFC Thermal Power Plants by Very Fast ADR Aggregation of a Huge Number of Building Multi-Type Air-Conditioners", IEEJ Trans. on Electrical and Electronic Engineering, Vol. 12, No. 3, pp. 442-443, 2017.

(6.13) 蜷川忠三，安積英駿，高浜盛雄：「ビルマルチ空調設備群 Fast ADR 閉ループ制御のための非対称定率増減伝達関数モデル」，電気学会論文誌 B，Vol. 137，No. 8，pp. 566-572，2017 年

(6.14) 森川純次，近藤成治，五十住晋一，蜷川忠三：「ビル用マルチ空調システムへの新高速デマンド制御」，三菱重工技報，Vol. 51，pp. 10-15，2014 年（6.14）

(6.15) 蜷川忠三：「ADR アグリゲーションとビル設備電力管理システム」，日本冷凍空調学会年次大会，D331，東京，2015 年

第 7 章文献

(7.1) 長岡順吉：「冷凍工学」，コロナ社，1976 年

(7.2) 日本機械学会著：「熱力学」，丸善出版，2002 年

(7.3) 森川純次，蜷川忠三：「ビル用マルチ空調設備の電力抑制と室温維持を時系列調整する高速リアルタイム電力料金最適制御」，電気学会論文誌 B，Vol. 136，pp. 817-823，2016 年

(7.4) 青木佳史，伊藤大道，蜷川忠三，森川純次，稲葉隆，近藤成治：「リアルタイム電力料金に適応するビルマルチ空調の全館電力制限と優先部分室温の複合調整制

御」，電気学会論文誌 D，Vol. 138，No. 10，2018 年

(7.5) 井上宇一：「空気調和ハンドブック 改訂 5 版」，井上宇一編，丸善出版，2008 年 (7.5)

(7.6) 気象庁ホームページ：http://www.data.jma.go.jp/obd/stats/etrn/index.php

(7.7) 赤坂裕，木村健一編：「建築環境学 1」，丸善出版，1992 年

(7.8) 大坪俊通，片山真人：「天体の位置と運動」，福島登志夫編，日本評論社，2009 年

(7.9) 電気学会技術報告：「電力需給・周波数シミュレーションの標準解析モデル」，第 1386 号，2016 年

(7.10) 伊藤大道，蜷川忠三，森川純次：「ビル需要家設備の動特性予測モデルによる高速リアルタイム電力料金への最適制御」，電気学会スマートファシリティ研究会，SMF-16-049，pp. 79-84，2016

(7.11) 奈良村拓，森川純次，蜷川忠三：「ビルマルチ空調群の高速デマンドレスポンス電力制限による室温副作用の応答特性」，電気学会電力・エネルギー部門大会，2015 年

(7.12) 奈良村拓，森川純次，蜷川忠三：「ビル用マルチ空調設備群の FastADR における電力制限配分のための室温副作用予測モデル」，電気学会論文誌 B，Vol. 136，No. 4，pp. 432-438，2016 年

(7.13) PJM Manual 12, "PJM Balancing Operations", Aug., 2016.

(7.14) PJM Web Site Documents, "Normalized Signal Test : RegA", http://www.pjm.com/markets-and-operations/ancillary-services.aspx, Aug., 2014.

(7.15) Y. Lin, P. Barroah, S. Meyen, and T. Middlekoop, "Experimental Evaluation of Frequency Regulation From Commercial Building HVAC Systems", IEEE Trans. on Smart Grid, Vol. 6, No. 2, pp. 776-783, 2015.

(7.16) K. Ma, G. Hu, C. Spanos, "Distributed Energy Consumption Control via Real-Time Pricing Feedback in Smart Grid", IEEE Trans. on Control System Technology, Vol. 22, No. 5, pp. 1907-1914, 2014.

(7.17) PJM Web Site Documents, "40 Minute Performance Score Template", http://www.pjm.com/markets-and-operations/ancillary-services.aspx, Aug., 2013.

(7.18) OpenADR Allience, "OpenADR 2.0 Profile Specification B Profile", Document No. 20120912-1, 2013

(7.19) IEEE Standard 1888-2011, "IEEE standard for ubiquitous green community control network protocol", IEEE, New York, 2011.

(7.20) C. Ninagawa, H. Yoshida, Seiji Kondo, Hiroyuki Otake, "Data Transmission of IEEE1888 Communication for Wide-area Real-time Smart Grid Applications", Int. Renewable and Sustainable Energy Conf., IRSEC2013, pp. 1-6, 2013.

(7.21) 岩原貴大，山田倫久，蜷川忠三：「IEEE1888TRAP による柔軟なサーバープッシュが可能なスマートグリッド OpenADR 通信」，電気学会スマートファシリティ研究会，SMF-15-014，pp. 59-63，2015 年

(7.22) C. Ninagawa, T. Iwahara, K. Suzuki, "Enhancement of OpenADR Communication for Flexible Fast ADR Aggregation Using TRAP Mechanism of IEEE1888 Protocol", IEEE International Conference on Industrial Technology ICIT2015, pp. 2450-2454, 2015.

(7.23) 岩田侑士，斎藤健太郎，蜷川忠三，森川純次，近藤成治：「ADR 電力制限操作に対するビル設備電力応答特性の時系列コンバインド予測モデル」，電気学会産業応用部門大会，pp. 265-266，2014 年

(7.24) G. Box, G. Jenkins, G. Reinsel, "Time Series Analysis : Forecasting and Control, 3rd Edition", pp. 201, Prentice Hall, 1994.

(7.25) 佐藤友孝，川北八彦，蜷川忠三：「インターネット WEB 空調監視システムのデータ伝送性能解析」，電気設備学会誌，Vol. 29，No. 6，pp. 455-460，2009 年

(7.26) H. Ochiai, M. Ishiyama, T. Momose, N. Fujiwara, K. Ito, H. Inagaki, A. Nakagawa, and H. Esaki : "FIAP : Facility information access protocol for data-centric building automation systems", in Proc. IEEE INFOCOM 2011, Workshop on M2MCN-2011, pp. 229-234, 2011.

(7.27) H. Ochiai : "Power Data Management on the Internet Space : Green ICT Project in Japan", IEEE Colombian Communication Conference COLCOM2012, pp. 1-2, 2012.

(7.28) 山田倫久，森川純次，蜷川忠三：「BACnet/WS ビル設備遠隔監視の通信性能に対するバーストパケットロスの影響」，電気設備学会誌，Vol. 35，No. 3，pp. 212-218，2015 年

(7.29) K. Schisler, T. Sick, and K. Brief, "The Role of Demand Response in Ancillary Services Markets", IEEE/PES Transmission Distribution Conference 2008, pp. 1-3, 2008.

(7.30) L. Kleinrock, "Queueing Systems. Volume 1 : Theory", John Wiley & Sons, New York, pp. 74-77, 1975.

(7.31) T. Robertazzi, "Computer Networks and Systems : Queueing Theory and Performance Evaluation : Third Edition", New York : Springer-Verlag. pp. 68-72, 2000.

(7.32) L. Rizzo, "Dummynet : A Simple Approach to the Evaluation of Network Protocols", ACM Computer Communication Review, Vol. 27, No. 1, pp. 31-41, 1997. (7.50)

(7.33) E. Gilbert, "Capacity of a burst-noise channel", Bell System Technical Journal, Vol. 39, pp. 1253-1265, 1960.

(7.34) E. Elliot, "Estimation of error rates for codes on burst-noise channels", Bell System Technical Journal, Vol. 42, pp. 1977-1997, 1963.

(7.35) 鈴木啓太，蜷川忠三：「ビル空調設備群の大規模アグリゲーションによるデマンドレスポンス制御時間応答」，電気学会研究会論文 PFC-14-008，pp. 39-44，2013 年

第 8 章文献

(8.1) W3C standard, "XML Schema Definition Language (XSD) 1.1 Part 1 : Structures", W3C Proposed Recommendation, 2012. : http://www.w3.org/TR/2012/PR-xmlschema11-1-20120119/

(8.2) P. Saint-Andre, "Extensible messaging and presence protocol (XMPP) : Core", RFC6120, 2011.

(8.3) OASIS Standard, "Energy Interoperation Version 1.0", OASIS Committee Specification Draft 01, 2010 : http://docs.oasis-open.org/energyinterop/ei/v1.0/os/energyinterop-v1.0-os.html

(8.4) EnerNOC OpenADR 2.0 VTN オープンソース実装 : http://github.com/EnerNOC/oadr2-vtn-new, http://www.openadr.org/general-resources

(8.5) Electric Power Research Institute (EPRI), "OpenADR 2.0b Open Source Virtual Top Node (OADR 2.0b VTN) Version 0.9.7.0", Product Id3002007431, 2017 : http://www.epri.com/#/pages/product/3002007431/?lang=en-US

(8.6) IEC standard, "Communication networks and systems in substation-Part 6 : Configuration description language for communication in electrical substations related to IEDs", IEC61850-6, 2009.

(8.7) IEC standard, "Communication networks and systems in substation-Part 7-2 : Basic communication structure for substation and feeder equipment-Abstract communication service interface (ACSI)", IEC61850-7-2, 2003.

(8.8) IEC standard, "Communication networks and systems in substation-Part 8-1 : Specific Communication Service Mapping (SCSM)-Mappings to MMS (ISO 9506-1 and ISO 9506-2)", IEC61850-8-1, 2004.

(8.9) ISO standard, "Industrial automation systems -- Manufacturing Message Specification-Part 1 : Service definition", ISO 9506-1, 2000.

(8.10) D. Steedman, "Abstract Syntax Notation One, ASN.1, The Tutorial & Reference", The Camelot Press, 1990

(8.11) 落合秀也, 江崎浩 : 「スマートグリッド対応 IEEE1888 プロトコル教科書」, インプレスジャパン, 2012 年

第 9 章文献

(9.1) 国土交通省 :「平成 25 年法人土地建物基本調査確報集計」, 2015 年

(9.2) ザイマックス不動産総合研究所 :「オフィスピラミッド 2016」, 2016 年

(9.3) 公益社団法人空気調和・衛生工学会 :「ビル用マルチパッケージ型空調システム」, 2015 年

(9.4) J. H. Eto, J. N-Hoffman, E, Parker, C. Bemier, P. Young, D. Sheehan, J. Kueck, B. Kirby, "The Demand Response Spinning Reserve Demonstration-Measuring the Speed and Magnitude of Aggregated Demand Response", IEEE 45th Hawaii

International Conference on System Sciences, pp. 2012-2019, 2012.

(9.5) J. Eto, C. Goldman, G. Heffner, B. Kirby, J. Kueck, M. Kintner-Meyer, T. Mount, W. Schultze, R. Thomas, "Innovative Developments in Load as a Reliability Resource", IEEE Power Engineering Society Winter Meeting Conference, pp. 1002-1004, 2002

(9.6) J. Bode, M. Sullivan, J. H. Eto, "Measuring Short-term Air Conditioner Demand Reductions, for Operations and Settlement", Lawrence Berkley National Laboratory report, LBNL-5330E, 2012.

(9.7) 電気新聞 2019 年 3 月 8 日：1 面 JEPX スポット価格欄，3 面需給概況欄

索　引

あ　行

アグリゲーションコーディネータ
　44, 95
アグリゲータ　37, 115
アグリゲート　133
上げ調整サービス　98
アプリケーション　52

インセンティブ型　75
インタフェース仕様書　42

エネルギーサービス事業者　96
エネルギー資源制御装置　96
エネルギーリソースコントローラ　44
エンタルピー　150

オフセット　141

か　行

仮想発電所　13
慣性定数　22
間接制御　96

機械学習手法　88
機器別実装ガイドライン　43
逆潮流　62
教師データ　89

空調能力　162
クライアントサーバーモデル　53

経済負荷配分制御　25, 29
系統運用機関　85
系統周波数制御　24
系統定数　27

系統連系　2
軽負荷断面　172
計量法　263
ゲートウェイ　52

高速自動デマンドレスポンス　12
交流同期発電機　2

さ　行

最適制御状態フィードバックゲイン
　199
最適レギュレータ　197
下げ調整サービス　98
サーバー Push　53
サービスインタフェース　237
サービス率　206
サーモオン/オフ　154

シグモイト関数　125
室温偏差　118
実効温度差　165
周期的 Pull 読出し　56
周波数制御信号　185
周波数バイアス連系線電力制御　28
需給調整市場　260
需給調整信号　94
需給バランス　5
瞬時需給バランス　22
状態空間モデル　195
深層学習　117

ストレージ　52
スポット市場　68
スマートメータ　264

成績係数　156

説明変数	87	ニューラルネットワーク	117
線形自己回帰	124		
		ネガワット	18, 36, 80
相当外気温度	158	ネガワット生成	94
速度調停率	26	熱負荷	162
		熱容量	162

た 行

対象負荷ローテーション	259

は 行

地域送電機関	184	バーチャルエンドノード	44
中央給電指令所	5	バーチャルトップノード	44
抽象通信サービスインタフェース	237	発電機特性定数	27
直接制御	96	バランシング信号	185
		バランシング信号追従性評価式	187
追従性評価	186	パワーコンディショナ	231

定周波数制御	28
ディープラーニング	117
データオブジェクト	107
データクラス	231
デマンドレスポンス	10, 11, 36
デマンド制御	11
電気料金型	74
電力卸市場	261
電力広域的運営推進機関	64, 261
電力制御指令	154
電力用蓄電池	60

ビルマルチ空調	114, 150
ビルマルチ空調機	15
負荷周波数制御	25
負荷特性定数	27
ベースライン	77, 80
法人土地・建物基本調査	256
補 償	141
ポジワット	36

東大グリーン ICT プロジェクト	51
到着率	206
特定通信サービスマッピング	237
独立系統運用機関	183
取引メータ	264

ま 行

待ち行列理論	202
マルチキャスト	241
目的変数	87

な 行

ならし効果	13, 135, 141, 259
日負荷曲線	69
日本冷凍空調工業会	256

や 行

翌日渡しスポット市場	261

ら 行

ラグランジュの未定乗数法	31

リアルタイム電力市場	260	Dummynet	207
離散型状態空間表現	196		
リソースアグリゲータ	44, 95	EDC	25, 29, 173
リバウンド	17, 142	EI 1.0	218
		EMS	80
冷凍サイクル	150	Energy Interoperation 1.0	218
冷　媒	150	EnerNoc	224
冷媒圧縮機	150	EPRI	225
冷媒循環量	152, 153	ERC	95
レジストリ	52	*ETD*	165
連邦エネルギー規制委員会	183		
		FastADR	12, 114
ローテーション	137	FERC	183
論理ノード	48, 107, 232	FETCH	246
		FFC	28
英数字		FIAP	51
ACSI	105, 232, 237	Gilbert-Elliot ロスモデル	207
ADR	11	GOOSE	240
AEI	174	GPU	71
AGC30	168	Groovy	225
AIC 基準	196	GTCC	32
APP	243	GUTP	51, 248
AR	179	GW	243
AR モデル	195		
ASN.1	240	HTTP	52
BEMS	11, 95	id 属性	251
BMU	62, 104	IEC61850	104, 227
BRCB	106	IEC62351	105
		IED	232
C#	248	IEEE1888	51, 243
C レート	61	IEEE1888SDK	248
Chainer	71	IP パケット往復遅延時間	208
COP	156	IP パケットロス率	208
CUDA	71	ISO	183
		ISO9506	241
DataObject	107		
DR	36	JEC-TR-59002	95
DRAS	80		

JEPX	*64, 261*	Riccati 方程式	*199*
JRuby	*225*	*RMSE*	*127*
JSCA	*42*	RRMSE	*85*
		RTO	*184*
LFC	*24, 173*	*RTT*	*208*
Logical Node	*232*		
LTE	*109*	*SAT*	*165*
		SCL	*50, 232*
MAE	*85*	SCSM	*50, 233, 237*
Matlab/Simulink	*168*	SOAP	*52*
M/M/1	*204*	SOC	*61, 98*
MMS	*105, 234, 240*	Stacked Denoising Autoencoder	*119*
M2M	*79*	Storage	*243*
NN	*117*	TBC	*28*
		TLS	*105*
OCCTO	*64, 261*	TRAP	*56, 208, 246*
OpenADR	*40*		
OpenADR2.0b プロファイル仕様	*101*	Ubuntu	*225*
OptIN/OUT	*190*		
OptOut	*142*	VEN	*44, 204*
		VMWare	*248*
PCS	*62, 232*	VPP	*37*
Performance Score	*187*	VTN	*44, 204*
PHP	*248*		
PJM	*185*	Web サービス通信	*202*
point タグ	*251*	WRITE	*246*
publish/subscribe	*241*	WSDL	*246*
PULL 型	*216*		
PUSH 型	*216*	X.208	*241*
Python	*71*	X.680	*241*
		XML	*54, 245*
RegA	*187*	XML スキーマ定義言語	*216*
RegD	*187*	XSD	*216*
Registry	*243*		
RER	*86*	1 時間前取引	*66*

〈著者略歴〉

蜷川忠三（にながわ　ちゅうぞう）

岐阜大学 スマートグリッド電力制御工学共同研究講座 特任教授
1978 年　名古屋大学 大学院工学研究科 電気工学専攻修士課程 修了
同　年　三菱重工業株式会社 入社
1986 年　University of Washington 大学院にてコンピュータサイエンスを研究
1998 年　日本冷凍空調工業会 パッケージエアコン技術委員長
2007 年　三菱重工業株式会社 技監 博士（工学）
2012 年　岐阜大学 工学部 電気電子工学科 教授
2018 年より現職

- 本書の内容に関する質問は，オーム社書籍編集局「（書名を明記）」係宛に，書状または FAX（03-3293-2824），E-mail（shoseki@ohmsha.co.jp）にてお願いします．お受けできる質問は本書で紹介した内容に限らせていただきます．なお，電話での質問にはお答えできませんので，あらかじめご了承ください．
- 万一，落丁・乱丁の場合は，送料当社負担でお取替えいたします．当社販売課宛にお送りください．
- 本書の一部の複写複製を希望される場合は，本書扉裏を参照してください．

[JCOPY]＜出版者著作権管理機構 委託出版物＞

仮想発電所システムの構築技術

2019 年 6 月 20 日　　第 1 版第 1 刷発行

著　者　蜷川忠三
発行者　村上和夫
発行所　株式会社 オーム社
　　　　郵便番号　101-8460
　　　　東京都千代田区神田錦町 3-1
　　　　電話 03(3233)0641(代表)
　　　　URL https://www.ohmsha.co.jp/

© 蜷川忠三 *2019*

印刷　中央印刷　製本　協栄製本
ISBN978-4-274-22395-2　Printed in Japan

関連書籍のご案内

電気管理技術者必携 第9版

公益社団法人
東京電気管理技術者協会 編

定価(本体5700円【税別】)／A5判／536頁

自家用電気工作物の保安管理を担う電気管理技術者必携の書、第9版発行！

高圧で受電する自家用電気工作物の保安管理を担当する電気管理技術者を対象に、1985年（昭和60年）に初版を発行した「電気管理技術者必携」の第9版です。

同書は、法規・設計・工事・電気保安管理業務等、電気保安に関する項目をまとめたものであり、総合的なメンテナンスブックとしての役割を期待して、現場の電気管理技術者が執筆したものです。今回の第9版でも電気事業法、電気設備技術基準とその解釈、高圧受電設備規程、内線規程の改訂等に基づいて内容を改めて見直し、第9版として発行します。

主要目次
- 1章　電気工作物の保安管理
- 2章　自家用電気設備の設備計画と設計事例
- 3章　保護協調と絶縁協調
- 4章　工事に関する保安の監督のポイント
- 5章　点検・試験及び測定
- 6章　電気設備の障害波対策と劣化対策
- 7章　安全と事故対策
- 8章　電気使用合理化と再生可能エネルギーによる発電
- 9章　官庁等手続き
- 10章　関係法令及び規程・規格類の概要

もっと詳しい情報をお届けできます．
◎書店に商品がない場合または直接ご注文の場合は右記宛にご連絡ください．

ホームページ https://www.ohmsha.co.jp/
TEL／FAX TEL.03-3233-0643　FAX.03-3233-3440

（定価は変更される場合があります）

A-1906-160